高等院校计算机任务驱动教改教材

C语言编程思维

（第2版）

陈　萌　鲍淑娣　编著

清华大学出版社

北京

内 容 简 介

本书针对程序设计零基础的读者编写,系统地介绍了如何使用C语言进行程序设计工作。全书从第1章回答十个与编程有关的提问开始,首先向读者介绍了"何谓编程""为何编程",以及"编程难吗"等一些程序设计初学者常常提出的问题,使读者在开始学习前对与编程相关的一些重要问题有所了解;第2章介绍了如何搭建一个C语言开发环境;第3章用简洁、平实的语言介绍了如何从机器的视角分析、理解问题,并详细地介绍流程图、伪代码两种编程辅助工具;第4~11章分别详述了基本程序流程控制结构、数组、函数、指针、文件、自定义结构数据类型等C语言程序设计的基础知识。为了帮助读者对例题的理解,全书所有例题有分析、源码和解释部分,其中第4~8章的例题全部配有流程图。

本书适合各类希望了解、学习C语言编程知识的人士,尤其适合作为高等院校各专业、高职高专及中职相关专业C语言程序设计及相关课程教材之用。各章大部分习题来自全国及浙江省计算机等级考试的真题,因此本书也非常适合准备参加各类计算机等级考试的学生学习、辅导之用。

图书在版编目(CIP)数据

C语言编程思维/陈萌,鲍淑娣编著.—2版.—北京:清华大学出版社,2019(2023.8重印)
(高等院校计算机任务驱动教改教材)
ISBN 978-7-302-53590-4

Ⅰ.①C… Ⅱ.①陈… ②鲍… Ⅲ.①C语言-程序设计-高等学校-教材 Ⅳ.①TP312.8

中国版本图书馆CIP数据核字(2019)第180550号

责任编辑:张龙卿
封面设计:范春燕
责任校对:袁 芳
责任印制:丛怀宇

出版发行:清华大学出版社
　　　　网　　　址:http://www.tup.com.cn,http://www.wqbook.com
　　　　地　　　址:北京清华大学学研大厦A座　　　　　　　邮　　编:100084
　　　　社 总 机:010-83470000　　　　　　　　　　　　邮　　购:010-62786544
　　　　投稿与读者服务:010-62776969,c-service@tup.tsinghua.edu.cn
　　　　质量反馈:010-62772015,zhiliang@tup.tsinghua.edu.cn
　　　　课件下载:http://www.tup.com.cn,010-62770175-4278
印 装 者:三河市科茂嘉荣印务有限公司
经　　销:全国新华书店
开　　本:185mm×260mm　　　　　印　张:21.75　　　　字　数:524千字
版　　次:2014年1月第1版　2019年9月第2版　　　印　次:2023年8月第6次印刷
定　　价:59.00元

产品编号:084179-01

前　言

　　编者走进精彩纷呈的计算机世界至今正好 20 年,从来没有想过要写一本 C 语言程序设计教程,因为从我学习 C 语言起,再到后来教授 C 语言课程,一直都在使用谭浩强先生的 C 语言教材。那不仅仅是一本经典的 C 语言教材,更是对自己大学时代的一种记忆与怀念。然而,自从为非计算机专业的学生讲授 C 语言课程以后,慢慢发现,一些经典的计算机专业教材由于讲授内容较全面、深入,反而不一定很适合他们。作为公共计算机课程的一种,面向非计算机专业开设的 C 语言程序设计课程,不需要追求掌握了多少语法知识,掌握了多少编程技巧,而应该更多地关注是否通过一门语言工具,使学生们了解计算机程序的运行原理,以及是否掌握了一定的逻辑思维能力,能否以计算机的思维方式去考虑、分析实际问题。即通过这门课程的学习,使各专业的大学生具备基本的计算思维能力,本书正是基于这样的指导思想而写作的。

　　阅读本书时请注意以下问题。

　　首先,我希望读者能够对书中加粗、加点的文字内容引起足够的注意,那往往是一些容易被忽视、引发错误的内容。

　　其次,书中每一个例题在示例代码之前都有分析,之后都有解释,这两处包含了编写程序的一些思想分析和总结,其中不乏一些编程经验和技巧,希望读者不要仅仅将注意力集中在源代码的阅读上,更应该对例题的这两个部分进行细致的阅读。

　　再次,本书虽然为每一个例题都提供了完整的源代码,却不准备以任何形式向读者提供这些源代码的电子版。实际上,在互联网高度发达的今天,要做源程序的发布非常容易。但是,本人坚持认为,作为一名程序设计的初学者,将每一个例题的源代码自己输入到计算机中本身就是一项重要的练习。你会发现,刚开始的时候,即使对照书本小心地输入,在编译时还是会出现很多错误警告;而读者是在排除这些错误的过程中实现了编程能力的提高。

　　最后,本书第 2 版虽然提供了每一章练习题的参考答案,但是仍然不建议读者使用这些参考答案,因为对于看程序写出结果这类习题,读者只需输入题目中的源代码并运行程序就能获得正确的答案。自己运行程序,还可以练习使用断点等方式观察程序运行时变量的变化过程,可以更深入地了解程序的运行。对于编程题,参考答案反而会限制读者计算思想的培养和形成。正所谓"兵无常势,水无常形",实现相同功能的源程序也可以多种多样,发散性的思维对于学生尤为重要。请记住,只要能让你编写的程序顺利运行,并输出期望的结果,那它就是答案!当然,如果读者对于部分习题的解决的确毫无头绪时,也可以登录清华大学出版社的官方网站下载本书提供的参考答案。如果读者有任何好的意见、建议或求助,我将十分乐意通过邮件(nbchen75@sina.com)随时为你提供帮助!

本书第 2 版得到了宁波工程学院电子与信息工程学院各位领导及同事的大力协助,特别是在本书修订过程中,理学院的陈明、杨帆、林勇,机械学院的袁云龙、王明军等老师提出了大量宝贵意见,在此向帮助过我的各位同仁表示衷心的感谢!

由于编者水平有限,书中一定存在着各种疏漏与不足之处,恳请各位专家、读者批评、指正,谢谢!

编　者

2019 年 5 月

目　　录

第 1 章 编 程 十 问

长期以来，人们一直梦想着能够发明一种机器，用来帮助人类完成各种繁复的计算工作。数千年来，有的人不断梦想着，有的人不断研究着，直到 1614 年，苏格兰人约翰·纳皮尔(1550—1617 年)发表了一篇论文，其中提到他发明了一种可以计算四则运算和方根运算的精巧装置——纳皮尔的骨头计算器，这种计算器可以说是机械计算器滑尺的直接祖先。现在很多人认为，纳皮尔骨头计算器的发明开启了人类用机器计算的时代。

根据美国联邦法院 1973 年做出的一项裁决，人类真正意义上的第一台电子数字计算机是 1935—1939 年间由美国爱荷华州立大学物理系副教授约翰·文森特·阿塔那索夫(John Vincent Atanasoff)和他的研究生克利福特·贝瑞(Clifford Berry)研制成功的，取名为 ABC (Atanasoff-Berry Computer)。

而第一台能够编程的电子数字计算机是 1946 年 2 月在美国宾夕法尼亚大学摩尔学院的约翰·埃克特和约翰·莫奇利指导下完成的 ENIAC(中文名：埃尼阿克)，如图 1-1 所示。

图 1-1　第一台电子数字计算机 ENIAC

以现在的眼光来看，ENIAC 的功能实在无法值得一提，它仅能每秒执行 5000 次加法或 400 次乘法，而制造的成本却相当高昂，它使用了 18000 个电子管、70000 个电阻、10000 个电容、1500 个继电器、6000 多个开关，造价高达 48 万美元(1946 年的 48 万美元)。ENIAC 体积巨大，长 30.48 米、宽 1 米、占地面积 170 平方米，重 30 吨，耗电量 150 千瓦。

尽管 ENIAC 的计算速度和功能还不如现在一个最普通的计算器，但这并不妨碍它成为一台划时代的计算机，因为从 ENIAC 开始，人类正式进入了程序时代。

1.1 何 谓 编 程

现代计算机是通过执行预先编制的不同指令实现工作的,若干条指令的序列即构成了计算机程序。所谓编程,即编写计算机程序的通俗简称,它是指为解决某个问题而使用一种或多种程序设计语言编写程序代码,并通过编译、执行该程序代码后得到结果的过程。编程是一种典型的智力活动,由于计算机只能够理解 0、1 二进制组成的机器代码,无法理解人类的自然语言,为了使计算机能够理解人的意图,人们就必须将需解决问题的思路、方法和手段转换成计算机能够理解的形式,使得计算机能够根据人的指令一步一步地去工作,完成某种特定的任务。为了实现将人的意图转换成计算机所能理解的命令的过程,需要使用到编程语言。编程语言是沟通人类与计算机世界的一座桥梁,它通过在人类与计算机之间进行一系列约定与规则的方式,使人类实现了与计算机之间的便捷沟通。

正如人类有不同语言一样,计算机世界的编程语言也有很多。据一项统计称,电子数字计算机发明至今的 50 余年里,已出现的编程语言种类多达 2500 余个,当然,其中很多编程语言存在着千丝万缕的亲缘关系,例如源自 Basic 语言的编程语言就有多达 128 种之多。

编程语言按照与计算机硬件联系的紧密程度,一般分为低级语言和高级语言两大类。低级语言是一种在编程时无法进行进一步的抽象化,而与中央处理器的机器语言或指令直接对应的一种编程语言,例如汇编语言即是一种典型的低级语言。低级语言面向机器,与具体机器的指令系统密切相关,一种机器上能够正确运行的程序,换到其他品牌、型号的计算机系统上可能就无法运行了。由于低级语言面向机器,虽然在所有编程语言中具有运行速度快、代码效率高的优点,但是也有编程困难、通用性差、开发效率低的不足。因此,现在除开发一些硬件驱动程序以外,直接使用低级语言编程的场合并不多。

高级语言是一类在语法、指令上更接近于人类自然语言和数学公式的程序设计语言的统称。高级语言按照一定的语法规则,由表达各种意义的运算对象和运算方法构成。由于高级语言是独立于计算机硬件的,因此用高级语言编写的计算机程序通用性好具有较好的移植性。使用高级语言编写程序相对简单、直观,易理解,不容易出错。因此,现在绝大多数的应用程序,甚至一些操作系统都是由高级语言编写而成的。

1.2 为 何 编 程

很多非计算机专业的大学生常常会对为什么要学习编程这个问题感到疑惑,编程不是计算机专业学生才应该学习的知识吗？为什么非计算机专业的大学生还需要学习编程呢？

今天,计算机早已走下了神坛,不再是只有少数人或团体才能够使用的昂贵科学设备,经过几十年的发展,计算机已经成为绝大多数专业不可或缺的重要基础性工具。因此,非计算机专业大学生,特别是理工科大学生,通过学习编程更加深入地掌握计算机工具的运行特点和使用技能,将会对自己本专业的学习打下良好的基础。

另外,学习编程能够培养大学生的逻辑思维能力。培养逻辑思维能力是理工类各专业大学生重要的教学目标之一,由于计算机程序具有极强的逻辑性和抽象性,在编程学习过程中,能够非常有效地训练和培养学习者的逻辑思维能力和抽象思维能力。计算机并不能理解人类思考问题的方法,在编写一段程序时,不可能对任何一个解题步骤进行跳跃式思考,每一个解题步骤都必须严格地按照逻辑规律一步一步地完成,经过一段时间的编程训练,就能够克服人类思维中的模糊性、跳跃性,逐渐养成严密的逻辑思维能力。

学习编程还能够更好地培养理工科大学生的基本工程素养。刚刚走进大学的学生们普遍缺乏基本工程素养,很多学生也根本不了解任何有关工程的知识,这对于即将进入专业领域学习的理工科学生而言是非常不利的。而融入了软件工程思想的现代编程教学能够很好地向初学者介绍一些有关工程的基本概念和思维,使学生在具备了初步的工程素养之后能够更有效地进行专业学习。通过编程培养理工科学生的基本工程素养并非像听起来那样不靠谱,例如,编程学习中的重要知识点函数就非常适合培养和训练学生的工程思维。在任何专业领域,一项复杂的、大型的工程任务通常都需要将其分解成若干个简单的、小型的任务,通过解决这些分割后的小任务,实现大型工程任务的解决。而在计算机程序设计中,函数正是扮演这样一个分解任务的角色,每一个函数只完成任务中的一小部分,通过多个函数的顺序调用,实现一个复杂问题的求解。因此,学习编程知识对于理工科学生培养自己的基本工程素养是十分有帮助的。

"Everybody in this country should learn how to program a computer... because it teaches you how to think." —— Steve Jobs

"这个国家的每个人都应该学习如何写计算机程序……因为它教你如何思考。"——史蒂夫·乔布斯

1.3　怎　样　编　程

由于高级语言更接近人类的自然语言,而非机器语言,所以计算机无法直接理解高级语言编写的程序。使用高级语言编写并最终生成一个计算机能够执行的程序的完整过程一般包括下面几个步骤。

* 编写源程序。源程序是按照某一高级语言语法、符号规则编写的,供人类阅读、交流的文本代码,源程序通常保存在一个以特殊扩展名命名的文本文件中。编写源程序可以使用任何一款文本编辑器,如 Windows 系统自带的记事本、NotePad++、Vim、Emacs 和 TextMate 等。这些第三方文本编辑器大多提供了一些各具特色的文本编辑功能,同时很多也支持语法高亮显示,但是,由于无法实现直接编译、调试源程序,所以选择高级语言编译系统自带的 IDE(Integrated Development Environment,集成开发环境)编写源程序将会更加方便。

* 编译。源程序的阅读对象是人,而非计算机,为了使计算机能够理解源程序的意义,必须对源程序进行编译,即将源程序翻译成为可供计算机阅读、理解的目标程序,完成这一翻译工作的程序即为编译器。编译器能够根据所运行计算机的不同,将源程序翻译成供不同计算机系统阅读的目标程序。需要提醒的是,并非所有源程序都是

以编译方式运行的，不需编译而直接执行源程序的方式被称为解释方式，如 Basic、Java 等语言即采用解释方式运行源程序。

- 连接。现代程序在开发过程中，程序员除自己编写的语句、命令之外，可能还需要调用其他一些库程序、子函数、相关资源等，也可能一个大型程序由多人共同开发，每个人编写程序的一部分，那么这些组成程序的不同部分就需要在最后生成程序时根据需要和次序连接、拼装在一起，这个过程就称为连接。

编程是一项非常复杂的脑力劳动，随着程序规模的逐渐增大，编程的难度也逐渐增加，出现错误的概率更是成倍增长，所以，编程通常无法一蹴而就；相反，需要反复地调试、修改、试运行，再调试、再修改、再试运行，循环往复，直到最终完成程序的编写。

1.4 计算机的世界有何不同

在没有接通电源之前，计算机只是一堆冷冰冰的电子元件。从宏观角度来看，组成微型计算机的通常部件包括机箱、电源、主板、内存条、CPU、硬盘、光驱、显示器、键盘和鼠标等。这些部件构成了微型计算机系统的硬件部分，然而，仅有硬件部分的计算机系统是不完整、无法工作的。与有形实体的计算机硬件系统相对应的计算机系统的另一个重要组成部分——软件系统却是抽象的、无形的实体。尽管软件系统看不见、摸不着，但是，软件系统的存在却是实实在在的，一台缺少软件系统的计算机即使接通电源，也是无法工作的废铁一堆。正因为软件系统对计算机系统的重要意义，有人将软件系统称为计算机系统的灵魂。

出于简化硬件设计的考虑，计算机系统的软、硬件都是使用二进制数据进行工作的，因此计算机世界也被称为"0/1 的世界"。在计算机中，所有的数据最终都将以二进制的形式进行表达、处理和存储，在进入计算机世界之前，请一定先理解这一点。

将人类世界的各种数据与计算机世界的 0/1 数据进行相互转换，也许并不像看起来那么简单。其中最困难的并不是数据转换本身，而是如何正确理解保存在计算机中的二进制数据到底应该对应为人类世界中的哪一类数据。为了进行复杂的信息、情感等交流，人类经常使用的数据花样繁多，有图像、声音、文字、数字等，而计算机世界的数据只有一种——二进制。将各不相同的数据转换成单一的二进制数据并不困难，但是，存在于计算机中的二进制数据却又对应人类中的哪一种数据呢？这就非常容易造成误解。例如，人类世界的字符 '0'，将其保存在计算机中时，可转换成八位二进制数据 00110000，但是数字 48 在计算机中对应的二进制数据也是 00110000，当程序在计算机中读出二进制数据 00110000 时，应该将其理解为 '0' 呢还是 48？再如，保存在内存中的一段图像，其二进制数据看起来却与一段音乐数据别无二致，计算机又是如何判断哪些数据是图像，哪些数据是音乐呢？这个问题是很多编程初学者常常感到迷惑的地方。其实，计算机并不清楚保存在内存、硬盘、U 盘中的数据到底是什么数据，一切对数据的理解和处理都是由程序完成的，而程序又是由程序员，即人编写的，因此，归根结底计算机中的数据应该如何理解和处理是由人说了算的。内存中的一段数据，如果将其送入到显示器中，那它将显示出一幅图像，而如果将其送入到声卡中，那么这段数据就将以声音的形式表示出来。当 C 语言程序员调用函数 putc() 处理二进制数据 00110000 时，计算机屏幕中将显示出一个字符 '0'，此时 00110000 表示的就是字符 '0'；如果程序员在一个减法表达式中用到 00110000 时,那么它表示的就将是 48。

计算机的世界看起来也许与我们熟知的人类世界有很大的区别,但是,其实它更单纯、更简捷,没有任何的拐弯抹角,一切只唯命令是从,程序员发出什么指令,计算机便忠实地执行什么指令。程序员只要将自己需要完成的工作以正确的命令形式传达给计算机,就能够得到它的响应。

1.5　程序是怎样工作的

要搞清楚计算机程序是怎样工作的,就不能不先提到美国科学家冯·诺依曼。20 世纪初期,随着科学技术在各个领域不断取得进步和突破,人们开始认真地研究起计算机器来,对于这种谁也没有见过的东西,大家争论的焦点在于:制造可以进行数值计算的机器应该采用什么样的体系结构。由于人们被十进制这个人类习惯的计数方法所困扰,所以,当时很多人将研究的重点放在了研制模拟计算机上。20 世纪 30 年代中期,美国科学家冯·诺依曼大胆提出:抛弃十进制,采用二进制作为数字计算机的数制基础。1945 年,他还提出预先编制计算程序,然后由机器按照事先编制的计算程序来执行数值计算工作,即"存储程序"概念。

冯·诺依曼设计思想可以简要地概括为以下三点。

(1) 计算机应包括运算器、存储器、控制器、输入设备和输出设备五大基本部件。

(2) 计算机内部应采用二进制来表示指令和数据;每条指令一般具有一个操作码和一个地址码;其中操作码表示运算性质,地址码指出操作数在存储器中的地址。

(3) 采用存储程序方式。将预先编制好的程序送入到存储器中,然后启动计算机工作,计算机不需要操作人员干预,能自动、逐条取出指令,并执行指令,返回结果。

冯·诺依曼设计思想中最重要之处在于明确地提出了"存储程序"的概念,为了纪念他提出的这一概念,采用该原理的计算机体系结构被称为"冯·诺依曼"体系结构。目前,绝大多数计算机的体系结构仍属于"冯·诺依曼"体系结构。

采用冯·诺依曼体系结构设计的计算机系统,能够自动执行预先存储在存储器中的程序。一段完整的程序是由若干条指令按照一定的次序构成的,因此,程序也被称为"指令序列"。指令是计算机系统中控制器能够执行的一次动作,计算机系统通过连接执行指令实现程序的运行。当程序运行时,组成程序的若干条指令按照预先设定好的次序依次完成以下操作。

(1) 取出指令。从存储器某个存储单元中取出即将要执行的指令,并送到 CPU 内部的指令寄存器暂存。

(2) 分析指令。把保存在指令寄存器中的指令送到指令译码器,由译码器分析产生出该指令对应的操作控制信号,并送往各个执行部件。

(3) 执行指令。计算机中各部件接收到指令译码器发出的相应控制信号,立即完成指令规定的操作,各部件全部完成后,该指令即执行完成。

(4) 准备下一条指令。一条指令完成后,取指机构将自动形成下一条指令的地址,为执行下一条指令做好准备。

计算机程序正是依照上述四个步骤一条一条自动执行完成的。

1.6 为什么选择 C 语言

　　TIOBE 世界编程语言排行榜展现了编程语言的流行趋势，每一个月都有最新的数据被更新。这份排行榜的数据取样来源于互联网上富有经验的程序员、商业软件开发公司、著名的搜索引擎（诸如谷歌、Bing、雅虎、百度等）的关键字排名，以及 Wikipedia、Amazon、YouTube 统计出排名数据等。当然，这个排行榜只是客观地反映了某个编程语言的热门程度，并不能说明一门编程语言好不好，或者一门语言所编写的代码数量多少。表 1-1 显示的是本书编写之时，2013 年 7 月 TIOBE 的世界编程语言最新排名数据，C 语言毫无争议地再次蝉联第一。如果大家查阅一下 TIOBE 的历史记录就会发现，C 语言多年来一直保持在前两位。

表 1-1　TIOBE 排名图

Position Jul 2013	Position Jul 2012	Delta in Position	Programming Language	Ratings Jul 2013	Delta Jul 2012	Status
1	1	＝	C	17.628%	−0.70%	A
2	2	＝	Java	15.906%	−0.18%	A
3	3	＝	Objective-C	10.248%	+0.91%	A
4	4	＝	C++	8.749%	−0.37%	A
5	7	↑↑	PHP	7.186%	+2.17%	A
6	5	↓	C#	6.212%	−0.46%	A
7	6	↓	Visual Basic	4.336%	−1.36%	A
8	8	＝	Python	4.035%	+0.03%	A
9	9	＝	Perl	2.148%	+0.10%	A
10	11	↑	JavaScript	1.844%	+0.39%	A
11	10	↓	Ruby	1.582%	−0.19%	A
12	14	↑↑	Transact-SQL	1.568%	+0.61%	A
13	15	↑↑	Visual Basic .NET	1.254%	+0.34%	A
14	19	↑↑↑↑↑	PL/SQL	0.920%	+0.28%	A−
15	13	↓↓	Lisp	0.868%	−0.13%	A
16	16	＝	Pascal	0.792%	−0.04%	A
17	12	↓↓↓↓↓	Delphi/Object Pascal	0.691%	−0.47%	B
18	20	↑↑	MATLAB	0.680%	+0.04%	B
19	23	↑↑↑↑	Bash	0.622%	+0.04%	A−
20	25	↑↑↑↑↑	Assembly	0.581%	+0.03%	B

　　如果再仔细地观察一下排名表中前十位的编程语言，就会发现更令人惊讶的结果。其中排名 2、3、4、6、10 的 Java、Objective-C、C++、C# 和 JavaScript 都与 C 语言有着相当密切的亲缘关系，即这五种编程语言的基本语法都源自 C 语言，排名第 5 位的 PHP 语言，其语

法也大量借鉴 C 语言。从这个结果可以看出,掌握了 C 语言,将对世界上 61.561% 的源代码不再陌生。而且,掌握了 C 语言之后,再去学习其他的编程语言,特别是学习 Java、C++、C♯等语言将更加容易。

　　除此之外,C 语言相对其他编程语言还具有很多不可忽视的优势。

　　(1) C 语言是一种过程性程序设计语言,它的发展贯穿了计算机软件发展的历程,蕴含了程序设计的基本思想,囊括了程序设计的基本概念。

　　(2) 从统计数据上来看,目前相当多的设备驱动程序是使用 C 语言编写的,C 语言还被用来开发操作系统,目前最著名、最有影响、应用最广泛的 Windows、Linux 和 UNIX 三大操作系统的大量核心代码都是使用 C 语言编写的。

　　(3) C 语言相比很多其他语言编写的程序,在实现相同功能时,所用的代码行数更少,并且所开发的程序运行效率却更快,体积更小,因此,不少高质量的木马、病毒、恶意代码、漏洞攻击程序都是使用 C 语言开发的。

　　(4) C 语言语法精练、简洁,与许多程序设计语言在语法上存在着相似性,Java、C++、C♯、JavaScript 等更是与其有直接的亲缘关系。因此,掌握了 C 语言编程基础,再转而学习其他的程序设计语言,将起到事半功倍的效果。

　　(5) C 语言作为世界上最流行的编程语言已经存在很多年了,多年来,在不同的操作系统和应用领域中,由 C 语言开发的代码数不胜数,为后续开发者提供了大量可以重复利用的现成代码,这不但提高了软件的开发速度,而且还可以节省巨大的开发成本。

　　(6) C 语言仍然是目前软件开发企业普遍需要员工掌握的语言,因此,很多软件开发企业将是否掌握 C 语言以及掌握到何种程度作为评判一位应聘者基本能力的重要条件。

　　(7) 绝大多数的嵌入式设备都支持 C 语言开发,从微波炉到手机,从洗衣机到飞行控制系统,很多与人类生产、生活密切相关的设备,其运行的程序都是由 C 语言开发的。

　　如此众多的理由,你是否也对学习 C 语言动心了呢?

1.7　C 语言从何而来

　　要了解 C 语言的起源,就不能不先提到两位"黑客"鼻祖——肯·汤普逊和丹尼斯·里奇。在"黑客"世界,想要成为顶尖高手,不熟练掌握 C 语言编程和 UNIX 操作系统是不可能练就的,而 C 语言和 UNIX 操作系统都是肯·汤普逊和丹尼斯·里奇的杰作。

　　1967 年,丹尼斯·里奇进入美国贝尔实验室工作。贝尔实验室是世界上最富创造力的地方之一,这里是晶体管、激光器、太阳能电池、发光二极管、数字交换机、通信卫星、电子数字计算机、蜂窝移动通信设备、长途电视传送、仿真语言、有声电影、立体声录音,以及通信网等许多重大发明的诞生地。自 1925 年以来,贝尔实验室共获得 25000 多项专利,现在,平均每个工作日获得三项多专利。

　　1965 年,贝尔实验室加入一项由通用电气和麻省理工学院合作的研究计划,该计划要建立一套多用户、多任务、多层次的 MULTICS 操作系统。但在 1969 年时,由于 MULTICS 研究项目的工作进度缓慢,计划被停了下来。同年,肯·汤普逊为娱乐而编写的一个名为"星际旅行"的游戏程序在老旧的 GE-635 计算机上运行时,反应非常慢,正巧被他发现了一部被闲置的 PDP-7,肯·汤普逊和丹尼斯·里奇就准备将"星际旅行"的游戏程序移植到 PDP-7 上。很快,他们就发现在 DEC PDP-7 机器上编写程序是件非常痛苦的事情,由于缺少合适的操作系统,PDP-7 只能用很底层的汇编语言进行软件开发。于是汤普逊设计了一种高级程序语言,并把它命名为 B 语言。但随着 B 语言的实际运行,其自身设计上的缺陷也逐渐暴露出来,例如,B 语言在内存限制面前一筹莫展。1973 年,里奇决定对 B 语言进行改良,他赋予了新语言强有力的系统控制方面的能力,并且新语言非常简洁、高效,里奇把它命名为 C 语言,意为 B 语言的下一代。

在开发 C 语言的同时,里奇和汤普逊、布朗(贝尔实验室的另一名科学家)还接受了一个新任务,就是为 DEC PDP-7 开发一个多用户、多任务的操作系统,1969 年,他们首先使用汇编语言完成了这个操作系统的第一个版本,里奇受贝尔实验室此前的 PDP-7 操作系统项目 MULTICS 的启发,将这个系统命名为 UNIX。

为了向全世界展现 C 语言的强大能力,同时也为修正 UNIX 操作系统中的一些不足,里奇用 C 语言重写了 UNIX 操作系统,即划时代的 UNIX 第三版。1977 年,为了推广贝尔实验室开发的 UNIX 操作系统,里奇发表了不依赖于具体机器系统的 C 语言编译文本《可移植的 C 语言编译程序》,一时间,各种计算机都纷纷开始支持 C 语言。

1983 年,肯·汤普逊和丹尼斯·里奇一起获得了图灵奖——计算机领域的最高奖项,理由是他们"研究发展了通用的操作系统理论,尤其是实现了 UNIX 操作系统"。

1999 年,为表彰发展 C 语言和 UNIX 操作系统,肯·汤普逊和丹尼斯·里奇一起获得了由克林顿总统亲自颁发的美国国家技术奖章。

有的人玩游戏却终成大师,而有的人玩游戏却倒毙网吧。喜欢游戏并不错,但是一味地沉湎于游戏却只能导致一事无成。

1.8 C 语言去向何方

学完 C 语言并不是程序设计的终点,尽管 C 语言在软件开发中确实有着巨大的优势,但随着现代软件功能越来越复杂,特别是各种图形化用户操作界面越来越普及,很多软件如果仍然选用 C 语言来开发,其工作量将变得十分庞大。而且,C 语言不支持面向对象技术,无法使用类、继承等一些软件工程中的先进技术。因此,目前除进行硬件驱动程序、嵌入式系统、操作系统和黑客工具开发依然首选 C 语言外,很多实用软件越来越多地选择了其他面向对象程序设计语言,例如:Java、C++、C♯、Objective-C 等。

因此,不同的读者对于学习完 C 语言之后的选择往往是不一样的。对于大多数的非计算机专业的读者而言,学习 C 语言程序设计并非为了从事软件开发工作,而是通过学习一门编程语言更深入地掌握计算机这种工具的运行特点和使用方法,并为以后操作各类专业工具软件或配合软件公司开发本专业领域的各类软件打下良好的基础,对于这类读者,熟练掌握 C 语言程序设计就可以完成了。但是,对于计算机专业读者,或一些对编程有着浓厚兴趣,希望能够独立开发应用软件的非计算机专业读者而言,仅仅掌握 C 语言是不够的。

谈到 C 语言之后的程序设计语言的选择问题,人们往往会不自觉地对各类程序设计语言进行一番比较,最后希望得到哪一种编程语言是最厉害、最值得学习的结论。遗憾的是,最厉害、最值得学习的程序设计语言其实是不存在的。因为,不同的程序设计语言各有其优势与不足,没有一门语言能够胜任任何软件的开发。例如,世界上第一个被正式推广使用的高级程序设计语言 FORTRAN,至今已流行了整整 60 年(1954—2013 年),如果开发嵌入式程序,FORTRAN 肯定不如 C 语言,开发网页肯定不如 PHP,开发通用应用程序肯定不如 C++,但是 60 年来,FORTRAN 始终是数值计算领域所使用的主要语言,而且几乎统治了所有的数值计算领域,许多应用程序和程序库都是用 FORTRAN 语言编写的。

因此,在选择一门程序设计语言时,不应该过分地追求其功能有多强大、概念是否先进,而更多的是应该考虑该语言是否能够胜任所要完成的开发任务。一些软件开发任务通常所选用的程序设计语言如下。

(1) 科学工程计算。需要大量的标准库函数,以便处理复杂的数值计算,可供选用的语言有:FORTRAN、MATLAB、Maple、Mathematica 等。

(2) 数据处理与数据库应用。数据库应用,尤其是大型数据库应用需要处理大量的数据记录,因此需要使用专门的数据库查询语言,可供选用的语言有:标准 SQL、PL/SQL、Transact-SQL 等。

(3) 实时处理。实时处理软件一般对性能的要求很高,可供选用的语言有:汇编、Ada 等。

(4) 系统软件。如果编写操作系统、编译系统等系统软件时,首选编程语言为 C/C++语言,也可选用汇编语言、Pascal 语言和 Ada 语言。

(5) 人工智能。如果要完成知识库系统、专家系统、决策支持系统、推理工程、语言识别、模式识别等人工智能领域内的系统,可供选用的语言有:Prolog、Lisp 等。

(6) 可移植性高。可移植性是指在一种计算机或操作系统下开发的软件源码,能够在其他不同的计算机或操作系统下编译运行的特性。可供选用的语言有:Java、C# 等。

(7) Web 开发。凭借网络的飞速发展,Web 应用越来越热门,开发 Web 可供选用的语言有:PHP、C#、JSP、JavaScript 等。

(8) 苹果系统开发。苹果公司的产品中,桌面型操作系统为 MacOS,移动设备如 iPad、iPhone、iPod 等使用的操作系统为 IOS,无论是在 MacOS 系统下,还是在 IOS 系统下,可供选择的唯一语言就是 Objective-C。

(9) Android 系统开发。Android 系统是基于 Linux 操作系统二次开发而成,要在 Android 系统下开发应用软件,可供选用的语言主要是 Java。

(10) 正则表达式处理。在计算机科学中,正则表达式是指一个用来描述或者匹配一系列符合某个句法规则的字符串的单个字符串。在很多文本编辑器或其他工具里,正则表达式通常被用来检索或替换那些符合某个模式的文本内容。可供选用的语言有:Perl、Sed、AWK、Grep 等。

在今天,编写计算机程序已经不再是计算机专业人员才能完成的工作,尤其是美国苹果公司刚刚申请的一项专利技术"Content Configuration for Device Platforms",这种图形化界面的开发工具将允许没有专业知识的开发者也可以很简单地打造高质量的苹果应用程序。而且越来越多的软件公司开始重视非计算机专业程序员的巨大开发实力,纷纷推出更适合非专业人员使用的软件开发工具,任何人只要对软件开发有兴趣,都可以继续更深入地

9

学习编程。本书的撰写旨在为没有任何程序设计基础的人士迈向程序世界的道路上架起一座桥梁。

1.9 数学与编程的关系

虽然计算机也被人们称为"电脑"，但并不是因为包含一个"脑"字，它就真的与人脑没有什么区别了，或者真的可以代替人脑了。相反，计算机在处理各类工作和问题时，无论在原理上还是在方法上，与人脑存在着相当大的区别。举一个简单的例子，将三张不同的人脸照片交给计算机与人进行判断时，人们只需快速地扫描一眼，就能够通过模糊判断方法，在很短的时间内就能够发现并判断出照片的不同。而计算机却需要先对照片进行归一化等各种图像预处理操作，再通过特殊的图像算法计算，才能够判断出照片的不同之处。从本质上来讲，计算机仍然是一种适合解决数学问题的机器，在解决现实问题时，无法达到像人一样的思维和判断能力，它需要先将要解决的问题用数学公式进行表述——即建立数学模型，然后通过求解这些数学公式来实现具体问题的解答。数学建模是联系数学与实际问题的桥梁，是数学在各个领域广泛应用的媒介，是数学科学技术转化的主要途径。因此，从这个角度来讲，要想学好编程完全不懂得数学知识是不行的。学习编程就如同学会使用画笔等绘画工具一样，虽然也有很多用笔的技巧、技法，但掌握起来并不算难，也不需要太多的美术知识。但是如果要使用画笔绘制一幅精美的艺术作品，那么仅仅掌握画笔的用法技巧就不够了，还必须掌握绘画知识。

数学是计算机科学的主要基础，以离散数学为代表的应用数学是描述学科理论、方法和技术的主要工具。软件编程中不仅许多理论是用数学描述的，而且许多技术也是用数学描述的。从计算机各种应用的程序设计方面考察，任何一个可在冯·诺依曼体系结构计算机上运行的程序，其对应的计算方法首先都必须是构造性的，数据表示必须离散化，计算操作必须使用逻辑或数学方法进行描述。此外，到现在为止，算法的正确性、程序的语义及其正确性的理论基础仍然是数理逻辑或进一步的模型论。从学科特点和学科方法论的角度考察，软件编程的主要基础思想是数学思维，特别是数学中以代数、逻辑为代表的离散数学。

当然，尽管编程与数学有着很大的关系，但是也并非所有的程序设计学习者都需要掌握非常高深的数学知识，问题的关键在于，希望学习编程知识到什么程度。数学与编程的关系有些像力学与建筑设计，如果并不打算成为一个建筑设计大师，而只是准备成为一名合格的建筑工，那么并不需要掌握太多、太复杂的力学知识；如果想成为建筑设计大师，那么力学知识当然是多多益善。数学与编程的关系也是如此，如果希望成为一名能够开发应用程序的合格程序员，那么并不需要掌握太多的数学知识，在一般的中学数学基础之上，再学习一些"数据结构"课程的基本知识就完全可以胜任一般性软件开发任务了。如果要立志成为一名研究计算机新技术、新算法的学者，那么对数学功底就有着非常高的要求了。

1.10　编程难吗

要想搞清楚编程难不难,就必须先要了解一下什么是编程。编程即计算机程序设计的通俗说法,在计算机软件领域有一个非常著名的公式,即:程序＝算法＋数据结构。该公式是美国著名计算机科学家、图灵奖获得者、Pascal 语言之父尼古拉斯·沃斯(Niklaus Wirth)教授提出的。这个经典的公式向人们表达了实现程序设计的两大核心是算法和数据结构。

算法(Algorithm)是指解题方案的准确而完整的描述,是一系列解决问题的清晰指令,算法代表着用系统的方法描述解决问题的策略机制。也就是说,能够对一定规范的输入,在有限时间内获得所要求的输出。如果一个算法有缺陷,或不适合于某个问题,执行这个算法将不会解决这个问题。不同的算法可能用不同的方式来完成同样的任务。一个算法的优劣可以用空间复杂度与时间复杂度来衡量。

数据结构是计算机系统中存储、组织数据的方式,是指相互之间存在一种或多种特定关系的数据元素的集合。数据结构包括三个组成成分:数据的逻辑结构、数据的存储结构和数据的运算结构。

除算法与数据结构之外,编程还需涉及的知识就是具体编程语言的语法知识。尽管电子数字计算机发明至今的 50 余年里各种编程语言多达 2500 多种,但是,各种编程语言的语法其实差别并不太大,尤其是高级程序设计语言,除一些特殊定义和规定之外,因此,无论选择学习哪一门编程语言,其学习难度基本上都差不多,尤其是在掌握了一门程序设计语言之后,再学习其他编程语言就会更加容易。以 C 语言为例,其基本保留字仅有 32 个英文单词,常用数据类型也只有 char、int、float、double 4 个,也就是说,单纯从程序设计语言的学习上来讲,编程并不困难。

有的人可能会说编程全是使用英语,又需要数学基础,我的英语、数学基础都不好,能学好编程吗? 各种软件编程书籍里,多半有很多的符号和英语,看上去让人望而生畏。其实,学习编程所要的逻辑思维能力并不会比理解中学的数理化科目更高,即使会碰到一些数学知识,一般也不会超出中学数学的范围。至于英语,掌握几百个常用单词,对于编程而言也基本上就足够了。

学习编程真正比较困难的是算法和数据结构的学习。当然,本书作为程序设计的入门教材,并不会涉及过多的算法和数据结构的知识。

要想真正地掌握编程,就必须不断地进行编程实践和体会。编程的入门阶段一定要勤于动手,特别是书本上的案例,不仅仅需要读懂、看会,而且一定要逐题亲自输入到计算机中进行编译、调试、运行。很多读者喜欢将随书附赠光盘中的源代码直接复制到计算机中运行一下,看看结果,这种方法其实非常不好,因为录入程序是学习编程的一个非常重要的过程。一个编程初学者在开始录入程序源代码时,经常会出现因输入错误造成的语法错误,而找出、修改这些错误正是编程学习初期最重要、最有价值的学习之一。通过排除这些错误,初学者可以总结该语言的语法特点,掌握调试器的基本使用方法,熟练调试器报告的各种错误提示信息,还可以发现自己录入时的一些习惯性输入错误等。其实,编程需要积累大量的实际开发经验，因此，独立编写一定数量的程序是学好编程的不二法门。每当编程遇到问题时，一定要多交流，不同的人思维方式不同，考虑问题的角度各异，通过交流可以不断地吸收别人的长处，丰富编程实践经验，帮助自己提高水平。因此，建议各位读者一定要将书中例题尽可能全部录入、运行至少一次。

认真学习一两天编程并不难，但入门之后不断地坚持学习、充分实践才是学好编程的关键。学习编程需要一段较长的时间，很少有人能够通过几周时间就能学好程序设计。在编程学习期间，还要注意养成一些良好的编程习惯，编程风格的好坏在很大程度上将影响程序的质量。一个有着良好编程风格的源代码，可以使程序结构更加清晰、合理，使程序代码更便于维护。良好的编程风格包括代码的缩进编排、变量命名规则的一致性、代码的注释等。

学编程是"理论→实践→再理论→再实践"的一个认知过程，一开始需要具有一定的计算机理论基础知识，包括编程所需的数学基础知识，具备了入门的条件，就可以开始编程的实践学习，并用自己所储备的知识去尽可能地解决遇到的各种编程问题，这时，学习者会处于一个知识学习的上升期，每解决一个问题都会感觉到自己的编程能力有了新的提高。但是，编程到一定程度之后，水平就很难再提高了，此时，是回头来学习一些计算机科学和数学基础理论的最佳时期。学过之后，很多以前遇到的问题都会迎刃而解，使人有豁然开朗之感。因此，在学习编程的过程中要不断地针对应用中的困惑和问题深入学习数据结构、算法等计算机科学的理论基础知识和数理逻辑、代数系统、图论、离散数学等数学理论基础知识。只有经过这样不断地螺旋式学习，并努力地实践，编程水平才会不断地提高到一个新高度。

【技能训练题】

1. 我为何学习编程？
2. 学习程序设计对我有什么帮助？
3. 程序有什么用？它能够帮助我们解决什么问题？
4. 程序设计可以帮助我解决哪些专业问题？

第2章 编程环境与风格

　　使用符合 C 语言语法规则编写的程序被称为 C 语言源程序或源代码,这种以文本文件形式存储的源程序,计算机是无法理解、直接运行的,因为为了方便人类编写、查阅、修改、交流程序代码,源程序仍然是以符合人类阅读习惯的方式来记录程序代码。为了解决计算机看不懂源程序的问题,任何编程语言都需要开发一种能够将源程序翻译成计算机看得懂、理解得了的机器语言。不同的编程语言所采用的翻译方法可以分为两种,即解释和编译。

　　解释方式是指源程序在运行时,解释程序边扫描边解释,逐句输入、逐句翻译,计算机逐句执行源代码中的每一条语句,并不产生目标程序。解释方式具有良好的动态特性和可移植性,比如在解释执行时可以动态改变变量的类型、对程序进行修改以及在程序中插入良好的调试诊断信息等,而将解释器移植到不同的系统上,则程序不用改动就可以在移植了解释器的系统上运行。目前世界范围广泛流行的程序设计语言 Java 就是采用的解释方式执行的。但是,解释器也存在着一些缺点,比如执行效率低、占用空间大等。

　　编译方式是指利用事先编好的一个称为编译器的机器语言翻译程序,将用户编写好的源程序输入计算机后,编译程序便把整个源程序翻译成用机器语言表示的、与源程序等价的目标程序,计算机通过执行目标程序,以实现对源程序的运行并取得结果。编译方式是将源程序一次性翻译成可执行的目标代码,翻译与执行是分开的,这样运行时计算机可以直接以机器语言来运行此程序,执行速度比翻译方式快很多。

　　C 语言是一种典型的编译式程序设计语言,要想编译、运行 C 语言程序,必须先在计算机系统中搭建好相应的 C 语言开发环境,只有搭建好开发环境以后,才可以进行 C 语言编程。

2.1　搭建 C 语言开发环境

　　作为世界上最流行、使用最广泛的高级程序设计语言之一,C 语言已经不是某一个人或公司的私有产品,经过多年发展,一些标准化组织不断更新、维护着 C 语言标准,任何宣称自己所开发的是 C 语言翻译器的公司或个人都必须遵循这些 C 语言标准之一。目前,C 语言最著名的两个标准是 ANSI C 和 ISO C。ANSI C 是由美国国家标准协会制定的 C 语言标准,目前最新版本是 2011 年发布的 C11;ISO C 是国际标准化组织制定的 C 语言标准,目前最新版本是 2011 年发布的 ISO/IEC 9899:2011。ANSI C 和 ISO C 两个 C 语言标准本身区别并不大,在基本 C 语言语法规则上几乎完全一致,这是因为为了保证通用性,ANSI 和 ISO 在制定 C 语言标准时经常相互参照和借鉴。例如,2000 年 3 月,ANSI 采纳了 ISO/IEC

9899:1999 标准,制定了 C99 标准。但 C99 标准中也新增了一些特性,如支持不定长的数组、变量声明不必放在语句块的开头、取消了函数返回类型默认为 int 的规定等。

除两大标准化组织在制定 C 语言标准时稍有差异之外,开发 C 语言编译器的不同公司出于不同目的和需要,在保证 C 语言基本语法一致的前提下也会有所侧重和不同。例如,2000 年 3 月,ANSI 发布 C99 标准之后,GCC 和其他一些商业编译器支持 C99 的大部分特性,但微软和 Borland 公司却似乎对实现 C99 新特性并不感兴趣,而是把更多的精力放在了C++ 上。

C 语言作为一个跨平台的通用型程序设计语言,可以被安装在多种不同的操作系统下使用,而且不同公司开发的 C 语言开发产品极为丰富,因此要搭建一个合适的 C 语言开发环境,必须先确定软件开发的软、硬件系统环境,以及使用哪一种 C 语言开发产品。在软件开发环境的选择上,考虑到 Windows 平台当前以至于未来相当长一段时间仍将是我国最流行、使用人数最多的操作系统平台,因此,本书所搭建的 C 语言开发环境将选用 Windows平台。

开发 C 语言应用程序对硬件环境要求并不高,目前所能购买到的任何一款个人微型计算机都可以非常好地支持 C 语言开发任务。但是,不同软件公司发布的各种版本 C/C++ 开发工具,C 语言编译、开发工具仅占其很小一部分,更主要的是提供 C++ 编译、开发工具和满足不同软件开发所需的辅助开发工具。因此,搭建 C 语言开发环境时需要合理地选择开发工具中的组件,这将有效地降低对计算机硬件的要求。以目前主流的 C/C++ 开发工具Visual Studio 2017 来说,在安装时如果选择其提供的所有功能组件,大约需要硬盘空间77GB。如果在 Windows 10 操作系统下,满足 C 语言控制台应用程序开发组件所需的硬盘空间仅为 6GB 左右。

在合理选择 C 语言开发工具时,也不应只考虑需要的计算机硬件资源尽可能低,还应该综合考虑开发工具的安装是否简单,开发环境的搭建是否容易,编译、调试过程是否便捷等多种因素。例如,选择安装 8.1.0 版 MinGW-W64 开发工具包中的 C/C++ 开发工具,仅占用 432MB 硬盘空间,对内存和 CPU 的要求也远低于 Visual Studio 2017。但是,MinGW只提供了命令行方式的编译、连接、调试工具,不仅初学者难以掌握,即使资深程序员也很难使用命令方式完成软件开发工作。所以,要使用 MinGW 作为 C 语言开发工具,一般还需要选择一款源码编辑工具,例如,微软公司的 Visual Studio Code(VS Code)、Notepad ++ 、Eclipse 等。这些源码编辑工具本身不提供编译器、连接器和调试器,而是通过调用 MinGW等开发工具的命令行工具为程序员提供 GUI(Graphical User Interface,图形用户接口)操作。以 Visual Studio Code 为例,完成安装后,需要完成四个配置文件的编写。其中,要完成 tasks.json 和 launch.json 两个文件的设置,必须熟悉 MinGW 的命令行参数和工作路径,这对初学者而言非常困难。

选择 C 语言开发工具时,还应该考虑操作系统对版本的支持问题。从 Visual Studio 98中剥离出来的 Visual C++ 6.0(以下简称 VC6)在过去十余年时间里一直是 C/C++ 的经典开发工具,但自 Windows 7 起,VC6 虽在众人勉力改造、维护下,还是因兼容性问题慢慢离世人远去。考虑到越来越多的读者会使用 Windows 10 操作系统,同时,C 语言初学者通常也很难掌握 MinGW ＋ VS Code 这类简易开发环境的配置操作,因此,本书将以 VisualStudio 2017 版为例,演示 C 语言控制台应用程序开发环境的搭建和基本操作方法。

微软官方网站列出了运行 Visual Studio 2017 所需的操作系统环境和硬件条件如下。

（1）操作系统。

- Windows 10 1507 版或更高版本：家庭版、专业版、教育版和企业版（不支持 LTSC 和 Windows 10 S）。
- Windows Server 2016：标准版和数据中心版。
- Windows 8.1（带有更新 2919355 版）：核心版、专业版和企业版。
- Windows Server 2012 R2（带有更新 2919355 版）：基础版、标准版、数据中心版。
- Windows 7 SP1（带有最新 Windows 更新）：家庭高级版、专业版、企业版、旗舰版。

（2）硬件。

- 1.8GHz 或更快的处理器，推荐使用双核或更好的内核。
- 2GB RAM，建议 4GB RAM（如果在虚拟机上运行，则最低为 2.5GB）。
- 硬盘空间：高达 130GB 的可用空间，具体取决于安装的功能；典型安装需要 20～50GB 的可用空间。
- 硬盘速度：要提高性能，请在固态驱动器（SSD）上安装 Windows 和 Visual Studio。
- 视频卡支持最小显示分辨率为 1280×720 像素；Visual Studio 最适宜的分辨率为 1366×768 像素或更高。

从上述要求来看，绝大多数能够顺利安装和使用 Windows 7、Windows 10 操作系统的计算机都能够满足 Visual Studio 2017 的基本运行要求。

Visual Studio 2017 提供了 Visual Studio Enterprise 2017（企业版）、Visual Studio Professional 2017（专业版）和 Visual Studio Community 2017（社区版）三个不同的版本。

Visual Studio 2017 的三个版本的定位如下。

- Visual Studio Enterprise 2017：满足任何规模团队的生产效率和协调性需求的 Microsoft DevOps 解决方案。
- Visual Studio Professional 2017：适用于小型团队的专业开发人员工具和服务。
- Visual Studio Community 2017：适用于学生、开放源代码和个体开发人员的免费、全功能型 IDE。

三个不同版本的具体功能区别如表 2-1 所示。

表 2-1　Visual Studio 2017 功能比较

支持的功能	Visual Studio Community	Visual Studio Professional	Visual Studio Enterprise
支持的使用方案	●●●○	●●●●	●●●●
开发平台支持	●●●●	●●●●	●●●●
集成开发环境	●●●○	●●●○	●●●●
高级调试与诊断	●●○○	●●●○	●●●●
测试工具	●○○○	●○○○	●●●●
跨平台开发	●●○○	●●○○	●●●●
协作工具和功能	●●●●	●●●●	●●●●

显然，Visual Studio Enterprise 提供了最多的功能模块，但是其高达每年每用户

5999 美元的标准订阅费用，让绝大多数的普通开发者望而却步。即使是 Visual Studio Professional，其首年标准订阅费用也高达 1199 美元。其实，对于 C/C++ 编程初学者而言，Visual Studio Professional 和 Visual Studio Enterprise 的绝大多数功能并不会用到。更适合 C/C++ 初学者使用的是 Visual Studio Community，它不仅提供了完整的编译、链接、协作功能，也提供了部分调试、测试等软件开发工具。最为关键的是，Visual Studio Community 完全免费，任何人均可到微软官网免费下载、安装和使用。

下面将针对 Visual Studio Community 2017，详细讲述 C 语言开发环境的搭建过程。

1. 安装前的准备

Visual Studio 2017 安装器正常工作需要. NET Framework 4.6 的支持，因此，在安装 Visual Studio 2017 前，需要确定操作系统中已有. NET Framework 4.6。Windows 10.0. 10240 (1507)已自带了. NET Framework 4.6，其后推出的 Windows 10 更新版也都自带更高版本的. NET Framework，所以在 Windows 10 环境下可以直接启动 Visual Studio 2017 安装器开始安装操作。

如果是在 Windows 7、8 或 8.1 等早期 Windows 版本下安装 Visual Studio 2017，需要先下载并安装. NET Framework 4.6。微软官方网站提供的下载链接为 https：//www. microsoft. com/zh-cn/download/details. aspx?id=48137，下载页面如图 2-1 所示。下载页面上方列出了. NET Framework 4.6 适用的操作系统，单击"下载"按钮即可开始下载。

图 2-1 . NET Framework 4.6 下载页面

通过该页面可下载一个大小为 62.3MB 的. NET Framework 4.6 安装包，安装包将自动判断当前操作系统的类型（32 位或 64 位）和版本，然后选择合适的功能模块进行安装。启动. NET Framework 4.6 安装程序后，需先选中"我已阅读并接受许可条款（A）"复选框，然后再单击右下方的"安装"按钮，即可开始安装，如图 2-2 所示。

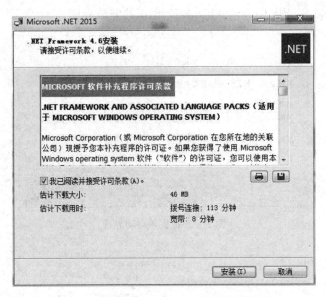

图 2-2　.NET Framework 4.6 的安装界面

2. 下载安装器

要安装 Visual Studio Community 2017,必须先到微软官方网站下载 Visual Studio 安装器,下载链接为 https://visualstudio.microsoft.com/zh-hans/downloads,下载页面如图 2-3 所示。

图 2-3　Visual Studio 2017 安装器下载页面

安装器是一个大小仅为 1.22MB 的小型引导程序,显然,如此小的程序无法完成复杂的 Visual Studio Community 2017 安装工作。当用户单击如图 2-4 所示的"继续"按钮后,安装器会继续下载并安装一个大小约为 63.82MB 的安装包,如图 2-5 所示。这一步工作完成后,将会看到 Visual Studio Community 2017 真正的安装界面。

图 2-4　安装器启动界面

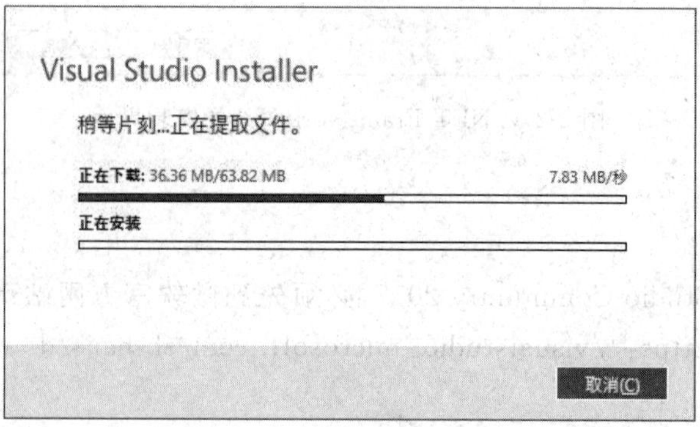

图 2-5　下载并安装软件包

3. Visual Studio Community 2017 安装模块的选择

安装器起始工作界面如图 2-6 所示。

安装器上方有"工作负载""单个组件""语言包"和"安装位置"四个菜单可供选择。"工作负载"和"单个组件"是最重要的两个菜单,它们提供了可供选择的安装内容。其中,"工作负载"相当于"套餐",允许用户通过选择不同的开发项目,将所需组件以组合形式打包提供;"单个组件"则将 Visual Studio Community 2017 可提供的所有组件、功能模块独立展现在用户面前,由用户自行选择所需安装的内容。一般用户使用"工作负载"方式选择安装内容即可,只有少数对开发工具有特殊要求的资深开发人员才需要使用"单个组件"方式确定所需安装的组件功能。

"语言包"和"安装位置"保持默认选择即可。需要说明的是,在"安装位置"菜单中,默认选中了"安装完成后保留下载缓存"命令;当安装组件较多时,将占用较大磁盘空间,取消选中该命令将节省一些存储空间。

在"工作负载"菜单中,拖动右侧的滚动条可以发现,安装器提供的开发包有 Windows、Web 和云、移动和游戏、其他工具集四类,每一类中还有个数不等的开发包可供选择。C 语言初学者需要选择的开发包是 Windows 类中的"使用 C++ 的桌面开发"选项。当选中"使用 C++ 的桌面开发"选项后,安装界面右侧将列出该类开发工具的可选模块,如图 2-7 所示。

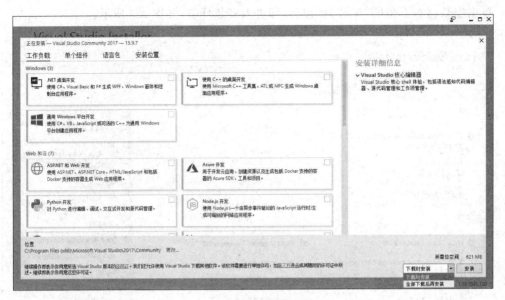

图 2-6　安装器起始工作界面

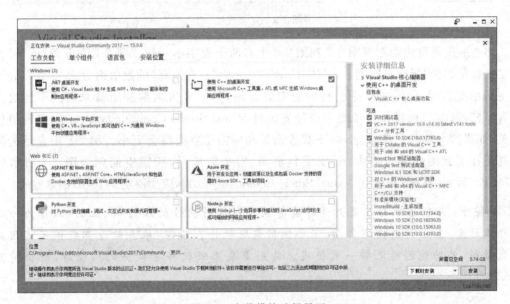

图 2-7　安装模块选择界面

要完成 Windows 控制台程序的开发,需要选中可选模块中的"实时调试器""VC++ 2017 version 15.9 v14.16 latest v141 tools"和"Windows 10 SDK(10.0.17763.0)"。需要说明的是,读者在选择可选模块时,安装器提示的模块版本号可以与本书不一致,这是正常情况,因为安装器会选择最新的安装模块,随着时间的推移,服务器提供了更新版本的安装模块,安装器便会提示安装更新版本的模块。另外,本书是在 Windows 10 操作系统下安装 Visual Studio Community 2017,所以,安装的可选模块中需要包含 Windows 10 SDK。如果读者在 Windows 7 操作系统下进行安装,安装器将提示可选模块包括 Windows 7 SDK,此时,请读者选中 Windows 7 SDK 模块。

单击安装器右下角的"安装"按钮后,即进入安装环节,如图 2-8 所示。

图 2-8　安装进度

细心的读者可能会发现图 2-7 和图 2-8 中有两个数字不一致。图 2-7 右下角"安装"按钮之上标记的是"所需总空间:5.74GB",而图 2-8 中"正在下载"的数值则为 1.43GB。在不同主机中安装时,即使选择完全相同的安装模块,其下载数据量和所需总空间可能也会稍有不同,这与当前操作系统是否曾经安装过 Visual Studio Community 2017 所需的组件有关,如果部分组件已安装过,则下载数据量和所需总空间将会更小。图 2-8 中显示的数值是正在下载的安装包的大小,安装包解压、安装完成后,所需空间则为图 2-7 所示的5.74GB。因此,要安装和使用 Visual Studio Community 2017,应预留至少 10GB 磁盘空间。

小贴士:互联网上存在着大量的破解软件和各种软件的注册码、注册机,作为一名程序设计者,应该时刻提醒自己,不要使用盗版软件。其实,很多软件都提供了试用版或免费版,其功能已经足够一般使用。特别需要正版软件才提供的功能时,请坚持购买正版!

4. 首次启动 Visual Studio Community 2017

Visual Studio Community 2017 安装完成后,即自动开始运行,首次运行时显示将登录界面,如图 2-9 所示。如果已经注册过微软账号,可以单击"登录"按钮,在图 2-10 所示界面输入账号和密码即可以完成登录操作。登录成功后,启动页面会显示登录用户的账号信息,如图 2-11 所示。如果没有微软账号,并且希望立即注册,可单击蓝色的超链接"创建一个!"。此时,本机默认浏览器将自动打开微软公司的账号注册页面,按提示即可快捷地完成注册操作。如果没有账号,也不想现在就注册,单击页面最下方的"以后再说。"即可跳过本页面,进入下一环节。

图 2-9 软件启动首页

图 2-10 登录界面

如果当前计算机从未安装过 Visual Studio Community 2017,在首次运行时,将出现一个比较重要的选择,即 Visual Studio 开发环境的设置,如图 2-12 所示。

图 2-11   登录成功

在 Visual Studio 开发环境设置界面中，用户可以选择自己喜欢的颜色主题。默认选择的颜色主题是"蓝色"，可能出于视力保护的原因。

除颜色主题外，"开发设置"是另一项重要的选择，Visual Studio 提供了如图 2-13 所示的六种不同开发环境供程序员选择。

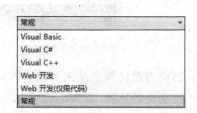

图 2-12   Visual Studio 开发环境设置界面   图 2-13   Visual Studio 开发设置选项

Visual Studio 2017 对六种开发环境的解释如下。

- **Visual Basic**：优化环境,使用户可以专注于构建世界级应用程序。此设置集合包含对窗口布局、命令菜单和键盘快捷键的自定义,以使常用的 Visual Basic 命令更易于访问。
- **Visual C♯**：自定义环境,以使代码编辑器的屏幕空间最大化,并改善特定于 C♯ 命令的可见性。通过设计易于学习和使用的键盘快捷键来提高工作效率。
- **Visual C++**：为开发本地和托管 C++ 应用程序的环境提供所需的工具。此设置集合还包含 Visual C++ 6 样式的键盘快捷键以及其他自定义内容。
- **Web 开发**：不论使用何种编程语言,开发人员都能在经过优化的环境中非常方便地访问 Web 开发任务所需的命令和选项。不再将其他类型的开发活动选项作为重点。
- **Web 开发（仅限代码）**：基于"Web 开发"设置,并通过隐藏工具窗口、工具栏和其他非必要的 UI,进一步优化了最大化文本编辑器空间。禁用了设计视图、CSS 相关任务窗格、CSS 定位、CSS 类 IntelliSense、样式生成器等。
- **常规**：配置与早期版本的应用程序十分相似的环境,以提供熟悉的工作方式。如果使用多种编程语言进行开发,请选择此设置集合。

不同的开发环境最大的区别是窗口布局的不同,Visual Studio 有针对性地将不同开发工作所需的工具放在最便捷的位置,方便程序员随时操作。显然,Visual C++ 是进行 C/C++ 程序设计相关工作的最佳开发环境。不过,"常规"开发环境也能很好地适应 C/C++ 程序开发工作。

完成开发环境选项设置后,单击图 2-12 右下角的"启动 Visual Studio"按钮,将进入到 Visual Studio Community 2017 的 IDE(Integrated Development Environment,集成开发环境)窗口,如图 2-14 所示。

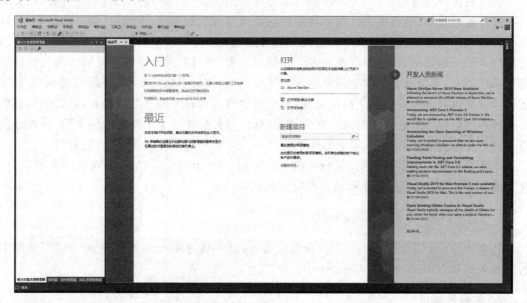

图 2-14　Visual Studio Community 2017 起始页

该窗口与大多数 Windows 应用程序一样，最上方是菜单栏和工具栏，最下方是用于显示提示信息的状态栏，而窗口中间面积最大的一块区域被分割为"解决方案资源管理器"和"起始页"两块。应用程序项目创建完成后，将会在"解决方案资源管理器"中显示相关资源，如头文件、源文件等。"起始页"则提供了快速开展一个软件开发项目所需的常见操作。例如，通过"最近"部分快速打开近期编辑过的软件项目；通过"打开"部分快速打开指定位置的文件或项目；通过"新建项目"部分快速搜索，并创建一个特定的软件开发项目。"入门"部分则提供了一些首次使用 Visual Studio 2017 的用户可能需要的帮助文档，单击"入门"部分的蓝色文本，将自动打开浏览器并跳转到微软公司相应的教程文档页面。作为一项特色功能，位于"起始页"右侧的"开发人员新闻"在主机可以访问互联网时，会定期自动更新微软公司发布的与开发相关的各类新闻信息，包括组件升级、新软件发布、研讨会等各类信息。通过这些新闻可以随时了解大量的软件开发信息，是追踪软件开发技术、潮流的好途径。

至此，Visual Studio Community 2017 的安装操作就已全部完成，以后可以通过桌面图标或"开始"菜单启动 Visual Studio 2017。

小贴士：Visual Studio 是一个庞大的软件开发工具集，Visual C++ 只是其中包含的众多工具之一。Visual C++ 是一个 C/C++ 语言的集成开发环境，所谓集成开发环境，是指在 Visual C++ 中不仅仅包括了 C/C++ 编译器，还包括了 C/C++ 语言编程所需的编辑器、调试器以及解决方案资源管理器、类视图、属性管理器等一系列开发工具。Visual C++ 通常被简写为 VC++ 或 VC。

2.2　工程与程序

现代软件开发过程中，一个软件的组成往往不止包含一个源程序，而是由一系列相关文件的集合通过编译、链接生成。构成软件的资源通常包括源程序、库函数、第三方函数库，以及图标、声音、图片等各类资源。每一类文件可能包含一个或多个，比如，一个软件项目中源文件的个数可能是一个，也有可能是多个。使用工程/项目方式构造软件是因为现代软件功能越来越强大，其涉及的资源也越来越多。另外，软件项目根据其规模、复杂程度不同，其开发工作常常由多人组成的团队协作完成，每个程序员实现软件的一部分功能，最终的软件将由这些不同的部分组合编译而成。事实证明，现代软件集成开发工具引入的工程/项目开发方式对开发各种复杂的、多人团队协作的软件项目都能提供十分方便、高效的管理。

下面将通过一个实例说明如何在 Visual Studio Community 2017 中创建一个新项目，并完成 C 语言程序编写、编译和运行的完整过程。

1. 启动 Visual Studio Community 2017

Visual Studio Community 2017 安装完成后，可以通过双击桌面或单击"开始"菜单中的图标来启动 Visual Studio Community 2017。

2. 创建新项目

要创建一个 Visual Studio Community 2017 新项目，可以通过直接单击起始页中的"新建项目"下方的"创建新项目…"选项,也可以选择"文件"→"新建"→"项目…"菜单命令。这两种方式都将打开相同的"新建项目"对话框,如图 2-15 所示。

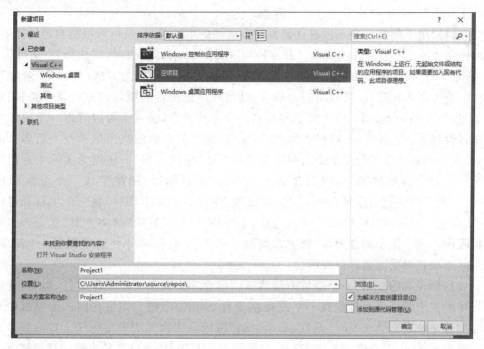

图 2-15 "新建项目"对话框

"新建项目"对话框是创建应用程序的第一步。通过填写该对话框中的信息,可以指定程序项目的名称、要创建程序的类型、使用的模板,以及保存源文件的路径等重要信息。

首先,在对话框左侧"已安装"节点中选择项目类型为"Visual C++",根据安装 Visual Studio Community 2017 时选中的模块不同,对话框中间会出现个数不等的可选项,此处为最小安装时显示的可选项目模板。图 2-15 所示的三种可选项目模板将以不同的方式创建项目,具体区别如下。

选择"Windows 控制台应用程序",Visual Studio 将自动创建一个完整的、可运行的 Windows 控制台应用程序模板。不需要添加任何代码,直接按下运行组合键 Ctrl+F5,VS(Visual Studio 的简称)立即开始项目的编译、连接和运行,自动打开的控制台窗口将显示出经典的"Hello World!"语句。在这个简单、功能单一的程序基础上,程序员即可根据开发目标修改、添加代码。

"Windows 桌面应用程序"与"Windows 控制台应用程序"非常类似,VS 将自动创建一个完整的、可运行的应用程序模板。不同的是,"Windows 桌面应用程序"创建的是适合在 Windows 系统下运行的图形用户界面应用程序项目模板。相比"Windows 控制台应用程序","Windows 桌面应用程序"创建的应用程序项目模板包含了更多的头文件、源文件和资源文件。运行"Windows 桌面应用程序"创建的应用程序,将打开一个拥有标准图形化窗口界面的应用程序,只是窗口中除了包含"文件"和"帮助"两个菜单项外,什么内容都没有,程序员可以根据自己的开发目标添加代码和资源。

对于本书读者而言,"Windows 控制台应用程序"和"Windows 桌面应用程序"创建的项目模板太过复杂,项目里很多的头文件、资源文件并非学习所需。验证本书例题的源码,或完成每章习题只需要一个. c 源程序文件,因此,"Windows 控制台应用程序"和"Windows 桌面应用程序"两个选项并不适合本书读者。

"空项目"用于创建一个不包含任何文件和资源的项目,程序员可以根据自己的需要,随时添加任何 VS 支持的文件或资源。除非特别说明,本书新建项目时,均选择"空项目"。

"新建项目"对话框下方有三个可供程序员输入文本内容的文本框,分别是"名称""位置"和"解决方案名称"。前两项很容易理解,是由程序员指定的项目名称和保存路径。"解决方案"作为 Visual Studio 2010 即已出现的一个重要概念,是一个可以管理一个或多个项目的项目管理器。在实际软件开发、生产中,大型、复杂问题的解决可能涉及一组多个应用程序,而这一组多个应用程序就是为解决某个问题的"解决方案"。正因为实际中有的问题比较简单,一个"解决方案"可以只包含一个项目,通过编译、链接生成一个可执行程序(. EXE)。而有的问题十分复杂,一个"解决方案"中包含了多个项目,每一个项目都可以编译、链接生成一个可执行程序(. EXE),这样一个解决复杂问题的"解决方案"就会产生多个可执行程序。为了便于读者理解"解决方案"与"项目"的关系,本书将通过创建一个简单的、演示性的多项目解决方案进行说明。

需要特别说明的是,在一个项目中虽然可以包含一个或多个源程序文件,但是,**在同一个项目中的多个源程序中只能有一个源程序含有 main()函数**。如果在同一个项目中有两个(含)源程序文件包含 main()函数,那么,编译系统会因为无法确定程序入口而导致编译失败。很多 C/C++ 初学者在连续编写多个题目解答程序时,十分容易出现这样的错误。不少人认为当一个程序调试、运行完成后,可以直接在项目中添加另一个. c 源程序文件,这样就可以不用再新建项目,而是直接继续编写下一个题目的解答程序。这种操作并不正确,因为这造成了同一个项目中的多个源程序文件里包含了多个 main()函数。解决办法是:①为每一道题目新建一个项目。当一个题目完成后,执行"文件"→"关闭解决方案"命令,然后再执行"文件"→"新建"→"项目"命令,为下一个题目创建一个新项目;②在一个解决方案中创建多个项目,每一个项目用来解决一个题目。在第②种方法中,虽然可以在一个解决方案中创建多个项目,但只能选择其中一个项目作为启动项目运行,所以,为了查看不同题目的运行结果,需要在多项目中进行切换。本章随后的演示将采用第②种方法。但是,对于初学者,第①种方法更值得推荐。

如果程序员确定创建的"解决方案"只包含一个项目时,可以取消选中"新建项目"对话框中的"为解决方案创建目录"选项,这样在"位置"指定的文件夹中只会创建一个与项目名称同名的文件夹,用于存放项目的所有文件。如果保留"为解决方案创建目录"的选中状态,则 VS 将先创建一个与解决方案名称同名的文件夹,在此文件夹里再创建一个与项目名称同名的文件夹,这样即可将多个项目包含的文件、资源按不同文件夹进行存放,以便于管理。

3. 为项目添加源程序文件

新建一个空项目时,VS 2017 将不会预先在该项目中创建任何文件或资源,如图 2-16 所示。

要为空项目添加一个源程序文件,先右击"源文件",在弹出的菜单中选择"添加"→"新

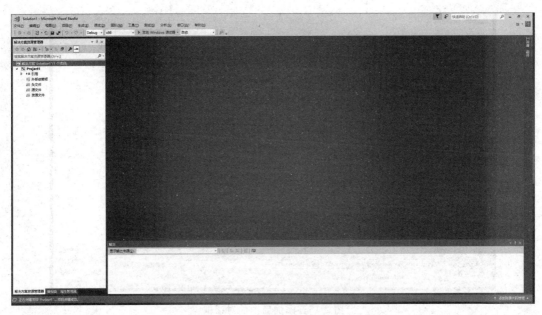

图 2-16　创建完成的空项目

建项"命令,如图 2-17 所示。如果已有一个 .c 源程序文件,则可以执行"添加"→"现有项"命令将该文件直接添加到项目中。

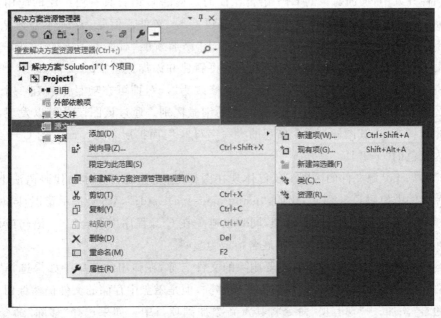

图 2-17　为项目添加新建项

执行"新建项"菜单后,将打开如图 2-18 所示的"新建项目"对话框。首先,在对话框左侧"已安装"选项区依次单击"Visual C++"和"代码"。如果在安装 Visual Studio Community 2017 时选择了多个功能模块,则"已安装"选项区将可能出现更多可选项目。

创建本书所有示例和解答书后习题时,选择添加的代码文件都将是"C++ 文件

27

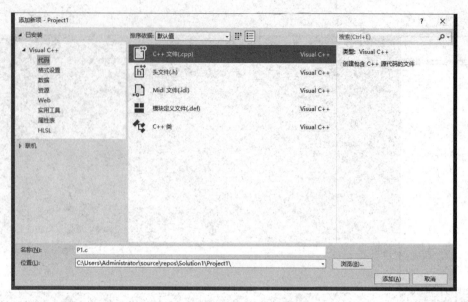

图 2-18　添加新项的对话框

（.cpp）"。此处，可能会有读者有疑问，我们学习的是 C 语言程序设计，为何要添加一个 C++ 源程序文件？ 其实，Visual Studio 是一个以 C++ 为主要开发语言的集成化开发工具，在目前商业软件开发中，面向对象的 C++ 语言比面向过程的 C 语言具有更广泛的应用空间，因此，Visual Studio 在新建代码文件时默认创建 C++ 文件。但是，这并不意味着 Visual Studio 不能创建、运行 C 语言程序。关键就在于"添加新项"对话框下方的"名称"文本框，此文本框中默认的文件名为"源.cpp"，这表明将新建并添加一个 .cpp 文件，即 C++ 源文件到项目中。只要在此文本框中将文件扩展名修改为".c"，即可在项目中新建一个 C 源文件。图 2-19 显示了 C 源文件和 C++ 源文件的细微区别。通过该图读者可以发现，扩展名为".c"的 C 源文件，其图标为一个紫色的大写字母"C"；而扩展名为".cpp"的 C++ 源文件，其图标为紫色的"＋＋"。

　　".c"和".cpp"源文件的区别不仅仅体现在图标上，还体现在具体的代码语法上。如果在".c"源文件中使用 C++ 语句，比如，"using namespace std；"，VS 会提示错误，同时也无法成功编译。为了养成良好的编程习惯，同时也避免在 C 源程序中混合 C++ 语句或语法，建议读者在编写 C 程序时，将源文件扩展名指定为".c"。

　　要删除项目中的文件，可以右击要删除的文件名称，在弹出的菜单中如果选择"从项目中排除"命令，那么该文件将仅从解决方案中移除，但是磁盘中存储的文件仍然保留，以后随时可以通过"添加"→"现有项"命令将其重新添加到项目中。如果选择"移除"命令，VS 会打开"移除/删除"文件对话框，如图 2-20 所示。如果单击"移除"按钮，则如同执行"从项目中排除"命令，文件并不实际删除，仅从项目中排除；如果单击"删除"按钮，则该文件不仅从项目中排除，还将从磁盘中删除。当然，被删除的文件可以从"回收站"还原。这两种移除文件的方式说明了 Visual Studio 对待项目文件清理的谨慎态度，毕竟项目文件，特别是源文件作为智力活动的成果，一旦删除，可能会造成无法挽回的损失。

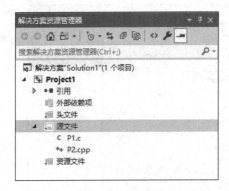

图 2-19　C/C++ 源文件图标对比　　　　　图 2-20　"移除/删除"文件对话框

4. 添加 C 语言代码

双击"解决方案资源管理器"树状目录中的 P1.c 文件名,即可在代码编辑窗口打开 P1.c。代码编辑窗口是程序员撰写源代码的主要区域,如图 2-21 所示。

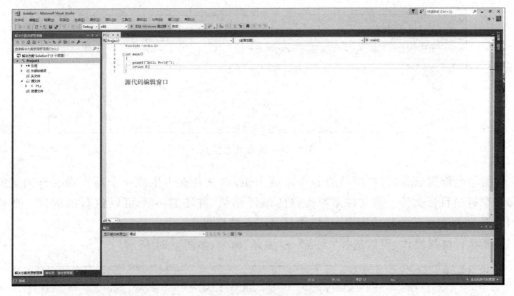

图 2-21　源代码编辑窗口

5. 编译链接 C 语言源程序

C 语言源程序撰写完成后,需要先进行编译、链接操作,如果未发生错误,则生成可执行程序。最后,运行生成的可执行程序,验证编写的源程序是否正确。

要编译 C 语言源程序,可以选择"生成"→"编译"命令,如图 2-22 所示。

也可以右击项目中的 P1.c 文件名,在弹出的快捷菜单中也有"编译"菜单项,这两种方式均执行相同的编译操作。

编译过程中出现的任何情况,Visual Studio 均会通过代码编辑窗口正下方的"输出"窗口给予程序员提示,图 2-23 显示了编译成功时的提示信息。

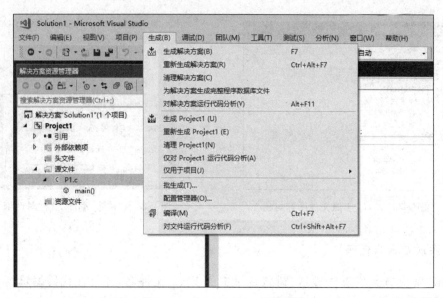

图 2-22　Visual Studio 编译菜单

图 2-23　编译状态信息

编译操作完成后，将在项目的 Debug 或 Release 文件夹中生成一个与 C 源文件同名的 .obj 二进制目标文件。该文件是源代码的编译结果，并不是一个可以执行的程序。要使 P1.obj 文件变成可执行的程序，还需要经过一个链接操作。

要执行链接操作，可以选择"生成"→"编译"命令，如图 2-24 所示。

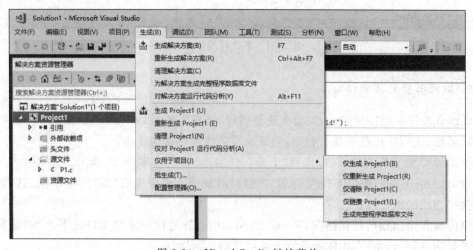

图 2-24　Visual Studio 链接菜单

链接过程中出现的任何情况，Visual Studio 也将通过"输出"窗口给予程序员提示，图 2-25 显示了链接成功时的提示信息。通过这个提示信息可以看到，在解决方案的 Debug 文件夹中生成一个与项目名称同名的 .exe 可执行程序。需要特别注意的是：在新建项目时，如果在图 2-15 所示界面中选中了"为解决方案创建目录"选项，则编译产生的 .obj 二进制目标文件是存储在项目文件夹 Project1 下的 Debug 文件夹中（本文路径为：..\Solution1\Project1\Debug），并且文件名与 .c 源文件同名。而链接产生的 .exe 二进制可执行程序文件是存储在解决方案文件夹 Solution1 下的 Debug 文件夹中（本文路径为：..\Solution1\Debug），并且文件名与项目名称相同。

6. 运行生成的程序

运行生成的可执行程序有两种方法：第一种方法是双击桌面上的"此电脑"图标，打开文件夹对话框，在如图 2-25 所示路径中找到存放链接生成的二进制可执行程序的 Debug 文件夹，然后双击即可运行该程序。这种方法比较烦琐，除非源程序已经完成了最终调试，不再进行修改时，才需要通过这种方式找到生成的可执行程序，以便复制、分发给其他人。更多时候采用第二种方法运行生成的程序，即依次选择"调试"→"开始调试"或"调试"→"开始执行（不调试）"命令，如图 2-26 所示。两者的区别在于，如果源程序中设置有断点，调试方式将运行至断点处暂停，以等待程序员的指令。而执行方式则忽视源程序中的断点，直接运行完程序。在源程序中没有设置断点时，选择这两种方式运行程序并没有太大区别，只是以调试方式运行时，在"输出"窗口将显示一些程序运行时的状态信息；以执行方式运行时，"输出"窗口不会出现任何提示信息。

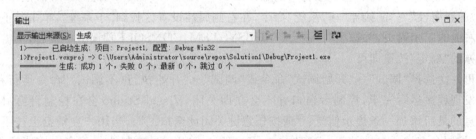

图 2-25　链接状态信息

实际上，.c 源程序编写完成后，可以跳过编译和链接，因为"开始调试"和"开始执行（不调试）"命令都将自动完成编译和链接操作。

无论是在 Debug 文件夹中双击可执行程序，还是在"调试"菜单中以调试方式或执行方式运行程序，都将看到屏幕上出现了一个一闪而过的黑色小窗口，这个窗口即是控制台窗口，只是由于程序运行太快，还来不及观看程序在窗口中输出的内容就已经结束了。程序员当然希望在程序运行结束后，仍然将控制台窗口保持在屏幕中，直到操作者看完程序运行时所显示的内容后才关闭控制台窗口。

要实现这个目的，也有两种方法：第一种方法是在源代码中添加暂停运行指令，使程序在结束前暂停运行，直到用户按下任意键。使用这种方法首先需要添加头文件包含语句"#include <stdlib.h>"，然后在"return 0;"语句之前添加"system("pause");"。system() 函数用于执行操作系统的指定命令。pause 则是 Windows 系统暂停批处理命令，该语句执行

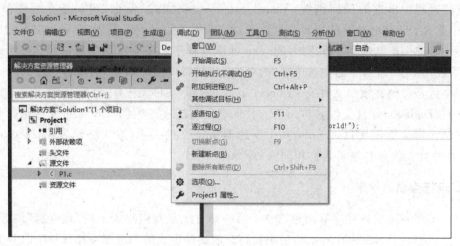

图 2-26　Visual Studio 调试菜单

后,控制台窗口上将显示"请按任意键继续…"的提示文本。使用这种方式,无论是在文件夹中双击可执行程序,还是在 Visual Studio 中选择"调试"→"开始调试"命令或"调试"→"开始执行(不调试)"命令运行程序,都可以使程序暂停运行,直到用户在键盘上按任意键后程序才完成运行,控制台窗口也将随之关闭。

　　第二种方法是首先在 Visual Studio 中选择"项目"→"Project1 属性"命令。注意,Project1 是本书示例中的项目名称,如果程序员在创建项目时指定的是其他名称,那么该处的 Project1 将是另外的名称。在打开的如图 2-27 所示的"Project1 属性页"对话框中,依次选择"配置属性"→"链接器"→"系统"命令,在右侧属性设置区找到"子系统",单击其下拉列表框右侧的三角箭头,并选中"控制台(/SUBSYSTEM:CONSOLE)"选项。最后,单击对话框下方的"确定"按钮即可。

　　再一次选择"调试"→"开始调试"命令或"调试"→"开始执行(不调试)"命令运行程序,则会发现程序运行完毕,控制台窗口并不会立即关闭,Visual Studio 会在控制台窗口的输出信息的最后添加一条提示信息:"请按任意键关闭此窗口…"。当用户在键盘上按下任意键后,控制台窗口才自动关闭。这种方法是由 Visual Studio 控制执行程序在完成运行后,暂时推迟控制台窗口的关闭操作,直到用户按任意键,控制台窗口才自动关闭,这种暂停方式是由 Visual Studio 控制实现的,程序员编译链接生成的可执行程序仍然是一次性运行完成所有语句,中间不会产生任何暂停动作。因此,这种通过修改项目属性实现控制台窗口暂时保留在屏幕中的方法仅适合在 Visual Studio 中调试程序时使用,如果在 Debug 文件夹中以双击方式运行程序时,控制台窗口仍然一闪而过,并不会推迟窗口的关闭。

7. 添加第二个项目

　　Visual Studio 在新建项目时,默认会同时创建解决方案。如前所述,解决方案的出现是为了在实际开发生产大型、复杂软件系统时,能够方便地对系统涉及的多个应用程序源代码、资源以及编译产生的程序进行统一管理。Visual Studio 2017 提供了专门用于管理解决方案的资源管理器,通过解决方案资源管理器,程序员能够方便、高效地管理同一个解决方案中的一个或多个项目。

图 2-27 项目属性设置对话框

作为 C 语言程序设计初学者,本来不需要了解和掌握解决方案中多项目创建和管理相关知识,但实际上,不少人希望或以为在完成一个 .c 源程序编译、运行后,不用关闭当前解决方案,直接在项目中再添加一个新的 .c 源程序就可以继续编写下一个程序了。这种想法是不正确的,因为 Visual Studio 以项目为单位进行编译、链接,并产生一个对应的可执行程序,每一个可执行程序有且只能有一个入口,这个入口即是 .c 源程序中的"main()"函数。所以,当在项目中再次添加一个包含有"main()"函数的 .c 源程序,将导致 Visual Studio 编译项目时因无法确定程序的入口而失败。要解决这个问题,可以利用 Visual Studio 支持在一个解决方案可以包含多个项目的原理。

如上完成前面操作后,现在 Visual Studio 中有一个解决方案 Solution1,Solution1 中包含一个项目 Project1,在 Project1 中有一个源程序 P1.c。下面将演示在不关闭 Solution1 且不重新创建解决方案的情况下,开始一个新程序的编写,并完成新程序的编译、链接、运行操作。

首先,在 Visual Studio 的解决方案资源管理器中右击"解决方案 Solution1",此时将弹出快捷菜单,如图 2-28 所示,选择"添加"→"新建项目"命令,此时将打开"添加新项目"对话框,如图 2-29 所示。

对比图 2-15 和图 2-29 可以发现,两个对话框最主要的区别在于"添加新项目"对话框中没有"解决方案名称"文本框、"为解决方案创建目录"复选框及"添加到源代码管理"复选框,因为是在已有解决方案中添加新项目,这三个选项涉及的信息已在新建项目时得到了确认,故不再需要重新填写。

与新建项目时一样,在添加第二个项目时仍然选择"空项目",项目的名称使用默认的"Project2"。单击对话框下方的"确定"按钮,即完成了第二个项目 Project2 的添加操作。在

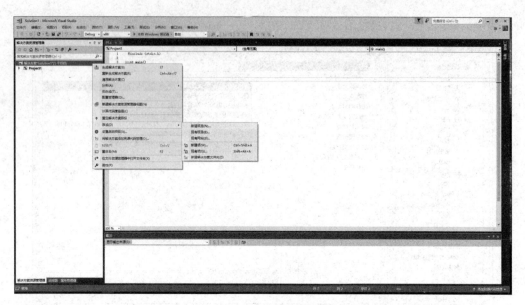

图 2-28 "新建项目"命令

图 2-29 "添加新项目"对话框

图 2-30 所示的解决方案资源管理器中可以看到两个项目 Project1 和 Project2，请读者注意资源管理器中 Project1 和 Project2 这两个名称显示上的区别，在后面将要进行的编译、链接操作中，读者将会发现这种显示区别的意义。显然，Project1 字体是加粗显示，而 Project2 字体是正常显示。

同在 Project1 中添加源文件操作相同，接下来将在 Project2 项目的"源文件"文件夹中添加一个新的.c 源文件。先右击"源文件"文件夹，在弹出的快捷菜单中选择"添加"→"新建"命令，并在"新建项"菜单项中单击，此时将弹出"添加新项"对话框。在对话框中依次选择"Visual C++"→"C++ 文件(.cpp)"选项，在"名称"文本框中将默认的文件名"源.cpp"改

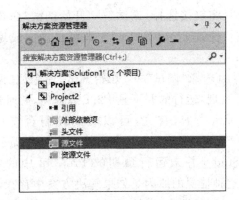

图 2-30　有两个项目的解决方案资源管理器

为"P2.c"。文件名也可以改成其他名称,但标志文件类型的扩展名必须使用".c",原因如前所述。最后单击对话框右下方的"添加"按钮,即可完成在项目 Project2 中添加源文件的操作。

在 P2.c 源文件中添加如下代码,如图 2-31 所示界面中的显示。

```
1  #include <stdio.h>
2  int main()
3  {
4    printf("好好学习,天天向上!\n");
5    return 0;
6  }
```

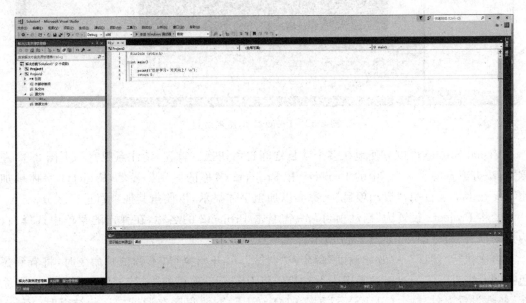

图 2-31　P2.c 源代码

在 P2.c 中添加好源程序后,其实并不需要依次进行"编译""链接""运行"操作。Visual Studio 发现工程文件夹下缺少目标文件和可执行程序时会主动编译、链接.c 源文件。所以，当源程序编写完成后，只需直接选择"调试"→"开始调试"命令或"调试"→"开始执行（不调试）"命令，也可以按快捷键 F5 或 Ctrl＋F5 即可自动完成编译、链接和运行的所有操作。

在 P2.c 源程序编辑界面选择"调试"→"开始调试"命令或"调试"→"开始执行（不调试）"命令后，读者会惊讶地发现，运行的并不是 P2.c 源程序，此时运行的仍然是 P1.c 源程序。请注意观察图 2-32 所示内容，首先，可以看到控制台窗口输出的文本为"Hello World!"。其次，在 Visual Studio 窗口下方的"输出"子窗口中提示的都是 Project1.exe 相关内容。这说明，Visual Studio 并未运行预期的 Project2 中的 P2.c，而是仍旧运行了 Project1 中的 P1.c。出现这种情况的原因是如果解决方案中存在多个项目，那么一次只能有一个项目被编译执行，这个项目即为"启动项目"。"启动项目"可能理解成当前正在操作的当前项目，在选择"调试"→"开始调试"命令或"调试"→"开始执行（不调试）"命令时，只有"启动项目"才会被编译、链接、运行。

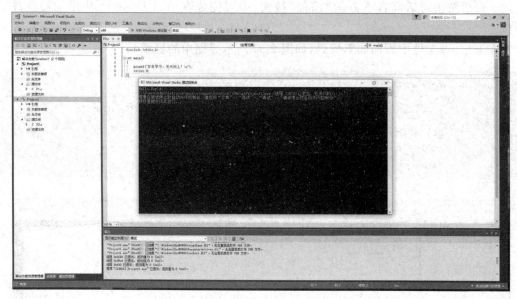

图 2-32　Project1 仍然被运行

Visual Studio 可以方便地在多个项目之间自由切换。首先，请注意观察一下图 2-32 左侧"解决方案资源管理器"中的 Project1 和 Project2 名称的区别。显然，Project1 字体被加粗了。在多个项目中，"启动项目"名称会以加粗字体显示，以便与其他项目进行区分。

要将 Project2 设置为"启动项目"，只需右击 Project2 的名称，在弹出的菜单中选择"设为启动项目"命令即可，如图 2-33 所示。

再次执行"调试"→"开始调试"命令或"调试"→"开始执行（不调试）"命令时，将看到黑色控制台窗口一闪而过。这是因为上次我们将 Project1 项目的"链接器"→"系统"→"子系统"属性设置为"控制台（SUBSYSTEM:CONSOLE）"，使程序在调试或运行结束时，Visual Studio 都会暂时停留在控制台窗口，直到用户按任意键才关闭，如图 2-27 所示。所以，需要在 Project2 中进行同样的操作，才可以在运行 P2.c 源程序时看到控制台窗口。Project2 项目运行窗口如图 2-34 所示。

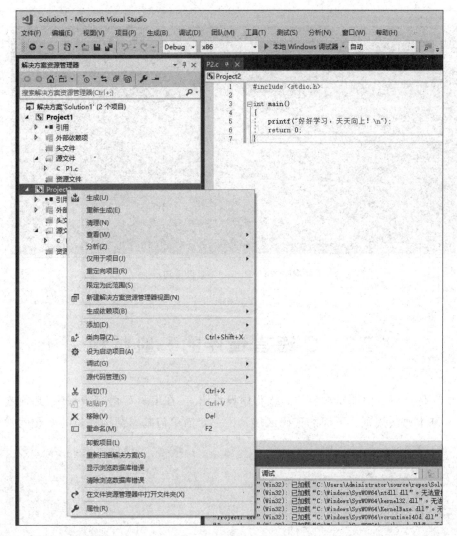

图 2-33　设置启动项目

　　本节详述了使用 Visual Studio Community 2017 进行 C 语言程序编写、编译、链接和运行的全过程,读者只需按本节步骤即可顺利掌握 Visual Studio 的基本操作方法。本书各章所附示例代码均可使用本节介绍的方法在 Visual Studio 中进行编辑、调试、链接和运行。

　　小贴士:尽管微软公司向编程爱好者和个人软件开发者提供了完全免费的 Visual Studio Community 版,但对于那些 C/C++ 程序设计的初学者或仅仅只是希望使用 C/C++ 语言快速验证某个算法的用户而言,Visual Studio Community 这种庞然大物实在太浪费计算机存储空间和其他资源了。如果希望在 Windows 7/10 操作系统下安装小型 C/C++ 编程工具,可以考虑安装 Code::Blocks 或 Visual Studio Code + MinGW 组合,它们占用的存储空间均只有几百兆字节(MB)。对于初学者来说,Code::Blocks 更容易安装和使用。

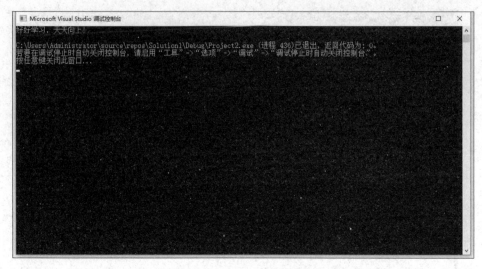

图 2-34　Project2 运行窗口

2.3　C 语言程序的一般结构

　　C 语言是一种结构性非常强的高级程序设计语言,在编写 C 语言源程序,必须遵守其规定的一些基本语法规则。下面的代码区展示了一个简单但基本结构完整的 C 语言源程序。

```
1  #include "stdio.h"
2  void main()
3  {
4    int a = 2, b = 3, c;
5    c = a + b;
6    printf("a + b = %d", c);
7  }
```

　　一个完整的 C 语言程序至少应该包括一个主函数,即 main()函数,它是所有代码的执行起点,即程序的入口,操作系统在执行一个 C 语言程序时,总是先从 main()开始执行的。没有 main()函数的程序是不完整的,无法编译和运行。C 语言是一种典型的函数式程序设计语言,C 语言程序是由一个或多个函数组成的。函数是 C 程序中实现程序功能的基本单位,每一个函数都能实现一个或几个功能相对独立的任务,而一个完整的程序,则通过调用一个或若干函数来实现所有需要完成的任务。

　　除了用户自行编写的函数外,为了方便用户进行各类程序的开发,开发 C 语言编译器和集成开发环境的公司通常会将大多数用户在编程时需要用到的一些基本功能以函数的形式提前编写好,并随集成开发环境一起附赠给用户。当用户在开发程序时,如果需要用到这些基本的功能,可以不需再编写代码来实现这些功能,而直接调用附赠的函数即可。这些与集成开发环境一起发布给用户的函数被称为库函数。在上面的这段程序中,第 6 行语句

"printf("a + b = %d", c);"即是通过调用库函数 printf()来实现数据的输出操作。

　　由于开发商提供的库函数非常多,这些库函数按照功能类别的不同,分别保存在多个函数库文件中,因此,在调用库函数之前,必须提前申明要将哪些函数库文件包含到源程序中来,以便编译器能够在用户调用这些库函数之前做好准备。在上面的这段程序中,第 1 行语句"♯include "stdio. h""即实现了这个申明。"♯include"是 C 语言中用于声明所需调用的库函数或自定义函数的头文件路径及文件名,stdio. h 是 C 语言中基本输入/输出函数库的头文件,这个头文件中包含了大量用于输入和输出功能的库函数,是经常要包含到源程序文件中的一个常用头文件。printf()函数就被包含在 stdio. h 头文件中,因此,只要调用 printf()函数输出数据,或调用 scanf()函数输入数据,都必须在源程序的最前面加入 ♯include "stdio. h"。包含 stdio. h 头文件的语句也可以写成 ♯include <stdio. h>,区别在于使用双引号括起头文件时,编译系统会优先在用户的当前目录(即源文件的存放目录)中寻找要包含的头文件,如果找不到,则再去 C 编译系统的安装目录中查找相应的头文件。使用尖括号括起头文件时,则直接查找 C 编译系统的安装目录,而不查找用户当前的目录。为了提高查找头文件的效率,如果包含的是库函数的标准头文件,最好使用尖括号;如果包含的是用户自定义函数的头文件,则最好使用双引号。如果分不清楚是哪一类头文件时,使用双引号以增加搜索范围更可行。

　　main()函数中共有三个语句,从功能上来看,它们分为两个部分,即第 4 行的变量定义区和第 5、6 行的语句区。在一个函数中,变量定义并不是必需的,但是如果要进行变量定义,它就必须位于所有语句的最前方,如果在变量定义之前出现了语句,在编译时将会报错。函数中的语句是实现函数功能的最小单位,每一个语句实现一个简单的基本操作,若干个语句相连就能实现比较复杂的功能。

　　C 语言源程序的结构通常如下。

　　(1) 一个 C 语言源程序可以由一个或多个源文件组成。

　　(2) 每个源文件可由一个或多个函数组成。

　　(3) 一个源程序不论由多少个文件组成,都有且只能有一个 main()函数,即主函数。

　　(4) 源程序中可以有预处理命令(如 include、define 等),预处理命令通常应放在源文件或源程序的最前面。

　　(5) 每一个语句都必须以分号结尾。但预处理命令、函数头和花括号"}"之后不能加分号。(结构体、联合体、枚举型的声明中,"}"后要加";"。)

　　(6) 关键字和标识符之间必须至少加一个空格以示间隔。若已有明显的间隔符,也可不再加空格来间隔。

　　C 语言编程风格是极其灵活和自由的,本节所提到的源程序结构仅仅只是一部分基本规定,在后面的章节中还会看到其他的程序结构。

2.4　标识符的命名与规则

　　使用 C 语言编程时需要用到很多对象,为了标记、识别这些不同的编程对象,就需要像为人取名字一样,也给这些编程对象取一个名字,这个名字就叫作标识符。程序中经常用到的编程对象有数据类型、函数、变量、常量、数组、指针、结构等,在使用这些对象之前,就需要为其指定一个标识符作为名称,当程序中出现这些标识符时就代表着对相应对象的操作。

C 语言对标识符的命名有一些规则,主要有以下三条。

- 标识符必须以大小写英文字母或下画线作为首字母。
- 标识符中只能包含大小写英文字母、数字、下画线,不允许出现如"!、@、#、$、%、^、&、*、/、?、>、.、<、,、;"等其他符号,并且 C 语言中的标识符不能使用任何中文符号,包括汉字、中文符号和中文标点。
- 标识符不能与 C 语言的保留字或库函数名相同。

除以上三条外,在命名标识符时,还需要注意 C 语言对大小写敏感,因此,相同字母的大小写是不同的标识符。

保留字是指在 C 语言中有特殊含义的标识符,在定义标识符时不得与保留字相同,以免发生混淆。C 语言中的保留字一共有 32 个,如表 2-2 所示。

表 2-2　C 语言保留字

保留字	含　义
auto	指定变量的存储类型,这是 C 语言默认的变量存储类型
break	中断并跳出循环或 switch 语句
case	与 switch 语句配套使用的分支语句
char	字符类型
const	常量定义修饰符
continue	提前结束循环。跳过 continue 后面的语句,直接返回到循环体的开始处重新执行循环
default	定义 switch 结构中的默认分支
do	do-while 循环语句
double	双精度数据类型
else	if-else 分支语句
enum	枚举类型
extern	声明外部变量或函数,说明指定变量或函数在 C 文件之外声明
float	单精度数据类型
for	for 循环语句
goto	无条件跳转语句
if	分支语句
int	整数数据类型
long	长整型数据类型
register	指定变量的存储类型是寄存器变量
return	从函数处返回
short	短整型数据类型

保留字	含　义
signed	带符号数修饰符
sizeof	获取指定对象所占内存空间大小
static	指定静态存储类型
struct	定义结构体类型的保留字
switch	多路分支语句
typedef	为数据类型定义别名
union	定义共用体类型
unsigned	无符号数修饰符
void	空类型
volatile	非稳定存储类型，用 volatile 修饰的变量不会进行编译优化，以免出错
while	while 或 do-while 循环语句

C99 标准中，除以上 32 个保留字外，又增加了三个新的保留字：_bool、_Complex、_Imaginary。但是目前只有少数编译器才支持这三个保留字，为了保证程序的可移植性，请读者在定义标识符时也能避免使用这三个保留字。

2.5　程序的书写风格

学习并掌握源程序的良好书写风格是经常被 C 语言初学者所忽略的重要问题，编写源程序不仅仅只是为了编译成可执行程序，源程序还肩负着程序员之间进行交流、学习的重要作用，它还是日后维护、修改、升级程序的重要资料；一个书写风格良好的源程序还有助于程序员更快速、方便地发现程序中的错误。因此，书写具有良好程序风格的源程序是一件非常重要而有意义的事情。

不同公司或团体对具体的程序书写风格有着不同的规定，本书仅从初学者角度出发，介绍最基本、最通常的一些程序书写风格。

(1) 缩进格式。没有缩进是 C 语言初学者最常出现的不良书写风格，所有的语句全部左对齐。所谓缩进格式，是指上下两个语句根据其隶属关系，被隶属语句不能与隶属它的语句左对齐，而是应该比隶属它的语句向右缩进一定的空间。缩进的空间在不同的集成开发工具中有所差别，VC 6.0 默认的缩进空间为 3 个字符，而 C-Free 默认的缩进空间则为 4 个字符，目前比较流行的缩进空间为 4 个字符。下面两段代码对比了缺乏缩进格式和拥有良好缩进格式源程序的区别。

代码区 1
```
1  if(a>b) c=a-b;
2  else  c=b-a;
```

代码区 2
```
1  if( a >b )
2  {
3    c =a -b;
4  }
5  else
6  {
7    c =b-a;
8  }
```

代码区 1 所示的代码没有缩进格式,导致程序语句都堆积在一起,语句之间的隶属关系不能很清晰地看出来。当语句较少时,对阅读的影响还不是很明显。但是,如果代码量较大时,这样缺少缩进格式的源程序的可读性就远不如代码区 2 所示的有缩进格式的代码。

VC 6.0 和 C-Free 集成开发工具都有提供了良好的程序缩进书写格式,读者在使用这些集成开发工具时,只需按照默认的缩进设置即可写出具有良好风格的缩进式代码。

(2) 空行与空格的使用。在编写源程序时,适当、合理地使用空行和空格,将使源程序具有更好的可读性,阅读这样的源程序时,读者不容易感到疲劳。

空行是指不书写任何语句和符号的一个空白行。空行能够分隔程序空间,使读者清晰地了解哪些语句在逻辑上与其他的语句联系是不大的。适合添加空行的地方通常有:自定义函数体之间加空行,变量声明和语句之间加空行,逻辑段落之间加空行。

空格的作用主要是使变量或符号之间间隔适当扩大,以增加程序的可读性。适合添加空格的地方通常有以下几种:① ==、=、+、-、*、/、>、<、>=、;、<=等运算符的两边应添加空格;②if、for、while 后面应加空格;③有多重括号运算时可用空格表明层次关系。

(3) 标识符的命名。一个源程序中,将要涉及许多变量、自定义函数等各种标识符的命名问题。好的命名不但能够起到对程序的解释作用,而且在书写时不容易出现拼写错误,更便于使用。标识符命名的最基本原则是使程序语句读起来接近自然语言,能够“见名知意”,即看到标记符就能够猜出它的意义和作用。目前程序设计界最知名的标识符命名法是“匈牙利命名法”,基本原则是:标识符名=属性+类型+对象描述。其中,每一对象的名称都要求有明确含义,可以取对象名字全称或名字的一部分。命名要基于容易记忆、容易理解的原则。匈牙利命名法对属性、类型和对象描述方法都有一些明确的规定,鉴于这些规定超出了本书的内容,在此不予深入探讨,有兴趣的读者可以自行参考互联网中的相关资料。

使用匈牙利命名法为标识符命名时,有时会因为描述的单词较多或较长,使得标识符也就变得非常长,因此,适当地对组成标识符的单词进行缩写就变得非常重要了。标记符缩写可遵循以下一些基本原则。

- 较短的单词可通过去掉“元音”形成缩写。
- 较长的单词可取单词的头几个字母形成缩写。
- 尽量使用公认的缩写。

例如,temp→tmp,flag→flg,statistic→stat,increment→inc,message→msg 等。

(4) 语句的注释。“文章本天成,妙手偶得之”,对于编程往往也是这样。很多时候灵光一现时写出的代码堪称经典,但过了一段时间后,却往往自己也无法理解当时这样编写的用意是什么。因此,为了记录下自己编程时的思路和解决办法,一段具有良好书写风格的源程序中不能缺少恰当的注释语句。

C语言中使用"/*"和"*/"将注释语句包括在一起,"/*"和"*/"之间可以包含一行或多行注释语句。源程序在编译时,所有的注释语句将会被自动剔除掉,不参与到编译过程中。因此,注释语句的功能就是在读者阅读源程序时起到提示作用。需要注意的是,VC 6.0 和 C-Free 不但支持 C 语言语法,也支持 C++ 语法,因此,如果在这两个集成开发环境中使用注释语句时,即使使用了 C++ 特有的"//"注释符号,编译器也是不会报告错误的。"//"是一种单行注释符号,即每一个由"//"开头的注释文本只能有一行内容,下一行如果还需要添加注释文本,则必须在文本最前面再次添加"//"。

注释语句的位置一般应该遵循以下原则:逻辑段落的注释放在段落前一行,语句的注释放在语句之后,注释和被注释的代码之间不要有空行等规则。

源程序中用行注释是很好的,但是过多的注释也是不必要的,不要试图用大量的文字去描述源代码的开发思路,通常情况下,注释是用于说明代码做了些什么操作,而不要去解释为什么这样去做。另外,在自定义函数时,应该使用注释明确说明该函数的主要功能是什么,调用时需要哪些参数,函数完成运行后,将向外界返回哪些数据等内容。

学习 C 语言编程,必须重视养成良好的程序书写风格,这些良好的编程习惯会使程序员在以后的程序编写过程中获取许多的益处。

【技能训练题】

1. 请独立安装 Visual Studio Community 2017,搭建 C 语言开发环境。
2. 目前,常用的 C 编译器有哪些? 各自的特色如何? 请使用互联网搜索引擎解答。
3. 尝试了解软件开发企业对代码(编程)风格的具体要求。

【应试训练题】

1. 以下选项中合法的标识符是_____。【2009 年 3 月选择题第 11 题】
   A. 1_1   B. 1-1   C. _11   D. 1_ _
2. 以下关于 C 语言的叙述中正确的是_____。【2010 年 3 月选择题第 12 题】
   A. C 语言中的注释不可以夹在变量名或关键字的中间
   B. C 语言中的变量可以在使用之前的任何位置进行定义
   C. 在 C 语言算术表达式的书写中,运算符两侧的运算数类型必须一致
   D. C 语言的数值常量中夹带空格不影响常量值的正确表示
3. 以下叙述中错误的是_____。【2011 年 9 月选择题第 11 题】
   A. C 语言编写的函数源程序,其文件名后缀可以是.C
   B. C 语言编写的函数都可以作为一个独立的源程序文件

  C. C 语言编写的每个函数都可以进行独立的编译并执行

  D. 一个 C 语言程序只能有一个主函数

4. 计算机高级语言程序的运行方法有编译执行和解释执行两种，以下叙述中正确的是_____。【2011 年 3 月选择题第 11 题】

  A. C 语言程序仅可以编译执行

  B. C 语言程序仅可以解释执行

  C. C 语言程序既可以编译执行又可以解释执行

  D. 以上说法都不对

5. 以下叙述中错误的是_____。【2011 年 3 月选择题第 12 题】

  A. C 语言的可执行程序是由一系列机器指令构成的

  B. 用 C 语言编写的源程序不能直接在计算机上运行

  C. 通过编译得到的二进制目标程序需要连接才可以运行

  D. 在没有安装 C 语言集成开发环境的机器上不能运行 C 源程序生成的 .exe 文件

6. 以下 C 语言用户标识符中，不合法的是_____。【2010 年 3 月选择题第 13 题】

  A. _1   B. AaBc   C. a_b   D. a--b

7. 以下选项中，能用作用户标识符的是_____。【2009 年 9 月选择题第 12 题】

  A. void   B. 8_8   C. _0_   D. unsigned

第 3 章　机 器 思 维

3.1　机器解题的过程

在即将开始编写之前，还必须明白一个问题，即计算机并不像人们想象中的那样聪明，尽管它被称为"电脑"，但是与真正的"人脑"相比，还有着相当大的差距。因此，使用计算机去解决任何一个问题之前，人们必须清清楚楚、明明白白地告诉计算机解决这个问题所需要操作的步骤，如果一名程序员自己都无法解答的问题，就不可能编写出解题程序让计算机运行。从这一点来看，真正解决问题的还是"电脑"背后的那颗"人脑"。

知道了这个秘密后，亲爱的朋友们，你们失望了吗？其实，失望大可不必。计算机以其极高的运行速度帮助人们实现了很多不可能完成的任务，例如，在使用计算机进行机械加工控制时，人类完全了解机械加工的步骤和方法，但是，出于人类自身的功能限制，离开了计算机辅助控制就无法加工出精度更高的零部件。又如，要让人工完成一个企业一年的数据报表统计工作，其海量的数据无疑会让人们花费很多的时间和精力，但是使用计算机进行数据的分析和统计，可能只需要不到 10 分钟就能够完成。因此，计算机是人类解决问题的好工具、好帮手，但要想让它完成工作，就必须先告诉它应该如何去工作。下面以一道例题来讲述人类如何指导计算机，使其能够帮助人们完成问题的求解过程。

例 3-1　小花、小明和小红的年龄分别是 12 岁、13 岁和 6 岁，请问她们三人谁最大，谁第二，谁最小？请编写一个程序能够按从大到小的顺序输出三个小朋友的名字。

看到这道幼儿园升小学的面试题目，任何一位打算学习 C 语言编程的有志青年都会毫不犹豫地说出答案：小明、小花、小红。但是，请在继续阅读本书后续内容之前，一定要牢牢记住：计算机不会自动解决任何人类语言表达的实际问题，一切解题的方法、步骤，都需要人明确地告诉它，而且，还得是它看得懂、理解得了的语言才行。以上题为例，人一眼就能看懂的 12 岁、13 岁、6 岁指的是小明、小花、小红的年龄，但是计算机却无法理解，必须先将12、13、6 这三个数字保存在三个不同的变量中，计算机才能够对这些数字进行有效处理，而且在处理这些数据的过程中，计算机才不管 12、13、6 这些数字是谁的年龄，有何含义，它只知道这是三个整数，并按照人类编写的程序去处理它们。

在计算机中是不能用"小明""小花""小红"这样的中文来表示数据名称的，通常的做法是设置三个变量(何谓变量将在第 4 章中做详细的介绍)来代表小明、小花、小红这三位小朋友，再通过对保存在变量中的数据进行比较，判断数值大小次序，最后根据判断结果输出相应的信息到屏幕中。使用计算机解决问题时，计算机总是严格地按照程序语句的次序和规则，一次一条语句地执行这些语句来解决问题，而人类经常使用的模糊判断方法不适合计算机执行和操作,因此,程序编写者一定要掌握将自己习惯的解题方法和思路转换成明确的步骤才可以让计算机理解并执行。下面对例 3-1 解题步骤的描述是计算机所希望看到的。

(1) 提示用户输入三个小朋友的年龄(第一个输入的是小花,第二个输入的是小明,第三个输入的是小红)。

(2) 接收用户从键盘输入的三个年龄数值(整数类型数据),并分别存放在 a、b、c 三个变量中。

(3) a 中的数值大于 b 吗?

① 大于,b 中的数值大于 c 吗?

- 大于,向显示器输出最终结果:"小花>小明>小红"。
- 不大于(此时 a 大于 b,c 大于 b,那么还需要判断 a 和 c 谁大),a 中的数值大于 c 吗?
  - ➤ 大于,向显示器输出最终结果:"小花>小红>小明";
  - ➤ 不大于,向显示器输出最终结果:"小红>小花>小明"。

② 不大于,b 中的数值大于 c 吗?

- 大于(此时 a 小于 b,c 小于 b,那么还需要判断 a 和 c 谁大),a 中的数值大于 c 吗?
  - ➤ 大于,向显示器输出最终结果:"小明>小花>小红";
  - ➤ 不大于,向显示器输出最终结果:"小明>小红>小花"。
- 不大于,向显示器输出最终结果:"小红>小明>小花"。

(4) 程序结束。

这是一个比较复杂的程序设计题目,从题目表面上来看的确十分简单,但其实它所蕴含的数学模型为对三个整数进行排序操作。要对三个整数进行排序操作,需要考虑到多种情况,每一种情况都需要通过对三个整数进行比较和判断后才能得出。有读者可能会提出,题目中已经给出了三个明确的年龄数据,那肯定只有一个正确结果,为何还需要进行那么多次判断,把所有可能的结果都找出来呢?编写程序时,程序员总是尽可能地将程序运行时会遇到的各种情况和问题都考虑到,以便使自己编写的程序具有更好的通用性和实用价值。以本题为例,如果程序只考虑处理这三个固定的年龄数据,那么程序永远只可能输出一个结果,而无法根据变化去处理更多的、不同的年龄组合,这样的程序也就没有了实际使用的价值。而考虑得更全面一些的程序,无论用户输入怎样的三个年龄数据,都能输出相应的、正确的次序,这样的程序能够应付更多的情况,其实用性也就更强了。

上面的解题步骤已经具有了程序的雏形,但是将这样的解题步骤输入到 C 语言集成开发工具中进行编译,你会看到数不清的错误提示,因为这些供人类阅读的文字和语句不但计算机完全看不懂,就连在人类和计算机之间充当翻译的 C 语言编译器也无法理解。为了让 C 语言编译器能够理解我们写出的解题步骤,还需要将这些步骤按 C 语言的语法再写一遍 (特别提醒:请不要尝试弄懂下面代码的含义,本段代码仅向读者展示最终计算机能够理解的解题步骤是何模样)。

代码区 (例 3-1)

```
1  #include "stdio.h"
2
3  int main()
4  {
```

```
5        int a, b, c;
6        printf("请分别输入小花、小明和小红三人的年龄：");
7        scanf("%d%d%d", &a, &b, &c);
8        if ( a > b )
9        {
10           if ( b > c )
11           {
12                printf("小花>小明>小红");
13           }
14           else
15           {
16                if ( a > c )
17                {
18                     printf("小花>小红>小明");
19                }
20                else
21                {
22                     printf("小红>小花>小明");
23                }
24           }
25        }
26        else
27        {
28           if ( b > c )
29           {
30                if ( a > c )
31                {
32                     printf("小明>小花>小红");
33                }
34                else
35                {
36                     printf("小明>小红>小花");
37                }
38           }
39           else
40           {
41                printf("小红>小明>小花");
42           }
43        }
44 }
```

　　代码区中的代码是 C 语言编译器能够理解并翻译成机器代码的源程序形式，人们所说的编程即是编写如代码区中的代码，C 语言编译器编译、连接后，将直接生成可供计算机执行的可执行程序。计算机在执行上述程序时，首先找到 main( ) 主函数，并按次序执行主函数中语句，当遇到 if 语句时，程序会自动根据后面括号中的判断结果选择执行其下的不同语句，这些语句执行的不同组合就形成了不同的程序运行结果。

　　机器的解题过程实际上就是先由人将解决问题的所有步骤详细地描述出来，并将这些步骤翻译成符合 C 语言语法规范的 C 源程序，然后将源程序交由 C 编译器进行编译、连接操作。如果在编译过程中出现各种错误，程序员应根据编译器的提示进行修改，再重新编译，直到正确生成可执行程序并运行。

不得不承认，上述符合计算机思维的解题步骤与读者已经习惯的人类解题思维有着非常大的差别，怎样能够在较短的时间内学习并掌握这种符合机器思维的解题方法呢？下面两节内容将向读者介绍两种非常有效的工具：流程图和伪代码。这两种工具都非常适合在进行编程前，快速地描述编程者解决问题的基本思路，并构建出非常接近于最终源程序的解题流程。掌握好这两件编程工具，非常有利于 C 语言初学者顺利地跨入编程世界。

3.2 用图形描述的解题过程（流程图）

对于程序设计初学者而言，编程为什么会比较困难？一方面，编程者要将自己已经习惯了多年的思考、解决问题的方式抛开，转而按照描述每一个具体解题步骤的办法来考虑问题；另一方面，编程者还需要同时思考这个步骤应该怎样使用 C 语言来实现、使用哪一个语句会更有效，应该处理哪一些数据和参数。当这两方面的问题交织、缠绕在编程者的脑海之中时，感到编程十分困难也就在所难免了。在这种情况下，先暂缓考虑 C 语言编程实现的问题，优先对问题的解决步骤和流程做出清晰、完善的思考，将能够非常有效地帮助用户渡过编程初期所面临的思想混乱难题。

流程图就是一种能够让用户既专注于思考问题解决步骤，又避免同时思考编程语言实现问题的有效工具。流程图是用几何图形来展示解题过程中各个步骤的逻辑关系的一种图示技术。解决任何一个问题的过程一定会存在操作步骤的先后顺序，这个顺序就是流程。流程图就是描述解题步骤先后顺序的图解。

流程图使用固定的图形符号来表示不同的操作，常用的图表符号有以下几种，如图 3-1 所示。

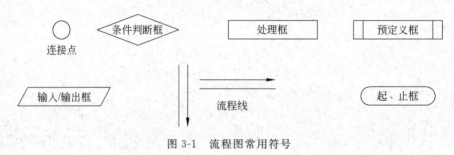

图 3-1 流程图常用符号

各符号所表示的含义如下。

（1）连接点。用以表明转向流程图的其他位置，或从流程图其他位置转入，连接点是流程图无法接续下去时，被迫转向其他位置的断点。

（2）条件判断框。用于进行条件判断的框图，条件判断框左侧一般表示条件判断为真时的流向，右侧表示条件判断为假时的流向。左、右流程线上经常会标明"真""假"文字以明确流程方向。

（3）处理框。执行一个或一组特定的操作，使某数据值、数据形式或所在位置发生变化,处理框中可标明处理名称以及简要功能。

(4) 预定义框。该处理为在另外地方已得到详细说明的一个操作或一组操作,例如,自定义函数一般使用该符号。矩形框内可注明处理名称以及简要功能。

(5) 输入/输出框。专门用于表示输入和输出处理过程的符号。矩形框内可注明输入或输出什么数据给变量。

(6) 流程线。程序处理的流动方向,流程线的走向一般是从上向下或从左向右,此时流程线可以不画箭头,但是当处理循环等流程线需要从下往上或从右向左时,必须按流动方向画上箭头。

(7) 起、止框。表明程序开始或结束的位置。

在绘制流程图时,应该按照解题操作的步骤和顺序选择相应的图示符号以从上往下、从左往右的原则画出流程图。在画图时,可以先用处理框将大致需要的处理步骤画出来,再根据程序运行顺序添加上流程线。最后再对草图进行逐步细化处理,直到画出较为精确的流程图。

下面将以几道例题向读者讲述流程图的基本画法。

例 3-2 2013 年中国工商银行公布的一年期定期储蓄利率为 3.25,请计算并输出 x 元人民币存一年定期后,连本带利一共可以从银行拿回多少钱?

分析:要完成本题提出的问题,至少需要知道两个数据,其一是一年期定期储蓄利率,这个数据题目中已经给出;其二是 x 元人民币是多少? 在程序中处理这类无法确定的数据时,通常要求程序运行时由操作的用户来确定,而程序需要做的就是提示用户在此输入一个数据即可。有了两个基本数据之后,解决这道题目的问题实际上只需要一步操作即可完成,$x*(1+0.035)$,最后将计算结果输出到屏幕中。

流程图如图 3-2 所示。

解释:从流程图可以清晰地发现,这个程序是一个典型的顺序结构的程序,即程序完全按照从上至下的顺序执行,中间没有任何语句被跳跃或重复,顺序结构是程序三种基本结构中最简单的一种。

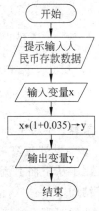

图 3-2 例 3-2 流程图

例 3-3 朝阳路小学 90 周年校庆时,为感谢教师们的辛勤工作,学校为每位教师准备了一份礼物,工龄在 20 年(含)以上的教师可以领到十个苹果,不足 20 年的教师可以领到 5 个苹果。请编写一个程序,方便各位教师查询自己可以领到多少个苹果。

分析:这道题目主要要解决对教师们工龄判断的问题,只有正确地判断了工龄才能得出正确的结果。在判断前,还需要教师先输入自己的工龄数据,没有具体的工龄数据是无法进行判断的。为了保存输入到编程中的工龄数据,还需要设置一个变量 x。

流程图如图 3-3 所示。

解释:例 3-3 是一个具有分支结构的程序,从流程图中可以发现,分支结构是使用菱形框图表示的,程序经过菱形框判断后,按照判断结构的"是"与"否"分成两条不同的流动方向,这两个不同的流动方向上都有为变量 y 赋值的操作,但是每次程序运行时,为 y 赋值的操作只能有选择地做一次,而不是两个操作都需要完成。无论执行的是哪一个流动方向,在完成了为 y 赋值的操作之后,又都汇聚在了一起,然后执行"输出变量 y"的操作。

例 3-4 请计算并输出 $1+2+3+4+\cdots+100$ 的结果。

分析：本题是一道数字计算题，要完成这道数学题目的计算任务，必须设置两个存放数据的变量，一个变量用于存放最终的计算结果，另一个变量存放不断变化的每一项数值。在完成计算之后，将最终计算出来的结果输出到屏幕中。与前面两道例题不同的是，本题不需要输入操作，因为参与计算的每一项的变化非常有规律，只要给出一个初始值 1，即可不断推算出下一项的值，并将该值加到总和之中。

流程图如图 3-4 所示。

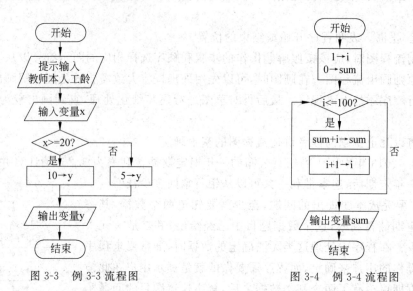

图 3-3 例 3-3 流程图   图 3-4 例 3-4 流程图

解释：本题是一道重复计算的问题，变量 i 负责从 1 开始不断计算每一项值，只要 i 不大于 100，就要重复将 i 累加到 sum 中的操作，为了能够实现重复操作某一些语句，流程图中使用了从下向上流转的异常方向，这种异常的流动方向实现的就是循环结构，即三种基本程序结构之一。

在学习完三个较简单的流程图之后，图 3-5 所示为例 3-1 的流程图，朋友们，你们是否能够看得懂呢？

流程如下：

(1) 程序开始。

(2) 提示输入三个小朋友的年龄。

(3) 接收输入的三个年龄数值，并分别存放在 a、b、c 三个变量中。

(4) a 中的数值大于 b 吗？

① 大于，b 中的数值大于 c 吗？

• 大于，输出结果："小花＞小明＞小红"。

• 不大于，a 中的数值大于 c 吗？

➢ 大于，输出结果："小花＞小红＞小明"；

➢ 不大于，输出结果："小红＞小花＞小明"。

② 不大于，b 中的数值大于 c 吗？

• 大于，a 中的数值大于 c 吗？

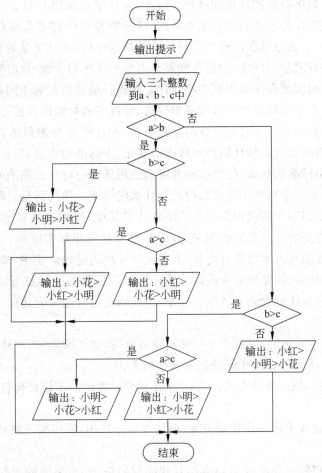

图 3-5　例 3-1 流程图

> ➢ 大于,输出结果:"小明＞小花＞小红";
> ➢ 不大于,输出结果:"小明＞小红＞小花"。
> • 不大于,输出结果:"小红＞小明＞小花"。

(5)程序结束。

　　流程图是梳理程序算法的有效方法。很多人认为编写程序前画出流程图是在浪费时间,没有必要,其实,这种观点并不正确,流程图用图形的方法将解题步骤明确地表现出来,不但能够让编程者清晰地看出程序的基本结构,还能够十分方便地标记出主要的解决步骤。编程初学者请务必认真学习掌握流程图的画法,并在解决每一道题目之前,先画出其流程图,这将能够十分有效地提高学习者的编程水平。

3.3　用语言描述的解题过程（伪代码）

　　人们在解决问题,特别是在解决比较复杂的问题时,由于解决步骤较多,过程较复杂,往往很难在开始的时候就对解决问题的全部细节有着很好的了解和掌握,而只能对程序的总体结构或部分细节做出较好的理解和处理。因此,一开始就使用 C 语言对尚未整理完善的解题步骤进行编程操作是很难达到预期效果的,这样的源程序肯定面临着一遍又一遍的修改,甚至是重写。为了适应解题时逐步求精的自然思维过程,并且尽量避免使用具体编程语言时在语法上的种种限制与约定,使思考能够全力集中于解题步骤,这时使用接近于编程程序的伪代码来粗略地实现程序基本框架将会比直接进行编程更有利于问题的解决。

伪代码是以综合了多种编程语言的基本语法、保留字和自然语言描述程序解题步骤(算法)的一种方法,它并不是一种真实存在的编程语言,相比于各种编程语言,如 Java、C++、C 语言等,它更类似自然语言。伪代码是一种半形式化、不标准的语言,但是,正是由于伪代码具有这样不严格、不标准的约束,使得编程者可以使用任何一种自己熟悉的文字,例如,中文或英文将思维更加集中于对整个算法结构的设计与优化上。伪代码是一种比流程图更接近源代码的编程辅助工具,使用流程图表示算法时直观易懂,但画起来却比较费事,而且在设计一个算法时,可能要进行反复修改和完善,而修改流程图却非常麻烦。因此,一个设计完善的算法,使用流程图来表示时更有优势,但在设计算法的过程中使用,却不如伪代码理想,尤其是当算法比较复杂、需要反复修改时。伪代码不需要使用图形符号,因此书写方便、格式紧凑,也更便于向具体编程语言转换。因此,伪代码更适合用来表达程序员开始编码前的想法。

使用伪代码表达算法时,以便于书写和阅读为原则,并无固定的、严格的语法规则,只要把意思表达清楚即可。类 C 伪代码的基本规则如下。

(1) 在伪代码中,每一条指令占一行(else if 例外),指令后不跟任何符号(C 语言中语句要以分号结尾)。

(2) 使用缩进格式表示程序中的分支、循环等程序结构,使用缩进格式可以大大提高代码的清晰性。

(3) 顺序结构中同一层次的语句应具有相同的缩进量,被隶属的语句相对其父级语句要缩进,例如,if 所隶属的语句相对于 if 所处的位置就需要缩进。

下面通过几个例题来向读者讲述伪代码的基本使用方法。

例 3-5 中百超市 20 周年店庆,每位购物的顾客都将根据购物额的多少获得一定的折扣,其折扣率为:1000 元(含)以上的 5%,500 元(含)以上不足 1000 元的 3%,大于 1 元但不足 500 元的 1%,请编写程序计算客户实际应支付的购物款。

分析:这道题目是一个典型的判断结构程序,程序需要对用户输入的购物金额进行判断,并根据判断的结果选择不同的折扣率。但是,无论折扣率是多少,最终的计算公式却都是一样,因此,计算公式应放在折扣率已确定之后。其解题步骤为:先获得购物金额→根据购物金额选择不同的折扣率→计算应付款→输出数据→完成。

```
伪代码区 (例 3-5)
1   开始
2   定义变量 x, y
3   输出 ("请输入购物金额: ")
4   输入 (x)
5   如果 x >=1000
6   {
```

```
7        y = 0.05
8    }
9    否则 如果 x >= 500
10   {
11       y = 0.03
12   }
13   否则 如果 x >= 1
14   {
15       y = 0.01
16   }
17   y = x * (1-y)
18   输出 (y)
19   结束
```

解释：从上述伪代码可以看出，整个程序并未使用真实的编程命令，其语法也没有严格按照 C 语言规则进行，而且使用中文作为描述操作的语言，使编程者思维能够更好地集中在对问题的处理上，而不需要考虑具体的语法细节和规则。尽管没有使用具体的程序设计语言，但是这段伪代码仍然很好地表达了整个程序应有的基本解题步骤和框架，这为下一步将其转换成真实的 C 语言源程序打下了良好的基础，只需要稍加改动即可完成转换工作。

例 3-6　请计算并输出 1~100(含)以内所有奇数之和。

分析：本题要求完成的任务是将从 1~100 之间的奇数找出，并将这些奇数累加起来。累加找到的奇数并不困难，难点在于怎样找到 1~100 之间的奇数。首先，要完成的是取数任务，从 1 开始取数，每次取数间隔为 1，直到 100 为止，共取 100 个数。每次取完一个数后，就要判断该数是否为奇数；如果是，就立即进行积累操作。

```
伪代码区 (例 3-6)
1    开始
2    定义变量 i, s
3    1→i
4    0→s
5    while i <= 100
6    {
7        if i 除 2 的余数为 1
8        {
9            s = s + i
10       }
11       i = i + 1
12   }
13   输出 (s)
14   结束
```

解释：程序是通过 while 循环语句不断对 i 进行加 1 操作，以实现连续从 1 到 100 之间取数，并且在循环中，判断 i 是否能够被 2 整除，不能整除时，i 中所存放的数据即为奇数，则将此时的 i 累加到 s 中。完成一次对 i 的判断后，i 中保存的数据已经没有存在的必要了，第 11 句对 i 中保存的数据加 1，并将新得到的数据替换保存在 i 中的原来数据，以便下一次循环时对新数据进行处理。

伪代码和流程图都是程序员应该掌握的有效编程辅助工具，在不同应用场合，二者各有优势和不足。从形式上来看，伪代码比流程图更接近真实源代码，但是流程图以图形的方式能够更清晰地表达出程序的逻辑结构。如果程序操作步骤过多，流程图通常会受限于纸张大小而不得不分割显示，或者由于算法太过复杂，导致流程图流程线过多，图形结构混乱，这时流程图的优势反而体现不出。因此，在画流程图时应将程序划分成若干个步骤有限的函数（或子过程），以便能够尽量在一张 A4 纸上画完一个完整的流程图。而伪代码却不存在这个问题，因为伪代码本来与源代码形式一样按行排列，步骤较多的操作也不会影响伪代码的表达。

很多编程已经比较熟练的程序员越来越不愿意将时间花费在画流程图或写伪代码上，如果程序结构比较简单，操作步骤不是很多，程序员对类似的问题已经具有较好的解决经验，那么可以跳过流程图和伪代码的过程，直接开始编程。但是，如果要编写的程序算法比较复杂或者操作步骤较多，那么花一些时间将关键算法的流程图画出来或以伪代码的形式快速写出程序的基本框架都是非常有效的方法。特别是编程初学者，更应该在学习编程之前先学习并熟练掌握如何利用流程图、伪代码来创造、完善解题思路，再根据流程图、伪代码来编写源代码。

【技能训练题】

1. 程序 A 计算并输出 $1+3+5+7+\cdots+99$ 的和，请画出程序 A 的流程图，并尝试写出其伪代码。

2. 请画出实现功能输出 $1\sim100$ 之间所有奇数之和与偶数之和的差的流程图。

3. 先到银行了解一下定期储蓄的利率，再画出计算存款利息功能的流程图。

4. 程序 C 的功能是对用户输入的字符进行判断，如果用户输入的字符为'0'~'9'，则显示中文"数学"；输入的字符为'a'~'z'或'A'~'Z'，则显示中文"字母"，其他的符号则显示中文"其他"。请画出程序 C 的流程图。

5. 化工 5 班本学期三门功课的期末考试成绩已经陆续公布，现在需要编写一个程序能够计算出全班各门功课的平均成绩，请画出解决这个问题的流程图。

第4章 顺序结构的程序

4.1 程序的组成

在第 2 章讲到 C 语言源程序的基本结构时,有一段代码如下,这段代码尽管十分简单,但通过它却可以初步了解到组成 C 语言源程序的一些重要部分。特别提示:本章涉及大量 C 语言的语法规则与约定,内容不但多且繁杂,请一定要耐心、仔细地阅读,并掌握这些编程的基础。一次阅读可能无法掌握所有内容,也可在后续学习中不断返回本章复习相关知识点。

```
代码区
1  #include "stdio.h"
2  void main()
3  {
4      int a = 2, b = 3, c;
5      c = a + b;
6      printf("a + b = %d", c);
7  }
```

如果说编写 C 语言源程序就像修建房屋一样,那么,组成源程序的各种常量、变量、运算符、表达式、语句等,就如同建造房屋不可或缺的水泥、沙子、砖块和预制构件了。编写程序就是将这些原材料按照一定的次序和逻辑关系进行排列组合。本章将重点讲述组成源程序的这些原材料的特点和使用方法,只有熟练掌握了本章的内容,才能更好地学习后续章节。

4.1.1 常量

C 语言中按照运行过程中可以发生变化还是不可以发生变化,数据被分成变量和常量两大类。在程序运行过程中其值不允许发生变化和修改的数据量被称为常量。

常量通常有两种表现形式。一种是直接以常数形式表现的常量,例如 2、121.6、-111、'a'、4.5613E+3、"nbut",前三个常量比较好理解,就是经常使用的整数、实数和负数形式。后面三种常量比较特殊,在 C 语言中,一对单引号括起来的单个字母或符号叫字符常量; 4.5613E+3 是指数形式表示的实数,其含义等价于 4.5613×10^3(C 语言无法识别以上标数字表示的指数形式,指数形式统一以 E 或 e 表示);一对双引号括起来的一个或多个字母、符号叫字符串常量。常量经常出现在 C 语言的表达式中,是表达式的重要组成部分。

以常数形式表示的常量常常会按常数的数据类型进行区分,最常用到的常量类型有以下几种。

- 整型常量。整型常量是 C 语言程序设计中最常用到的常量类型之一,整型常量即整常量,包括从负整数、零和正整数在内的所有整数。例如:2、−1、0、36、100 等都是整型常量。在 C 语言中,整型常量除了有十进制数外,还包括八进制和十六进制数。正常书写的整型常量都是十进制数,如果在整型常量前额外添加一个 0,则所表示的数为八进制数;如果额外添加一个 0x,则所表示的数为十六进制数。例如:常量 123,即为十进制数 123;常量 0123,即为八进制数 123,转换成十进制数为:$1 \times 8^2 + 2 \times 8^1 + 3 \times 8^0 = 83$;常量 0x123,即为十六进制数 123,转换成十进制数为:$1 \times 16^2 + 2 \times 16^1 + 3 \times 16^0 = 291$。八进制和十六进制与二进制有着对应关系,每一个八进制位可以转换成 3 位二进制位,每一个十六进制位可以转换成 4 位二进制位,八进制和十六进制可以看成是二进制位数压缩表示形式,在进行硬件控制编程和位运算时,八进制和十六进制有着非常强大的作用。

- 实型常量。实型常量即为实数或浮点数,C 语言中的实型常量有两种表达形式,一种为小数形式,这也是最常使用的一种实型常量。例如:0.920、.23、756.、0.0 等都是合法的实型常量。请读者注意:小数形式表示的实型常量必须要有小数点。另一种为指数形式,C 语言规定,在表示指数形式常量时,应以 e 或 E 后跟一个整数来表示以 10 为底数的指数。例如:12.73951 可以表示为 0.1273951E2(0.1273951×10^2)、12.73951e0(12.73951×10^0)、127.3951e−1(127.3951×10^{-1})。字母 e 或 E 之前必须要有数字,且 e 或 E 后面的指数必须为整数。如 e3、5E4.6、.e、e 等都是非法的指数形式。

注意:在字母 e 或 E 的前后以及数字之间不得插入空格。

- 字符常量。字符常量是 C 语言中极为重要且经常被用到的常量类型。要掌握字符常量,首先必须要了解:在 C 语言中什么是字符? 字符包含哪些符号? 在这个世界中,各个国家因为其历史发展不同,语言各异,所衍生出来的常用字符也各不一样。C 语言无法理解和处理世界上所有的字符,它所能理解和处理的字符只能是美国国家标准信息交换码表,即 ASCII 码表中所包含的。基本 ASCII 码表中一共有 128 个符号,分为控制字符和可显示字符两大类。控制字符用于表示约定的操作动作,而可显示字符则可以通过键盘敲击输入到计算机中,也可以被输出到屏幕中显示,供人们阅读。ASCII 码表中所包含的 128 个字符是编写计算机程序和操作计算机时最常用到的符号,但是,这些符号却并不能直接被计算机存储和处理,因为计算机系统只能存储和处理二进制数据,所有输入到计算机中的字符都必须转换成为二进制数据才能在计算机系统中被存储和处理。因此,ASCII 码表实质上就是一张常用符号与其对应的二进制数值之间的标准转换表格,通过这个表格,任何一个 ASCII 码表中的字符都将被转换成一个唯一的 8 位二进制数值与其对应,这将保证不同厂家生产的计算机软、硬件产品所转换的字符数据相互间能够通用。基本 ASCII 码表可参见附录。字符常量即是指用一对单引号括起来的单个 ASCII 码符号,例如:'a'、'A'、'%'、'4'、'\n'、'\t'等。在 C 语言中使用字符常量时,有两个非常值得注意的问题:

其一,整型常量中个位数字 0～9 与字符常量中'0'～'9'的区别,尽管整型常量和字符常量外观十分相似,在屏幕中最终的显示也相同,但是它们的含义和操作均不相同。整型常量一般用于计算,而字符常量则多用于输入/输出操作,虽然字符常量也可以用于计算,但其所表示的数值却并不是符号本身所显示的数值,例如:'5'对应的数值并不是 5,而是 53,所以,5+1=6,而'5'+1=54,这是因为字符常量'5'存储在计算机时,要按 ASCII 码表的对应关系将其转换成整数 53 后再存储。其二,特殊的字符常量——转义符,即所表达的意义有所变化的字符常量。C 语言为了表示一些特殊的字符,规定使用单引号'\'加一个普通字符的形式来表示一个特殊意义的字符,表 4-1 列出的即是 C 语言的转义符。转义符在 C 语言程序设计中常常起到控制输出位置等作用,在编写控制台程序时十分有用,请读者稍加留意。

表 4-1　C 语言的转义符表

转义符	含　　义
\a	响铃。该符号表示计算机喇叭鸣响一声
\b	退格。表示光标水平向后跳动一个字符位置
\n	换行。表示光标跳到下一行
\r	回车。表示光标回到本行第一列
\t	制表符。表示水平向右跳动一个制表符距离
\v	竖向跳格。表示垂直向下跳动一行
\\	\。斜杠用于表示转义符,为与普通斜杠相区别,在使用普通斜杠时必须使用转义符表达
\"	"。双引号用于表示字符串的起点和终点,有特殊作用,为与之相区别,在使用普通双引号时必须使用转义符表达
\'	'。单引号用于表示字符常量,为与表示字符常量的单引号相区别,在使用普通单引号时必须使用转义符表达
\0	空字符。字符串以此字符作为结束标记
\ddd	八进制数。1～3 位八进制整数
\xhh	十六进制数。1～2 位十六进制整数

- 字符串常量。字符串常量是由一对双引号括起来的字符序列,例如:"China"、"nbut"、"C 语言"、"中华人民共和国"等。字符串常量与字符常量不同,字符串常量中可以出现任何符号,包括中文符号、汉字、希腊字母等。与字符常量只包含一个字符不同,字符串常量可以包括多个字符,也可以是 0 个字符:"",即空串。为了表示字符串的结束,C 语言规定,字符串将自动在最后一个字符之后添加一个'\0',表示字符串结尾。

字符常量与字符串常量是 C 语言初学者经常会混淆的两个概念,很难分清何时应该用单引号,何时又该用双引号。其实,二者之间区别还是非常明显的。

- 字符常量由单引号括起来,字符串常量由双引号括起来。
- 字符常量只能是单个字符(转义符也只是一个字符),字符串常量则可以含 0 个或多个字符。
- 可以把一个字符常量赋予一个字符变量,但不能把一个字符串常量赋予一个字符变量。而且在 C 语言中没有相应的字符串变量,字符串被存放在字符数组中。

57

- 字符常量只占一个字节的存储空间，而字符串常量占用的存储空间等于字符串中所有字符个数加 1。增加的一个字节即是不可显示的字符串结束标志'\0'。例如：字符常量'c'和字符串常量"c"虽然看起来都只含有一个字符，但实际上"c"占用了两个存储空间，一个存放'c'，另一个存放字符串结束标记'\0'，所以，"c"='c'+'\0'。

常量的另一种表现形式是为要表示的常量定义一个标识符，以该标识符作为指定常量的常量名称，这种常量又被称为符号常量。符号常量必须先定义再使用，因此常常将符号常量的定义放置在程序的最开始处，其定义方法有两种。

```
#define  符号常量名  常量
```

```
const    数据类型    符号常量名 = 常量；
```

例如：

```
#define PI 3.1415926
```

```
const int MAX = 200;
```

使用 #define 定义符号常量时，一定要注意其命令结尾并没有 C 语言语句结束时必需的分号，这是因为 #define 并非是 C 语言语句，而是编译器预处理指令。C 编译器在开始编译之前会将源程序中所有 #define 定义的符号常量名替换成常量。const 是 C 语言的保留字之一，它限定了一个变量的值在程序运行过程中只允许被读出、引用，而不允许被修改。使用 const 定义符号常量时，必须对符号常量进行初始化，即赋给初值。与 #define 相比，使用 const 定义常量优点更多。其一，const 定义的常量有数据类型，编译器可以对其进行数据静态类型安全检查，而 #define 定义的常量却只是进行简单的字符替换，没有类型安全检查；其二，当在函数中定义局部常量时，使用 const 定义的常量的作用域可以限制于函数体内，而使用 #define 定义常量时，其作用域不仅限于定义常量的函数体内，而是从定义点到整个程序的结束点。因此，在定义符号常量时，应根据具体需求选择合适的符号常量定义命令。

符号常量经常被用于表示程序中需要反复被引用到的常数，例如：π 是数学公式中经常用到的一个常数。但在不同的计算场合，可能对 π 值的要求是不一样的，此时，如果直接使用实数形式的常数 3.14，一旦程序计算精度不够，需要将 π 的值修改为 3.14159 时，就要对源程序中所有出现这个数据的地方逐一进行修改，不但工作量较大，而且十分容易发生错改、漏改等情况。如果定义了符号常量 PI 来代替 π，在程序中所有需要用到 π 的地方都使用符号常量 PI，这时再出现修改 π 值的情况时，只需要修改符号常量定义 #define PI 3.14 这一处为 #define PI 3.14159，即可实现所有引用了 PI 的地方自动更新为 3.14159，不但减少了修改数据的工作量，更重要的是减少了发生错误的机会。

说到 π 的符号常量，很多 C 语言初学者会觉得，为什么要用 PI 这个标识符来表达 π 呢？π 这个符号是世界通用的，直接把符号常量名定义为 π 不是更好吗？即 #define π 3.14。请读者回忆一下"2.4 标识符的命名与规则"中的内容，命名标识符时只能使用大小写英文字母、数字和下画线，而 π 不在此之列。不过，由双引号括起来的字符串常量不受标识符的限制，可以使用任何符号和文字。

4.1.2 变量声明与使用

程序运行过程中其值允许发生修改和变化的量被称为变量。变量是 C 语言程序设计中最重要、使用最频繁的组成部分。变量其实质是内存中的一片大小不固定的连续存储空间,根据变量类型的不同其所占用的存储空间也不相同。程序运行过程中,无论是用户输入到计算机中的数据、暂时产生的数据,还是最终需要输出的数据,都需要有一个存放的空间,这个存放数据的空间就是变量。

根据程序所处理的数据量的多少,其所含的变量往往有很多,尽管变量所占用的内存空间都以字节为单位编有地址,通过这些地址即可区别、访问、操作变量,但是,这些地址由八位十六进制数表示,操作起来不仅非常不便,而且极易出错。为了方便程序员对变量的访问和操作,C 语言要求为每一个变量命名一个名称,即变量名。变量名属于标识符的一种,其命名规则应符合标识符命名的相关规定,因此,变量名的第一个符号必须是大、小写字母或下画线,不得使用数字做首字母,其余部分可以使用大、小写字母、下画线和数字。需要注意的是,不同 C 语言编译器对变量名长度的规定是不一样的,早期的 Turbo C 规定标识符长度不得大于 8 个符号,而现在大多数 C/C++ 编译器规定标识符长度可达到 255,不过考虑到 C 源程序的可移植性,对变量命名时其长度最好不要超过 32。

变量非常像人们生活中存放各类物品的容器,例如:用来存放液体的瓶子、用来存放衣物的柜子、用来存放水果的盘子等。人们往往会根据要存放物品的性质不同,将其存入在不同的容器里,与此类似,变量也有很多种不同的类型,与存放在变量中的数据类型相适应。例如:1、34、−99 等整数应该存放在整型变量中;'a'、'\n'、'%'等字符应该存放在字符型变量中。

C 语言规定,使用变量时必须遵循"先声明,后使用"原则。其方法如下。

```
1  变量类型 变量名;
2  变量类型 变量名=初始值;
3  变量类型 变量名 1, 变量名 2,…,变量名 n;
4  变量类型 变量名 1=初始值 1, 变量名 2=初始值 2, …,变量名 n=初始值 n;
```

变量声明时,既可以一次只声明一个变量,也可以一次同时声明多个同一类型的变量;既可以对变量赋初始值,也可以不赋初始值;既可以对全部变量赋初始值,也可以只对一部分变量赋初始值。

例如:

```
int i;
float a =0.0, b, c, d=1.9;
char x ='w';
```

使用 C 语言时,变量声明的位置与 C++ 语言有明确的不同,C 语言规定,局部变量,即定义于函数中的变量,其声明必须集中在函数的最前面,变量声明之前不可以出现 C 语言语句。而使用 C++ 进行变量声明时,可以在任何位置进行,这一点请读者务必了解,并可根据变量声明的位置来分辨是 C 源程序还是 C++ 源程序。

正确的变量声明:

```
1  int add(int x, int y)
2  {
3    int c;/* 变量声明在函数最前面 */
4    c = x + y;
5    return c;
6  }
```

错误的变量声明：

```
1  int add(int x, int y)
2  {
3    printf("正在进行加法运算：");
4    int c;/* 变量声明最前面出现了函数调用语句 */
5    c = x + y;
6    return c;
7  }
```

C 语言中可以使用的变量类型十分丰富,经常用到的有以下几种。

- int(整型)。整型是用于存放整数的一种数据类型,包括正整数、零和负整数。
- short(短整型)。用于存放位数较少的整数数据,其占用的存储空间比整型少一半,因此,所表示的整数范围更小。
- long(长整型)。长整型与整型一样,也用于存放整数,但是长整型比整型占用的存储空间多一倍,因此,长整型能够表示更大范围的整数。在一些编译器中,如 VC 6.0,整型与长整型位数一样,所表示的数据范围也一样。
- float(单精度类型)。单精度类型是实数类型的一种,它表示小数位数不超过 7 位的各类实数。
- double(双精度类型)。双精度类型也是实数类型的一种,它所占用的存储空间比单精度大一倍,因此,它能够表示小数位数不超过 16 位的更精确实数。
- char(字符型)。字符型是专门用于存放 ASCII 码表中各类字母、符号、标点的一种数据类型,一个字符型数据占用一个字节存储空间。由于字符型数据最终以二进制形式保存于计算机中,因此,字符型数据常常也被当成取值范围较小的整型使用。
- unsigned(无符号型)。无符号型一般不单独使用,而常常与 int、short、long、char 四种类型在一起,用于表示无符号数据。

表 4-2 列出了 C 语言中常用数据类型的空间大小及取值范围。

表 4-2　常用数据类型表

类型	符号	关 键 字	所占空间/位	取 值 范 围
整型	有	int	32	−2147483648～2147483647
		short	16	−32768～32767
		long	32	−2147483648～2147483647
	无	unsigned int	32	0～4294967295
		unsigned short	16	0～65535
		unsigned long	32	0～4294967295

类型	符号	关　键　字	所占空间/位	取　值　范　围
实型	有	float	32	负数：$-3.4028235E+38\sim-1.401298E-45$ 正数：$1.401298E-45\sim3.4028235E+38$
	有	double	64	负数：$-1.79769313486231570E+308\sim$ $-4.94065645841246544E-324$ 正数：$4.94065645841246544E-324\sim$ $1.79769313486231570E+308$
字符型	有	char	8	$-128\sim127$
	无	unsigned char	8	$0\sim255$

需要特别说明的是，由于 ANSI C 标准并未具体规定每种类型数据的长度、精度、数值范围，因此，在不同 C 语言编译器中，各种数据类型的所占空间大小及取值范围是有所不同的，表 4-2 所列数据均以运行在 32 位/64 位 Windows 7 操作系统下的 Visual Studio 2017 为依据。

进行程序设计时，正确定义变量类型是十分重要的。不同类型的变量不仅仅担负着存储不同数据的责任，还决定了对变量可以实施的操作也各不相同。例如：int i＝1，j＝3，如果 i/j，则其结果并非预期的 0.3，而将是 0。这是因为，C 语言规定，整型数据除整型数据时，将执行整除操作，即只留整数商，其余部分都将抛弃。如果希望得到实数商，则除数与被除数中至少有一个必须是实数类型。选择正确的变量类型，能够减少很多不易察觉的逻辑错误，因此，请读者务必认真对待变量类型选择的问题。

其实，初学 C 语言时所接触到的数据类型并不复杂，主要有三类：整型、实型和字符型，在声明变量时，先确定要存储和处理的是哪一类数据。有小数部分的，肯定要使用实型；整数数据则选择整型；需要处理各类符号、键盘按键等数据时，则应该选择字符型。如果是数值较小，不大于 127 时，也可以选择字符型来代替整型。选好哪一类数据之后，就要根据所需要处理的数据来分析应该具体选择哪一种数据类型，同一类数据的不同数据类型，如 int、short 和 long 三种类型，所存在的差别主要是数据占用的存储空间和取值范围有所不同，正确选择数据类型将能够有效减少对存储空间的浪费。数据类型选择完成后，还需要考虑所处理的数据中有正负之分吗？如果没有正负的分别，则可以使用 unsigned（无符号）类型。

4.1.3　C 语言的运算符号

日常所使用的数学运算符号除少数几个外，绝大多数都能够在 C 语言中正常使用。按运算功能的不同，C 语言运算符号主要可以分为以下五大类。

（1）算术运算符

进行各类算术运算的符号有：＋（加法）、－（减法）、＊（乘法）、/（除法）、％（取余）、＋＋（自加 1）、－－（自减 1）共 7 种。计算机键盘中没有数学常用运算符号×和÷，因此使用 ＊ 和/来代替乘号和除号。键盘中的斜杠有/和\两种，作为除号的是/而非\，请注意区别。％是取余运算，只有整数才能进行取余运算，因此，％两侧只能是整型数据，而不能使用实型数据。

＋＋和－－是 C 语言的特色算术运算符，其作用为变量值自加 1 和自减 1 运算，因此也被称为自增运算符和自减运算符。＋＋运算符和－－运算符的操作对象只能是变量，而不能是常量或表达式，它们的一般用法有两种，分别是：

```
x++;     x--;
```

或

```
++x;     --x;
```

＋＋和－－分列于变量两侧,其操作却完全不同。如果＋＋、－－位于变量的左侧,其操作为先对变量原有值进行加 1、减 1,再取变量新值作为表达式的值;如果＋＋、－－位于变量的右侧,其操作为先取变量原有值作为表达式的值,再对变量进行加 1 或减 1 操作。举例如下。

设有变量声明:

```
int x, y=6;
```

当 x ＝ y＋＋时,＋＋位于变量 y 右侧,所以,先取 y 原来的值作为表达式的值,赋给变量 x,所以 x＝6。再对变量 y 进行加 1 操作,所以 y＝7。

当 x ＝ ＋＋y 时,＋＋位于变量 y 左侧,所以,先对变量 y 进行加 1 操作,y＝7,再取变量 y 的新值 7 作为表达式的值赋给变量 x,因此,变量 x＝7。

自增运算符和自减运算符是 C 语言为方便对循环变量进行操作而特设的运算符,运算符操作本身并不复杂,读者只需搞清楚运算符在左侧(前缀运算)时和右侧(后缀运算)时的区别即可。但是,很多 C 语言教材都意愿花一些篇幅来讨论自增运算符和自减运算符的一些特殊使用,例如,"x＝a＋＋＋a＋＋;""x＝a－－＋a＋＋;""y＝x＋＋＋x;"等。其实,这些特殊用法除了用于考试外,在实际编程中并没有太多的用处,之前已经讨论过,出于交流和软件维护的目的,在书写 C 语言程序时应该本着便于理解和阅读的良好习惯,而过于复杂的自增和自减运算显然与之不相符。但是,考虑到本书的读者有可能会在各类考试中遇到这种自增、自减的特殊用法试题,为此,本书也给出这类题目的基本解题思路,即:从左至右一次尽可能地多包含＋或－号,直到再加一个符号即出错为止。例如,x＝a＋＋＋a＋＋时,第一个 a 后面尽可能多包含＋,即相当于 x＝(a＋＋)＋a＋＋,第二个 a 之前只有一个＋,后面则又可以包含两个＋,即最后等同于 x＝(a＋＋)＋(a＋＋)。有了括号,运算就清晰了,先取 a 原值进行加法运算,再对变量 a 做两次自增运算。假设 a＝6,则执行"x＝a＋＋＋a＋＋;"语句后,x＝12,a＝8。

(2) 逻辑运算符

进行各类逻辑运算的符号有:!(取反)、＆＆(与)、||(或)共 3 种。逻辑运算符是 C 语言中极为重要的一类运算符,尽管该类运算符只有三个,却"肩负"着实现 C 语言中各种复杂的逻辑表达式的重任。逻辑运算的值有两种可能:真或假(true 或 false、是或否、成立或不成立),但是在计算机中逻辑值无法用"是""否"这样的汉字或"true""false"这样的英文来表示,它们必须转换成数值才行。C 语言规定,非 0 值用于表示逻辑真,0 表示逻辑假。非 0 是指除 0 以外的所有整数,例如,1、－4、100、－291 等均为非 0,即逻辑真值。

!运算符是指对逻辑值取其相反值的运算,例如,!0＝1、!1＝0,逻辑真遇到!时则变成逻辑假,逻辑假遇到!时则变成逻辑真。

&& 运算符是指进行逻辑与运算。逻辑与是判断多个逻辑值是否同时为真(或至少有一个逻辑值为假)的一种逻辑运算。&& 基本运算包括：$1\&\&1=1$、$1\&\&0=0$、$0\&\&1=0$、$0\&\&0=0$,这四个基本运算其意为两个逻辑值中只要有一个为假(0),则其结果必为假。&& 运算符的作用非常广泛,在书写 C 语言表达式中常常用到。例如,C 语言在表示开区间(3,7)时,不能写成常见的数学不等式 $3<x<7$,而必须写成：$x>3\&\&x<7$,意即 x 大于 3 并且 x 小于 7。

|| 运算符是指进行逻辑或运算。逻辑或是判断多个逻辑值是否同时为假(或至少有一个逻辑值为真)的一种逻辑运算。|| 基本运算包括：$1||1=1$、$1||0=1$、$0||1=1$、$0||0=0$,这四个基本运算其意为两个逻辑值中只要有一个为真(1),则其结果必为真。|| 运算符同 && 运算符一样,也是 C 语言编程中经常使用到的逻辑运算符。

(3) 关系运算符

进行各类关系运算的符号有：>(大于)、<(小于)、>=(大于等于)、<=(小于等于)、==(等于)、!=(不等于)共 6 种。由于 ASCII 码中并没有日常所用的数学符号≥和≤,键盘也无法输入,因此,在 C 语言中大于等于和小于等于符号由 >=、<= 两符号代替。所有关系运算符中最易出错的符号是 ==(等号),长久的数学学习已经使人们习惯成自然地认为等号就是 =,而在 C 语言中 = 是赋值号,表示将 = 右侧的表达式值存放于左侧的变量名中,真正表示等号判断的却是 ==。该符号如果不加以留意,会在后面的分支、循环程序设计中造成很多麻烦,请读者务必牢记在 C 语言中,== 才表示“等于”关系。

(4) 位运算符

进行各类位运算的符号有：<<(向左移位)、>>(向右移位)、~(按位取反)、|(按位或)、&(按位与)、^(按位异或)共 6 种。所谓位运算,即按二进制位进行相应运算之意。在进行位运算操作时,先将操作数转换成二进制,各位对齐后进行相关运算。例如：求 $23|51$,23 所对应的八位二进制数为：00010111,51 所对应的八位二进制数为：00110011,|运算操作如下。

```
  00010111
| 00110011
  00110111
```

因此,$23|51=00110111=55$。

位运算在编写加、解密程序或硬件控制程序中常常被用到,学习 C 语言基本程序设计时使用并不多,但是位运算符中的 & 和和逻辑运算符 &&、|| 极易混淆,因此,请读者牢记逻辑运算符中的 && 和 || 都是双符号运算符。另外,^ 运算符也是经常被用错的一个符号,一些读者以为 ^ 可以用来表示幂,如用 2^3 来表示 2^3,这种写法在 C 语言中是不正确的,它表示的是 2 与 3 进行按位异或运算。

(5) 复合赋值运算符

为了更简便地表达算术、位运算和赋值操作,C 语言设有算术复合赋值运算符和位复合赋值运算符两大类,共计 10 种复合赋值运算符。其中,算术复合赋值运算符共有 5 种,对应 5 种基本算术运算符,分别是 +=、-=、*=、/= 和 %=。位复合赋值运算符也有 5 种,与 5 种位运算符相对应,分别是 <<=、>>=、&=、|= 和 ^=。各种复合赋值运算符操作如下。

“a+=b;”等价于“a=a+b;”。

"a<<=b;"等价于"a=a<<b;"。

"a−=b;"等价于"a=a−b;"。

"a>>=b;"等价于"a=a>>b;"。

"a*=b;"等价于"a=a*b;"。

"a&=b;"等价于"a=a&b;"。

"a/=b;"等价于"a=a/b;"。

"a|=b;"等价于"a=a|b;"。

"a%=b;"等价于"a=a%b;"。

"a^=b;"等价于"a=a^b;"。

复合赋值运算符的运算优先级非常低,仅高于逗号,并且结合方向为自右向左。

除上述五类运算符外,C语言运算符还有:−(负号运算符)、()(括号运算符)、=(赋值运算符)、?:(条件运算符)、,(逗号运算符)、*(取值运算符)、&(取地址运算符)、sizeof(内存占用数运算符)、.(分量运算符)、−>(指针分量运算符)、[](下标运算符)共11种运算符,这些运算符将在后续章节中一一介绍。

在编程时使用到各类运算符,需牢牢记住两点:其一,所有符号必须是西文半角状态下输入,绝不可以使用中文符号;其二,双符号运算符,如++、−−、&&、||、>=、<=、==、!=、+=、−=、*=、/=、%=、<<=、>>=、&=、|=、^=等,两符号间不可以出现空格,必须两个符号连在一起书写。

在C语言中,各类运算符常常混合在一个表达式中使用,那么当多个运算符同时出现在一个表达式中,应该按何次序进行计算呢? 小学数学知识告诉我们,在一个四则计算式中,计算顺序是从左向右,并且应该遵守"先乘除,后加减"的规则。C语言运算符也有一套自己的计算顺序和相应的规则,影响C运算符计算方式的规则主要有两个:运算优先级和运算符结合方向。C语言中,运算符的运算优先级共分为15级,1级最高,15级最低。在同一个表达式中,优先级高运算符先于优先级低运算符进行运算。而当一个运算量两侧的运算符优先级相同时,则按运算符的结合方向进行处理。C语言中各运算符的结合方向分为两种:即左结合性(自左至右)和右结合性(自右至左)。例如:在计算算术表达式 a−b+c 时,由于运算量 b 两侧的运算符−和+优先级相同,其结合方向为自左至右,即先左后右。因此,运算量 b 应先与−结合,即先进行 a−b 运算,然后再进行+c 运算。再如:在计算赋值表达式 x=y=z 时,运算量 y 两侧的运算符都是=,其结合方向为自右至左,即先右后左。因此,应先执行 y=z,再执行 x=y 运算。表 4-3 列出了 C 语言各运算符优先级和结合方向。

表 4-3　C语言各运算符优先级和结合方向表

优先级	运算符	操 作 含 义	结合方向
1	[]	下标	自左至右
	()	括号	
	.	分量运算符	
	−>	指针分量运算符	

续表

优先级	运算符	操作含义	结合方向
2	—	负号运算符	自右至左
	（类型）	强制类型转换	
	++	自加 1	
	——	自减 1	
	*	取值运算符	
	&	取地址运算符	
	!	逻辑非	
	~	按位取反	
	sizeof	内存占用数运算符	
3	/	除法	自左至右
	*	乘法	
	%	取余	
4	+	加法	自左至右
	—	减法	
5	<<	位左移运算符	自左至右
	>>	位右移运算符	
6	>	大于	自左至右
	>=	大于等于	
	<	小于	
	<=	小于等于	
7	==	等于	自左至右
	!=	不等于	
8	&	按位与	自左至右
9	^	按位异或	自左至右
10	|	按位或	自左至右
11	&&	逻辑与	自左至右
12	||	逻辑或	自左至右
13	?:	条件运算符	自右至左
14	=	赋值运算符	自右至左
	/=	除后赋值	
	*=	乘后赋值	
	%=	取模后赋值	
	+=	加后赋值	
	—=	减后赋值	
	<<=	左移后赋值	
	>>=	右移后赋值	
	&=	按位与后赋值	
	^=	按位异或后赋值	

续表

优先级	运算符	操 作 含 义	结合方向
14	|=	按位或后赋值	自右至左
15	,	逗号运算符	自左至右

掌握运算符的优先级和结合方向对学习 C 语言非常重要,不了解优先级和结合方向无法编写出正确的表达式,也就无法获得正确的运行结果。在初学编程时,如果暂时搞不清楚运算符的优先级和其结合方向,可以通过增加小括号的方法,明确指定运算顺序。但是阅读别人编写的源程序时,如果不清楚各种运算符的优先级和结合方向,就无法正确理解表达式是如何进行计算的。因此,务必通过多加练习尽早掌握各类运算符的优先级和结合方向。

4.1.4 表达式与语句

在 C 语言中,用运算符将常量、变量等各种运算对象连接起来的式子,叫作表达式。每一个表达式运行后都有一个固定的运算结果,即表达式值。表达式在 C 语言编程中有着极其重要的作用,C 语言本身就是一种表达式语言,所有的操作、运算都是通过各种表达式来实现的。表达式不仅仅包括运算符、常量和变量,还可以包含各种有返回值的函数调用,大多数的数学公式可以直接或稍加转换即可成为 C 语言的表达式。

下面几个示例说明了数学公式转换成 C 语言表达式的方法。

例 4-1 请将下列式子转换成 C 语言表达式。

(1) $A = \pi r^2$　　(2) 勾股定理:$a^2 + b^2 = c^2$　　(3) $x = \dfrac{-b + \sqrt{b^2 - 4ac}}{2a}$

分析:例题中的三个数学式子中(1)和(3)是将等号右侧的计算结果存放到等号左侧指定变量中,而(2)则是比较等号两边是否相等,以判断是否符合勾股定理。

```
解答区 (例 4-1)
(1) A = 3.14 * r * r
(2) a * a+b * b==c * c
(3) x = ( -b +sqrt(b * b - 4 * a * c))/(2 * a)
```

解释:

(1) 在 C 语言中 π 是无法输入的,因此,必须将其写成实型常数或符号常量形式,本例解答中使用 3.14 的实型常数来代替 π 值。另外,在 C 语言中是无法直接表示指数的,当指数较小时可以直接写成连乘形式,如本例解答中,将 r^2 写成 r * r。当指数较大时,可以调用 C 语言库函数 pow() 来计算。

(2) 第 2 小题需要注意的是如何正确表示数学中的"=",C 语言中的"="表示赋值运算,"=="才表示等号比较。本例是比较等号两边是否相等,因此,在转换成 C 表达式时,需要将数学公式中的"="写成"==",以正确表达其符号意义。

(3) 第 3 小题是比较复杂的一个公式,首先,它是一个分式。C 语言在表示分式时非常容易出错。例如:$\dfrac{2+x}{6a}$,如果写成 2+x/6 * a,按照运算符优先级,则表达式先计算 x/6,再计算(x/6)＊a,最后再算((x/6)＊a)＋2,该表达式对应的数学公式为：$\frac{x \times a}{6}+2$,与原来公式意义完全不同。为了解决这个问题,可以采用加小括号的方法,即将整个分子用一个小括号括起,整个分母也用一个小括号括起,用以表示先计算分子和分母,最后再相除之意。其次,C 语言中也无法输入和显示$\sqrt{}$,但提供了一个库函数 sqrt()来实现根号运算,凡是遇到根号的地方均可以用 sqrt()函数来表示。请注意：调用 sqrt()函数时,必须在程序开始处加上＃include "math.h",以便程序编译时能够正确链接相应代码。

C 表达式通常可以分为以下几大类。

(1) 算术表达式。以算术计算为目的的表达式。算术表达式一般由常量、变量、函数调用、小括号和运算符组成。特别要注意,表达式中的表示运算优先关系的括号只能使用小括号,C 语言使用中括号表示数组下标,花括号表示复合语句,均不能用于括起表达式的组成部分。例如：1＋2.0/5－sqrt(5)。

(2) 关系表达式。用关系运算符连接起来的表达式。关系表达式的值为真(1)或假(0),需要说明的是,此前讲过,C 语言中使用非 0 表示真,0 表示假,但是关系表达式的计算结果是以"1"表示"真","0"表示"假"。例如：x＞6、y＞x＋6。

(3) 逻辑表达式。用逻辑运算符将关系表达式或逻辑量连接起来的式子称为逻辑表达式。逻辑表达式的值与关系表达式一样有两个,真(1)或假(0)。逻辑表达式一般很少单独使用,通常都是将多个关系表达式连接在一起表示比较复杂的逻辑关系。例如：x＞6＆＆x＜12,即表示 6＜x＜12。

(4) 赋值表达式。将表达式的值赋给一个变量的式子称为赋值表达式。赋值表达式中赋值号(＝)左侧必须是一个变量,而不能是表达式,这是因为赋值表达式是实现将赋值号右侧表达式的值存放在赋值号左侧变量之中。赋值表达式右侧的表达式可以是算术表达式、关系表达式、逻辑表达式、逗号表达式等,也可以是各种表达式的混合。例如：x＝6＋1＊2－5＞3＋1＜2＆＆2＋1,变量 x 结果为 1。之所以 x 的结果为 1,请考虑各运算符的优先级的问题,该赋值表达式等价于：x＝(((((6＋(1＊2))－5)＞(3＋1))＜2)＆＆(2＋1)),最里层的小括号优先计算,关系符号成立时表达式值为 1,不成立时为 0。

(5) 逗号表达式。使用逗号将两个或多个表达式连接在一起的表达式称为逗号表达式,逗号是 C 语言中优先级别最低的运算符。逗号表达式结合方向为自左向右,即先计算逗号表达式左侧,再计算逗号表达式右侧,但是整个表达式的值却是取最右侧那个表达式的值。在(表达式 1,表达式 2)中,求解过程先计算表达式 1,再计算表达式 2,但整个表达式值是表达式 2 的值。例如：表达式(17－1,26＋3)的值为 29；表达式(a＝4＊2,a＊6)的值为 48。

C 表达式与语句关系非常密切,在表达式的最右侧加上分号即成为表达式语句。但是,也非所有表达式转换成语句都是有实际意义的,尽管这种转换是可以进行的。例如："5＞6;"这条语句实现了常量 5 与常量 6 的关系判断,其结果为假(0),但该语句执行后,其结果却不会对其他语句产生任何影响,即其是否执行对程序的运行结果也不会产生影响。赋值表达式常常通过添加分号转换成赋值语句的形式独立执行；关系表达式、逻辑表达式通常在 if、for、while、do-while、switch 等语句中作为条件表达式使用。逗号表达式常常用于将多个独立表达式复合成一个表达式,例如在 for 语句中对多个变量进行循环控制时就可以用到逗号表达式。

编写 C 语言程序时,还需要遵守下列关于表达式和语句的一些重要规则。

(1) 算术表达式中数据类型转换规则

C 语言中有多种数据类型,常用到的就有 int、short、long、float、double、char 等,如果在同一个算术表达式中出现了多种不同类型的数据常量和变量,那么最终的计算结果应该为何种类型的数据呢? C 语言输出数据时是按数据类型使用不同格式符或不同输出函数的,而且赋值语句中被赋值变量的数据类型也要与算术表达式的最终值的类型相匹配,否则将可能造成数据精度的丢失。因此,了解一个表达式最终值的数据类型非常有必要。

正如将大杯水倒入小杯中,水会溢出,但反之则不会出现水溢出的现象一样,为了保证运算结果尽可能精确,C 语言默认当一个表达式中存在不同类型的常量和变量时,所有数据将向表达式中占用空间最大的数据类型转换。那么,什么是占用空间最大的数据类型呢?表 4-2 中对一些常用数据类型所占用的空间大小进行了介绍,为了避免存储空间的浪费,不同数据类型的变量所占用的存储空间并不相同,最小的如字符型(char)数据,仅占 1 字节空间(8 个二进制位);而双精度型(double)数据则需要占用 8 字节空间(64 个二进制位)。按照 C 语言的这种规定,当一个表达式中如果同时出现了字符型变量和双精度型变量,那么表达式的最终运算结果将会是双精度型数据类型。这种数据类型的转换工作是由 C 语言编译器自动完成的,因此也被称为隐式数据类型转换。隐式数据类型转换时遵循的基本规则为:

char→short(unsigned short)→int(unsigned int)→long(unsigned long)→double
↑
float

了解基本转换规则后,还需要注意几点。其一,同一数据类型的有符号(signed)数和无符号(unsigned)数之间不发生转换,如 short 与 unsigned short 之间不转换。其二,在赋值语句中,如果赋值号右侧的表达式计算结果为实型数据,而赋值号左侧的变量却是一个整型时,小数位被丢弃,只截取整数部分赋值给变量。例如:"float x=5.66; int y;"执行赋值语句"y=x+1;"后,y 的结果为 6。其三,不同编译器对各种类型数据之间的转换虽然大致相同,但也会有些区别,特别是不同类型的 signed(有符号)和 unsigned(无符号)数据之间的转换比较复杂。不过,几乎所有编译器都会对有符号数和无符号数之间的运算提出警告,以免发生意外的类型转换导致得不到预期的结果。

除了 C 语言自动进行的隐式数据类型转换以外,程序员还可以自行指定数据类型的转换,即强制类型转换。其操作语法如下:

(数据类型名)表达式;

例如:"float x=11.63;"语句"(int)x+5;"执行的结果为 16。因为,变量 x 被强制转换成为整型,变成 11,再执行+5 操作,即为 16。请读者注意区别(int)x+5 和(int)(x+5)的区别,前一种写法是先执行强制数据类型转换,再执行加法,而后一种是先执行加法后,再执行强制数据类型转换。在一些有进位或借位的计算中,两者的结果可能是不同的。

例 4-2 有定义"float x=6.7,y=3.2;",则表达式(int)(x+y)/3+6.3-(int)x%(int)y

的结果为＿＿＿＿＿＿。

先将变量具体数值代入到表达式中,有:

```
(int)(6.7+3.2)/3+6.3-(int)6.7%(int)3.2
```

再优先计算小括号,有:

```
(int)9.9/3+6.3-(int)6.7%(int)3.2
```

进行强制类型转换后:

```
9/3+6.3-6%3
```

最后计算得到结果为:9.3。

(2) 逻辑表达式的不完全运算规则

当使用逻辑运算符 && 和 || 时,为了减少逻辑表达式的计算量,如果 && 运算符左侧表达式的逻辑值为假(0),则不再计算右侧表达式的逻辑值,其表达式最终结果为假;如果 || 运算符左侧表达式的逻辑值为真(1),则不再计算右侧表达式的逻辑值,其表达式最终结果为真。例如:已知 x＝3,则逻辑表达式(1＞4)&&(x＝5)执行后,变量 x 的结果仍然为 3,这是因为 1＞4 关系不成立,其值为 0,而 && 运算符任意一边为 0,其最终结果必为 0,因此,将不再执行 && 右侧的(x＝5),x 的值不变。又如:已知 a＝100,则逻辑表达式(a＞90)||(a＝50)执行后,由于(a＞90)成立,其值为 1,而 || 运算符任意一边为 1,其最终结果必为 1,因此,将不再执行 || 右侧的(a＝50),a 的值不变。

4.2 程序与外界的交流

不知正在阅读本节内容的读者是否遇到过死机的现象,如果遇到过,一定会印象深刻吧。计算机系统发生死机后,再操作键盘、鼠标都不会得到任何响应,屏幕也一直显示着死机发生那一刻的界面。此时,绝大多数人无法判断计算机当时的工作状态,也不清楚自己下一步该做什么,只能不知所措地盯着屏幕,并一遍又一遍敲击键盘,滑动鼠标,试图让计算机重新回应自己,直到最后失去耐心,只得大吼一声"真倒霉",关机重启。死机是一个典型的无交互状态,即计算机因为某种原因而无法与外界进行交流,既无法向外界输出数据,又无法接收外界输入进来的数据。从死机现象不难理解,一个完全没有输入、输出功能,无法与外界进行任何交流的程序,只能是自娱自乐,很难产生实用价值。请读者注意,这里所说的外界,并不仅仅是指人,有些程序在工作过程中并不需要与人发生交互操作,例如:空调的温度调节程序,它通过读取温度传感器的数据来判断当前室温是否达到预设要求,如果是,则暂停制冷;如果不是,则继续制冷。这种温度调节程序的输入数据来自温度传感器,它的输出对象则是空调的压缩机控制器,其交互对象都不是人,但它也是有输入和输出的。

从功能上来看,大多数程序应该具备三个基本功能模块,即:输入功能、数据处理功能和输出功能。在学习程序设计之初,首先了解 C 语言中关于输入、输出功能的实现方法是非常有必要的。

4.2.1　输入到程序

输入是指将计算机以外的数据通过某种方式读入到计算机内存中,供程序处理使用。C 语言与其他高级语言不同,并没有提供用于输入和输出的语句,而是通过提供库函数的方式来帮助用户实现输入、输出操作。下面将通过一些实例来向读者介绍,如何在程序中使用不同的输入函数实现不同的输入任务。

1. 字符型数据输入函数

字符型数据是 C 语言程序中经常使用到的一类数据,在许多需要根据用户不同按键行为来选择执行不同操作的程序中,常常会用到字符型数据的输入。C 语言提供了多种字符型数据输入库函数,这些函数根据输入设备的不同,可以分为两大类:一类支持从标准设备,即键盘中输入字符型数据;另一类则支持从文件中读取字符型数据。本节将先介绍从标准设备中输入字符的常用函数。

例 4-3　请编程依次输入字母'a'和'#'。

分析:根据题目的要求,需要依次输入两个字母,因此需要设置两个字符型存储空间来存放输入进来的字母。定义两个 char 型变量,即可以在程序内存空间中申请两个用于存放字符型数据的存储空间。

```
代码区 (例 4-3)
1  #include <stdio.h>
2  #include <conio.h>
3
4  void main()
5  {
6      char ch1,ch2;
7
8      ch1 =getchar();
9      ch2 =getch();
10 }
```

解释:代码区中的第 8、9 行是两个赋值语句,分别通过调用库函数 getchar() 和 getch() 实现从键盘输入两个字符数据到计算机中,并利用赋值号(＝)将函数返回的字母数据赋值到变量 ch1 和 ch2 中。从所包含的“get”前缀就可以看出,这两个函数是实现输入功能的函数。从这两行语句中还可以看出 C 语言调用函数的一般方法,由于 getchar() 和 getch() 要向程序返回用户输入的字符数据,因此,需要定义两个字符变量用于接收函数的返回值,其调用格式一般为:变量=函数名(参数);。调用函数时,函数名和后面的圆括号之间不能有空格。

getchar() 和 getch() 函数声明如下:

```
int getchar(void);      /* 标准 C 语言库函数 */
```

```
int getch(void);        /* 非标准 C 语言库函数 */
```

无论是库函数,还是自定义函数,程序员通过其函数声明就能够了解到调用该函数时所需要掌握的三个重要信息,分别如下:

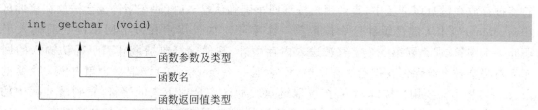

函数返回值类型:不同函数根据自身功能定义,可能需要在完成函数定义的操作之后向外界返回一个函数运行结果数据值,以便调用函数的表达式或语句根据函数运行结果进行后续处理。这个函数运行结果的数据值一般称为函数返回值。标识函数返回值的具体数据类型,是为了方便使用正确类型的变量来接收函数所返回的数据值。如果函数返回值类型为 void,则表示该函数执行完成后没有数据返回。

函数名:函数名是唯一识别函数的标识符,程序员要调用某函数功能时,是通过函数名加一对圆括号实现的。例如 getch()或 getchar()等。

函数参数及类型:某些函数在执行其功能时,需要用户先提供一些相关的数据,这就好像在使用食物搅拌机时,人们将哪种食物原料投放到搅拌机中,搅拌机就为人们搅拌哪种食物一样。程序员正是通过函数声明中的函数参数及类型部分了解到,当调用一个函数时需要向其提供哪些参数,以及每一个参数的数据类型有何要求。

本节向读者介绍关于函数声明的知识,是因为从本节开始,很多编程实现中都会经常要调用各种库函数,以实现某些特定功能。因此,就需要读者尽快掌握如何通过函数声明来了解函数调用的方法。

通过 getchar()和 getch()的函数声明可以了解到,这两个函数在调用时均不需要提供参数,因为函数参数及类型部分填写的是 void,即表明这是一个无参函数。两个函数的返回值类型都是 int(整型)数据,返回的数据即是敲击键所对应的 ASCII 码值。当函数返回一个int 数据给字符型变量时(如同例 4-3 中的第 8、9 行),赋值过程中,int 数据的高位字节被丢失,而保留有输入字符信息的低位字节被复制到字符型变量中,因此,不会产生错误。至于两个实现字符型数据输入的函数,为何其函数返回值类型会被定义为 int 型?这与函数需要处理文件结束标识 EOF 有关,具体原因已超出本书内容,有兴趣了解的读者可以查阅相关资料。

尽管 getchar()和 getch()都能够实现从键盘中输入一个字符型数据到计算机内存中,但是,在具体操作细节上,这两个函数还是有所区别的。首先,调用 getchar()函数进行字符输入时,屏幕上有回显,而 getch()函数则没有回显。所谓回显,是指用户在键盘上敲击所需要输入的字符后,屏幕中会立即显示这个按下的字符。getchar()经常用于需要用户核对自己所输入的字符数据是否正确的场合,而 getch()可以用于验证密码,或不希望回显字符破坏界面效果的场合。其次,getchar()函数在完成输入时,需要按下回车键(Enter 键)予以确认输入,这样设计的好处在于,当用户发现自己输入的字符不正确或希望修改输入的字符数据时,可以在按下回车键确认前,通过敲击删除键(Delete 键)删除已输入的字符后,再次输入新的字符,按下回车键前输入的字符将被输入到计算机内存中。getch()函数则是不需要敲击回车键确认的,字符键一旦按下,其字符数据则立即被 getch()接收并返回。getch()这样设计并非败笔，而是出于不同输入需要。比如一些需要连续输入字符的场合，如果每次输入都需要按回车键予以确认，就会非常麻烦。最后，当程序调用 getchar() 时，用户输入的字符将被存放在键盘缓冲区中，直到用户按下回车键确认输入时（回车字符也会被放在缓冲区中），getchar() 才从键盘缓冲区中读取第一个字符。如果用户在按下回车键之前输入了不止一个字符，那么除第一个字符被送入内存中外，其他字符包括最后用于确认输入的回车字符都会被继续保留在键盘缓存区中，等待下一个 getchar() 读取。也就是说，后续的 getchar() 将不需要用户按键，而直接读取键盘缓冲区中余留下来的字符，直到缓冲区中的字符读完为止。这种从键盘缓冲区中读取数据的方式可能会对程序中多次调用 getchar() 或在循环体中调用 getchar() 时正确输入字符数据造成干扰。getch() 与 getchar() 读取数据的方式不一样，getch() 直接响应键盘的输入，当按下字符键后，不用等待用户按回车键，getch() 将立刻返回所按键的 ASCII 码值。getch() 除用于输入字符外，还常常用于程序调试，当需要程序暂时停止运行，以便用户观察程序部分运行结果时，可以通过一个不赋值的 getch() 函数调用语句“`getch();`”，以等待用户输入的名义使程序暂停运行，当用户按下任意键后程序继续运行。

在 VC 6.0 集成编译环境中运行程序时，当程序执行完成后，VC 6.0 会使程序停止在完成界面，并提示“Press any key to continue”（按任意键继续），但是，当用户直接双击 VC 6.0 编译生成的 .EXE 可执行文件时，程序运行完成后，控制台界面将立即关闭，这时用户是无法仔细看清楚程序最后输出数据的，要解决这个问题，也可以使用不赋值的 getch()。在程序最后添加一条语句：“`getch();`”，程序运行结束后，最后的 getch() 函数调用语句将等待用户输入一个字符，这时，程序界面将处于等待用户输入状态，用户可以反复观察程序运行结果，直到按任意字符后程序结束。

getchar() 是一个标准 C 库函数，其函数声明包含在头文件“stdio.h”中。而 getch() 并非一个标准的 C 库函数，其函数声明包含在头文件“conio.h”中，尽管 getch() 函数并不是标准 C 库函数，好在大多数 C 编译器还是提供了对该函数的支持。

2. 格式化输入函数

如果说 getchar() 和 getch() 函数只能实现单一字符型数据输入的功能如同水果刀一样，那么格式化输入函数 scanf() 无疑就是一把功能强大的“瑞士军刀”。为了应付各种不同类型数据的输入，scanf() 函数定义了专门的输入格式符，因此，scanf() 函数也被称为格式化输入函数。

scanf() 函数的调用格式如下：

```
scanf("格式控制字符串",地址列表);
```

从 scanf() 函数调用格式来看，其参数仅有两部分，似乎比较简单。但其实掌握 scanf() 函数的正确使用方法常常是读者面临的一个难点。这是因为 scanf() 函数的格式控制字符串和地址列表根据需要输入的具体数据类型和数据个数的不同，有比较复杂的变化。具体说明如下。

格式控制字符串：格式控制字符串是一串由双引号括起的特殊字符串，用于设计用户所输入的数据类型、数据个数和次序的关键参数。格式控制字符串中除了可以包含格式控制字符以外,还可以包含各种普通字符,在输入数据时,这些普通字符必须对应其所在位置原样输出,否则将导致输入数据匹配错误。格式控制字符的基本组成如下:

%< * ><m><l/L><h/H>格式字符

格式控制字符串根据需要输入的数据个数,可以由一个到多个格式字符组成,每个格式字符必须以%开始,scanf()可以使用的格式字符如表 4-4 所示。%与格式字符之间可以根据不同的输入要求添加四种修饰符,这些由尖括号括起的修饰符表明它们是辅助格式字符进行特殊输入控制之用,程序员可以根据具体需要决定是否添加,而不是必须添加。四个修饰符所代表的含义分别如下。

表 4-4 格式字符表

格式字符	用 途
d	读入一个十进制整数
c	读入一个字符
f/F	读入一个小数形式的浮点数
s	读入一个字符串
i	读入一个八进制、十进制或十六进制整数,输入 0 开头的整数则为八进制,0x 或 0X 开头的整数则为十六进制
x/X	读入一个十六进制整数
o	读入一个八进制整数
u	读入一个无符号十进制整数
e/E	读入一个指数形式的浮点数
g/G	读入一个小数或指数形式的浮点数
%	抵消掉读入的一个百分号
n	前面已经输入的所有数据位数
[]	只能读入集合中规定的字符
p	读入一个指针

*:表明跳过所输入的数据,即与 * 对应的数据直接被丢弃,而不保存到内存中。

m:用整数表示的域宽,即指定在用户输入的数据中,前 m 位被输入到计算机中,多余的数据被用于后续的输入或丢弃。如果输入的数据位数小于 m,则将实际数据输入到计算机中。

l/L:指定输入一个长数据,当 l/L 后面跟随的是 d、x/X、o、u 格式字符时,表明要求用户输入一个长整型(long)数据;当 l/L 后面跟随的是 f/F、e/E、g/G 格式字符时,表明要求用户输入一个双精度型(double)数据。这里存在一个初学者非常容易犯错误的地方,即 scanf()的格式字符中,f/F、e/E、g/G 均表示输入一个单精度型(float)数据,要输入双精度型(double)数据时,必须加 l/L 修饰符才可以。

h/H:h/H 修饰符与 l/L 刚好相反,它表明要求用户输入一个短整型数据,并且 h/H 只能用于修饰 d、x/X、o、u 等整数类型格式字符,而不能用于 f/F、e/E、g/G 等格式字符。

地址列表:地址列表是用于指定接收所输入数据的变量地址,即指明输入的数据应该放在内存哪个地址所指向的空间中。地址列表中的每一个变量地址都与格式控制字符串中的格式字符按照顺序一一对应（＊修饰符除外），每个变量地址中间使用逗号（,）间隔。在 C 语言程序中，变量名代表的是保存于该变量中的数据值，而 scanf()的地址列表需要的是指向变量存储空间的地址，因此，不能直接将变量名列于地址列表中。表 4-3 中的"&"符号是专门用于获取变量地址的运算符，只要将该符号置于变量名之前（& 与变量名之间不能有空格）即表示获取该变量存储空间的地址。

用户输入的数据多种多样，为了应付各种复杂的数据输入，scanf()函数的格式字符和修饰符的确又多又复杂，下面将通过一些典型的输入实例来介绍格式字符和修饰符的具体使用。这些实例无法穷举编程者在输入数据时遇到的所有可能，只能为一些常见的数据输入情况提供参考。

（1）明明和方方的年龄分别是 12 岁和 8 岁，请输入他们的年龄并保存在变量 ff 和 mm 中。

分析：两个年龄数据均为整数，因此，保存该数据的变量也应该是整型，格式控制字符%d 即对应整型数据的输入。输入多个数据时，程序员可以指定两个数据之间使用何种符号作为间隔，如果两个%d 中间没有任何符号间隔时，在一个数据输入完成后，可以使用回车键、Tab 键、一个或多个空格键作为间隔，再输入下一个数据。

输入语句：

```
scanf("%d%d",&ff,&mm);
```

数据输入：
方法一：

```
12 按回车键
8 按回车键
```

方法二：

```
12Tab 键 8 按回车键
```

方法三：

```
12 空格键 8 按回车键
```

结果：

```
ff=12,mm=8
```

（2）输入日期"2013-8-7"，并将年、月、日分别保存到三个整型变量 y、m、d 中。

分析：scanf()函数规定格式控制字符串中出现的不以%开头的普通字符在输入时必须原样输入。该例格式控制字符串中，三个%d 对应输入三个整型数据，中间间隔的减号（一）为普通字符，scanf()函数规定，格式控制字符串中出现的所有非格式控制字符在输入时必须一一对应，原样输入。本例中输入完第一个整数后，必须输入一个减号（一）后才能输入下一个整数,输入第二个减号后才能输入第三个整数。

输入语句:

```
scanf("%d-%d-%d",&y,&m,&d);
```

数据输入:

```
2013-8-7 按回车键
```

结果:

```
y=2013,m=8,d=7
```

(3) 在输入的数据串"123456789"中,将"123"赋值给单精度变量 x,"456789"赋值给双精度变量 y。

分析:如果用户连接输入一串数据,由于缺乏分隔符,scanf()很难确定哪些数如何为变量赋值。这时就需要使用域宽修饰符来确定哪几位数赋给哪个变量。

输入语句:

```
scanf("%3f%6lf", &x, &y);
```

数据输入:

```
123456789 按回车键
```

结果:

```
x=123, y=456789
```

(4) 按顺序输入八进制数 116、十进制数 192 和十六进制数 2AB。

分析:格式控制字符%o、%d、%x 分别对应八进制、十进制和十六进制数据的输入,本例格式控制字符串中,%o、%d 和%x 之间使用了逗号进行间隔,scanf()规定格式控制字符串中的普通字符在输入时必须原样输入,因此,当输入完八进制数之后,必须输入逗号(,)才可再输入十进制数,输入十六进制数据前也必须输入逗号作为间隔。在输入八进制数据时,每一位数字只能是 1~7,如果某位输入了大于 7 的数字,则该位之前的各位作为八进制数据输入。输入十进制数据时,每一位数字只能是 0~9,如果某位输入了其他符号,则该位之前的各位作为十进制数据输入。十六进制数同理,每位数字只能是 0~9 或 A~F。

输入语句:

```
scanf("%o,%d,%x",&a,&b,&c);
```

数据输入:

```
116,192,2AB
```

结果：

```
a=0116,b=192,c=0x2AB
```

（5）请输入钢制构件材料的厚度误差 1.54E−3cm。

分析：题目中的厚度误差是一个单精度数据，需要存放在一个 float（单精度型）变量中。scanf() 的控制字符中 f/F 只能输入小数形式的单精度数据，e/E、g/G 才可以用于输入指数形式的数据。另外，C 语言所处理的数据都是不带单位的，即只处理数据本身，至于数据如何理解应由程序员和操作程序的用户进行约定，比如，在输入数据之前可以提示一行文字告知用户下面输入的数据是何种单位的数据，以便用户按要求输入。

输入语句：

```
scanf("%e", &diff);
```

或

```
scanf("%E", &diff);
```

或

```
scanf("%g", &diff);
```

或

```
scanf("%G", &diff);
```

数据输入：

```
1.54e-3
```

结果：

```
diff=0.00154
```

（6）立丰科学计算器可以处理用户输入的八进制、十进制和十六进制等多种进制数据，请问该计算器的输入语句可能是怎样的？

分析：scanf() 的格式字符 d、o、x 分别对应输入十进制、八进制和十六进制数据，可是在程序实际运行中，无论确定用户何时会输入十进制，何时会输入八进制、十六进制。而格式字符 i 可以根据用户输入的数据自动判断是哪一种进制，只要用户输入的数据以 0 开头即为八进制，以 0x 或 0X 开头即为十六进制，其他形式的数据则为十进制。

输入语句：

```
scanf("%i", &num);
```

数据输入：

```
100
```

或

```
0144
```

或

```
0x64
```

结果：

```
num=100
```

（7）当程序运行到"`scanf("%3d%*2d%lf,%f",&a,&b,&c);`"时，用户输入一串数据如下，则各变量中值如何？

分析：本例中的格式控制字符串共有四个％开头的控制字符，而与其对应的地址列表中却只有三个变量地址，这是因为第二个格式字符"％*2d"包含了一个"*"，"*"表示其对应的数据读入后即丢弃，而不赋给任何变量。控制字符"％3d"和"％*2d"各包含了一个整数 3 和 2，这两个数字即域宽修饰符，用于指定从用户输入的一串数字中取几位作为输入，"％3d"表示取三位整数，而"％*2d"则表示取两位整数。"％lf"对应的数据将被赋值给一个双精度变量，"％f"对应的数据则被赋值给一个单精度变量，scanf()与后面讲到的输出函数 printf()在处理单精度、双精度数据时不一样，printf()无论是单精度变量，还是双精度变量，一律使用"％f"对应。"％lf"和"％f"之间有一个用于分隔数字的逗号(,)，在输入的数据串中必须在两个实数之间有一个逗号予以间隔，否则将会因为数据对齐出错，导致部分变量无法正确赋值。

数据输入：

```
12345678.9012,123.456
```

结果：

```
a=123,b=678.9012,c=123.456
```

（8）接收用户输入的整型数据，并统计输入的整数是几位数。

分析：如果采用一般的方法来判断用户输入的整数是一个几位数，需要用到循环或分支语句。其实，scanf()的格式字符中的"n"就能够统计已经输入的数据位数，在输入数据时，只需要输入具体数据，"％n"不需要输入对应数据，因为它将自动根据前面输入的数据位数统计后存放到相应的变量中。"n"不但能够统计整数，还可以统计单精度数据、双精度数据的输入位数。需要注意的是，"％n"前面如果有多个变量输入时，其统计的将是所有输入数据位数的总和。

输入语句：

```
scanf("%d%n",&x, &y);
```

数据输入：

```
123 按回车键
```

结果：

```
x=123, y=3
```

格式化输入函数 scanf()是 C 语言初学者使用频率极高的一个函数，它能够完成控制台下大多数数据输入的任务。因此，熟练掌握格式化输入函数的各种使用方法，对后续学习及编程将会非常有帮助。

小贴士：初次使用 scanf()最容易犯的两个错误：一是在地址列表中，变量名前忘记添加取地址运算符(&)；二是格式控制符间有分号(;)、逗号(,)等间隔符，但在数据输入时却忘记在两数之间输入相同的间隔符，或格式控制符之间没有间隔符，在输入时却在两个数据之间输入了分号、逗号等间隔符。输入两个数据时，如果格式控制符间没有间隔符，在输入时应该使用回车(Enter)键、空格(Space)键或 Tab 键添加间隔。

4.2.2 输出处理

如果将例 4-3 的示例代码输入到 VC 6.0 中编译、运行，当用户按要求输入了两个字符之后，程序运行将立即停止，屏幕上不会显示任何与程序相关的数据与信息。这是因为，例 4-3 的代码中没有任何输出语句，尽管程序接收了用户的输入，并保存到了变量中，但是，缺乏输出语句的程序，无法将程序运行所产生的数据结果和各类信息反馈给用户。因此，除一些特殊用途的程序外，大多数程序里都包含输出语句。

1. 字符型数据输出函数

C 语言所提供的输入/输出函数通常都是成对出现的，即提供一个 getchar()函数用于输入一个字符，往往也会提供一个 putchar()函数用于输出一个字符。下面仍然通过一个例题来介绍 C 语言中两个常用的字符输出函数的使用方法。

例 4-4　编写程序将用户输入的小写字母转换成大写字母后输出。

分析：根据题目的要求，要将用户输入的小写字母转换成大写字母，因此需要设置一个字符型变量来存放输入进来的小写字母。输入到计算机中的字符都将按照 ASCII 码表转换成固定对应的整数，查 ASCII 码表可知，小写字母与对应的大写字母之间的整数值相差 32，只要将用户输入的小写字母对应的 ASCII 码值减去 32，即可转换成大写字母。

代码区 (例 4-4)
```
1  #include <stdio.h>
2  #include <conio.h>
```

```
3
4    void main()
5    {
6        char c;
7
8        printf("请输入一个小写字母(a~z): ");
9        c = getchar();
10       putch(c);
11       putch('-');
12       putch('>');
13       c = c - 32;
14       putchar(c);
15   }
```

解释：示例代码中，第 8 行语句通过调用格式化输出函数 printf()输出了一串提示性文本，这种在输入之前提示用户应该输入什么数据是一种较好的做法，它可以减少由于用户输入数据不正确而导致程序运行异常。第 9 行调用 getchar()语句接收用户输入的一个小写字母，并将这个字母赋值给字符型变量 c。第 10～12 行，连续调用了三个 putch()函数用于输出三个字符，语句 10 输出的是字符变量 c 的值，即用户刚刚输入进来的小写字母，语句11、12 分别输出了两个字符常量'-'和'>'，从这里可以看出，putch()的输入对象可以是字符变量，也可以是字符常量。语句 13 是一条赋值语句，赋值号的右侧是字符变量 c 减去 32，此时的 c 中保存的还是用户输入的小写字母，算术运算完成后，运算结果被赋值给变量 c，变量 c 中的新值即为与小写对应的大写字母。语句 14 调用的字符输出函数 putchar()在屏幕上输出字符变量 c 的值。

程序中出现的两个字符输出函数 putchar()和 putch()函数声明如下：

```
int putchar(int);
```

```
int putch(int);
```

通过 putchar()和 putch()的函数声明可以了解到，这两个函数在调用时均需要提供一个整型参数，不过，在实际使用过程中，参数往往是字符变量或字符常量。如果执行成功，这两个函数都会返回输出的字符，即返回调用函数时的参数；如果因为某些原因，导致执行失败，则函数将返回一个 EOF(文件结束标记)，EOF 是一个整型数据，这也是为何这两个函数的返回值类型都是整型的原因。

尽管在大多数时候，putchar()和 putch()在程序中是完全可以相互替换的，它们的区别不像 getchar()和 getch()那么明显。但是，putchar()和 putch()还是有区别的，一个最主要的区别在于，putchar()向标准输出设备(stdout)输出字符，而 putch()则向控制台窗口输出字符。在默认的情况下，标准输出设备指向屏幕，控制台窗口也是屏幕的组成部分，此时，putchar()和 putch()函数都将字符输出到控制台屏幕中。但是，当用户调用 freopen()函数，将标准输出设备转向到一个磁盘文件中去时，putchar()和 putch()函数的输出将不再一样，这时，putchar()将字符输出到转向后的磁盘文件中，而 putch()则仍然将字符输出到控制台窗口中。当然，对于 C 语言的初学者而言，无须搞清楚这么复杂的问题，只要掌握这两个字符输出函数的正确调用方法即可。

使用字符输出函数时与字符输入函数不一样，调用字符输入函数时，必须通过赋值运算符将用户输入的字符数据保存到一个定义好的字符变量中去。而输出函数往往不关心函数的返回结果，因此大多数情况下也就不需要使用赋值运算符接收字符输出函数的返回值了。字符输出函数的调用格式一般为"函数名(参数)；"。

与 getchar() 函数一样，putchar() 的函数声明包含在头文件"stdio.h"中。而 putch() 函数的声明则包含在头文件"conio.h"中，在使用这两个函数时，必须在程序中正确包含相应的头文件。

2. 格式化输出函数

正如 putchar() 与 getchar()、putch() 与 getch() 是两对功能相反的字符函数一样，格式化输入函数 scanf() 也有自己的另一半，这就是格式化输出函数：printf()。"print"是输出、打印之意，而 f 则是 format(格式化)的意思。

printf() 函数的调用格式如下：

```
printf("格式控制字符串",变量列表);
```

从函数调用格式来看，printf() 函数与 scanf() 函数非常相似，printf() 的格式控制字符串是用于设置向屏幕输出信息的字符串，格式控制字符串中除了可以包含格式字符以外，还可以包含各种 ASCII 码表字符、汉字、希腊字母等，这些非格式控制字符都将按照原样直接输出，转义符则按其转换后的符号输出。需要区别的是，scanf() 函数参数的第二部分是地址列表，而 printf() 函数参数的第二部分是变量列表。变量列表是指需要输出的变量名列表，而非变量地址列表，因此，在变量列表中只需直接使用变量名称，不再需要在变量名前添加取地址的运算符(&)。

格式控制字符串：printf() 的格式控制字符串也是一串由双引号括起的特殊字符串，用于设计用户希望输出到屏幕中的信息样式。在程序设计过程中，用户能够确定要输出到屏幕中的符号、文字等信息，应该以普通符号或文字的形式直接填写到格式控制字符串中。而无法确定的变量值、表达式值、函数调用返回值等数据，则可以通过添加格式字符的方式，将未来数据出现的位置预留出来，直到程序运行到 printf() 时，使用变量列表中的变量具体值来代替对应的格式字符所处的位置。格式控制字符串的基本组成如下所示。

```
%<-><0><m.n><l/L><h/H>格式字符
```

printf() 格式控制字符的组成看起来会觉得与 scanf() 的格式控制字符的组成非常相似，但是如果仔细对比一下两者就会发现，两者格式字符前的修饰符区别还是十分明显的。

```
printf()格式控制字符组成：    %<-><0><m.n><l/L><h/H>格式字符
scanf()格式控制字符组成：     %<*><m><l/L><h/H>格式字符
```

printf() 函数的格式字符可以参考表 4-4 的 scanf() 格式字符。格式字符的修饰符区别如下。

　　printf()的格式控制字符组成中没有了"＊"修饰符,但多了"－"和"0"修饰符,域宽修饰符也变成为包含小数的形式"m. n"。在用户提供的一串连续数据中,可能只有部分数据是需要输入到计算机中进行处理的,这时,scanf()可以使用格式控制字符"＊"跳过不需要的部分数据,而 printf()函数完全掌控着计算机中数据的输出工作,数据是否输出可以由程序员自己决定,因此,"＊"修饰符对于 printf()函数而言,用处也就不大了。其他格式控制字符功能如下。

　　一:负号修饰符用于控制输出的数据项进行左对齐。但是,负号修饰符不能单独使用,它必须与域宽修饰符"m. n"一起使用。当域宽修饰符指定的输出宽度大于数据的实际输出位数时,如果没有负号修饰符时,数据默认进行右对齐,即在数据左边添加空格;如果域宽修饰符前有负号修饰符,则数据进行左对齐,即在数据右边添加空格。下面两条 printf()语句的输出结果因为有无负号修饰符而完全不一样。

```
  ⋮
printf("|%10d|\n", 200);  /* \n是回车转义符,该符号后的其他输出将另起一行 */
printf("|%-10d|\n", 200); /* |为普通符号,原样输出,起到分隔界限作用 */
  ⋮
```

输出结果为:

```
|       200|
|200       |
```

　　0:当指定的域宽大于数据实际输出位数时,printf()视有无负号修饰符而在输出数据的左侧或右侧添加空格,以使数据保持对齐。如果在域宽修饰符"m. n"的前面使用"0"修饰符,则可以将添加在输出数据前的空格换成数字"0"。但是,0 修饰符不能与负号修饰符同时使用,如果域宽修饰符前既有负号修饰符,又有 0 修饰符时,0 修饰符效果将不会出现。这是因为,如果输出一个整数,同时使用负号修饰符和 0 修饰符时,会将 0 添加到整数的后面,这必然造成输出数据的误解,为了避免这种情况的出现,0 修饰符就不会生效。0 修饰符使用效果如下。

```
  ⋮
printf("|%010d|\n", 200);
printf("|%010d|\n", -200);
printf("|%-010d|\n", 200);
  ⋮
```

输出结果为:

```
|0000000200 |
|-000000200 |
|200        |
```

　　m. n:格式化输入函数 scanf()的域宽修饰符为"m",它用于指定输入数据的整数部分位数。而 printf()的域宽修饰符"m. n"不仅仅能够指定输出数据的整数部分位数,还可以指定数据的小数部分位数。不过,使用"m. n"域宽修饰符时有一点必须首先了解,域宽修饰符的使用必须优先保证所输出的数据不会出现错误,如果所指定的域宽造成实际输出数据出现了较大误差或错误,则域宽修饰符将失去作用,输出数据仍按实际值输出。例如:语句"`printf("%2d", 123);`"域宽指定总数据位数为 2 位,而数据却为 3 位,如果按域宽限制输出,数据将变成"12",这种完全错误的结果将使程序失去意义。因此,此时实际输出的数据位数将不受域宽限制,仍然输出所有整数位数"123"。保证输出数据的正确性是 printf()函数的最高原则。

"m"用于指定所有输出位数的总和,如果输出的数据是一个负数,并且有小数部分,那么这个总和是包含小数点和负号各占用的一位宽度,下面两条语句通过使用"0"和"m. n"修饰符,可以清楚地看出,m 所指定的域宽中是包括小数点和负号所占位置的。

```
    ⋮
printf("|%010.3f|\n", 123.456);
printf("|%010.3f|\n", -123.456);
    ⋮
```

输出结果为:

```
|000123.456|
|-00123.456|
```

两个"|"之间一共是 10 位,输出的是正实数时,则域宽比实际输出位数多 3,则在左侧填补 3 个"0";如果输出的是负实数时,由于负号需要占用 1 位,此时,左侧填补 2 个"0"。

"n"用于指定小数部分的位数。当输出的数据含有小数部分时,可以在域宽修饰符中使用"n"来指定小数部分输出位数。"n"所指定的小数位数加上整数部分位数、小数点 1 位和负号 1 位的所有位数之和,如果大于或等于"m"所指定的总位数,则照实输出数据的所有部分;如果小于"m",则在输出数据左侧(如果使用了负号修饰符,则在右侧)增加空格(如果使用了 0 修饰符,则增加 0),以补齐"m"位的输出宽度。如果数据的实际小数位数大于"n"所指定的输出小数位数,printf()将自动进行四舍五入操作,以尽可能减小数据误差。如下所示。

```
    ⋮
printf("%f\n", 123.1234567);
printf("%.7f\n", 123.1234567);
    ⋮
```

输出结果为:

```
123.123457
123.1234567
```

从这两条语句的输出结果可以看出,如果不指定域宽,printf()默认输出的小数位数为 6 位,超出 6 位的小数自动进行四舍五入操作。在指定域宽时,可以不指定总位数,即不指定"m"值,而直接使用". n"形式指定小数部分位数,请注意,此时"n"前的小数点绝不能省略。

l/L：与 scanf() 大致相同，但是，printf() 函数在输出单精度型数据和双精度型数据时，不需要使用"l/L"修饰符，均使用"%f"，这一点与 scanf() 非常不同。

h/H：与 scanf() 相同。

变量列表：变量列表是需要输出其值的一组变量，与 scanf() 函数至少需要一个变量地址不同，printf() 函数的变量列表可以包含零个到若干个变量，即其参数只包括格式控制字符串部分，而不需要变量列表，这种情况下，格式控制字符串里的字符应为普通字符、汉字、转义符等符号，而不应出现以 % 开头的控制字符，因为控制字符必须与后面的变量一一对应。无变量列表的 printf() 函数常用于向用户输出一串提示文本，例如："`printf("请输入三个整数:");`"。

下面的一些示例说明了 printf() 函数的常用用法。

(1) 提示用户输入两个整型数据。

分析：printf() 函数除了输出程序中的各类变量值、字符串、常量以外，使用最多的地方就是用于输出程序运行时的各种提示信息。输出提示信息时，不需要用到变量列表，因此，printf() 函数的参数也就只有用双引号括起的输出信息部分，并且这时双引号括起的信息不包含格式控制字符，一般只包含各种字符、汉字、希腊字母、转义符等。

输出语句：

```
printf("请输入两个整型数据：");
```

显示效果：

```
请输入两个整型数据：Press any key to continue
```

(2) 请在每行中输出 5 个整型数据。

分析：同一行中输出多个数据是 C 语言编程中经常会遇到的问题，如果两个数据之间不加以间隔，很容易对输出的数据造成误解。适合间隔在两个数据之间的符号一般有空格、Tab 符、回车符等，空格间距较小，不太适合多个数据输出时的间隔，而且本例要求在一行中输出 5 个数据，显然回车符也不合适。Tab 符也称为制表符，每一个 Tab 符将跳跃 8 位宽度，假如输出一个 3 位的数据，则其后输出的 Tab 符将跳跃 5 位宽度(8-3)；如果输出一个 9 位数据，则其后输出的 Tab 符将跳跃 7 位(8-(9-8))，这是因为 9 位的数据占用了两个 Tab 符间距。

输出语句：

```
printf("%d\t%d\t%d\t%d\t%d\n", 121, 189, 4312, 819, 2132 );
```

显示效果：

```
121     189     4312    819     2132
Press any key to continue
```

(3) 编程在一行中输出 5 个整型数据，要求每个数据占用 8 位。

分析：如果要指定整数输出时占用多少位，可以使用域宽修饰符"m"。如果域宽值大于数据实际位数，则在数据前补齐空格，直到空格加上数据位数等于 m。如果域宽值小于等于数据实际位数，则按数据实际位数输出，域宽值将无效。

输出语句：

```
printf( "%8d%8d%8d%8d%8d\n", 121, 189, 4312, 819, 2132 );
```

显示效果：

```
     121     189    4312     819    2132
Press any key to continue
```

（4）有数据声明"double x = 213.39206011;"，变量 x 输出一共占 10 位宽度，小数点后保留 4 位。

分析：本题是一道典型利用域宽修饰符来控制实数值输出位置及小数精确位的案例，控制台应用程序一般为 25 行 * 80 列字符界面，每行最多输出 80 位数据，每位数字、标点、符号均占一列宽度。域宽修饰符"m. n"分为两部分，"m"用于指定实型数据（float 型和 double 型）所有输出位宽度，而". n"则用于指定实型数据小数位输出宽度，如果不指定小数位宽度，printf() 默认输出六位小数。

输出语句：

```
printf( "%10.4f\n", x );
```

显示效果：

```
  213.3921
Press any key to continue
```

（5）有数据声明"float x = 5.721，y = 21.94;"，请按左对齐方式输出变量 x 和 y，每个数据占用 12 位宽度，并分两行输出。

分析：printf() 默认的数据对齐方式为右对齐，即输出数据的位数小于域宽时，将在数据左侧添加空格以保持右对齐。如果希望数据输出时进行左对齐，可以使用负号修饰符。负号修饰符一般写在域宽修饰符之前。另外，如果希望在同一个 printf() 输出语句中分行显示数据，就需要用到转义符'\n'，'\n'表示回车换行之意，printf() 遇到该转义符后，光标即跳跃到下一行行首，然后继续输出'\n'后面的字符或数据。本例在输出的数据两侧添加了竖线'|'，是用于展示左对齐之后，右侧添加的空格。

输出语句：

```
printf( "|%-12f|\n|%-12f|\n", x, y );
```

显示效果：

```
|5.721000    |
|21.940001   |
Press any key to continue
```

（6）输出整数 172 所对应的八进制和十六进制数值。

分析：计算机习惯使用的数据是二进制，人习惯使用的数据是十进制，所以源程序中出现的数据一般是人所习惯的十进制，但编译、运行时，这些数据都将转换成计算机所习惯的二进制。计算机运行所产生的数据输出到屏幕上时会自动转换成人需要的进制形式，但是，编程员必须在编写程序时明确指定以何种进制形式输出这些数据。与 scanf()格式字符相同,printf()也使用"%d"表示十进制,"%o"表示八进制,"%x"或"%X"表示十六进制。使用"%x"时,输出的十六进制字母将为小写;使用"%X"时,输出的十六进制字母将为大写。VC 6.0 运行完程序以后,会再自动输出一行英文提示"Press any key to continue",如果不希望该提示信息与输出的数据在同一行,可以在格式控制字符串的最后添加一个转义符'\n',使其换到下一行显示。

输出语句:

```
printf("%d=0%o=0x%X\n", 172,172,172);
```

显示效果:

```
172 = 0254 = 0xAC
Press any key to continue
```

(7) 计算并输出 2÷3,结果精确到小数点后三位。

分析:C 语言的除法运算符(/)有一个非常重要的规定,即当被除数和除数均为整型常量或整型变量时将执行整除运算,只有当被除数和除数至少一个为实数时,商才为实数。本例中,如果 2÷3 直接写成表达式:2/3,其运算结果必将为 0。因此,遇到此类问题,一定要注意整除的规定。要求结果精确到小数点后三位,可以使用含有".n"修饰符的"%f"实现输出。

输出语句:

```
printf("2÷3=%.3f\n", 2.0/3);
```

显示效果:

```
2÷3 = 0.667
Press any key to continue
```

(8) 有变量声明"double x=123.123456789",输出变量 x,并保留 8 位小数。

分析:printf()函数的绝大多数格式字符其含义与 scanf()相同,但"%f"是个例外。scanf()规定:为单精度变量输入数据时,使用格式字符"%f";而为双精度变量输入数据时,必须使用格式字符"%lf"。printf()函数格式字符也含有"l/L"长度修饰符,但它与"%d"配合,用于输出长整型数据。而无论单精度变量还是双精度变量,都不使用"l/L"长度修饰符,只用"%f"对应输出。这个问题也是 C 语言初学者常常容易犯的错误之一,好在即使使用了"%lf",printf()也不会"提出抗议",它仍然会"乖乖"地输入正确的结果。

输出语句:

```
printf("x=%.8f\n", x);
```

显示效果:

```
x = 123.12345679
Press any key to continue
```

(9) 有变量声明"double x = 123.123456789;"和"float y = 123.123;",请以指数形式输出变量 x 和 y 的数值,并尽可能保留所有小数。

分析：以指数形式输出数据需要使用格式字符"％e"或"％E"，二者的区别在于，使用"％e"时，输出的指数字符为小写；使用"％E"时，输出的指数字符也为大写。printf()以指数形式输出数据时，将采用科学计数法形式输出，即整数部分绝对值大于等于 1，并且小于 10。小数点后默认保留 6 位小数，如果需要输出更多或更少的小数位数，可以使用".n"修饰符。

输出语句：

```
printf("x =%.12E\ny =%e\n", x, y);
```

显示效果：

```
x = 1.231234567890E+002
y = 1.231230e+002
Press any key to continue
```

(10) 有字符串定义为"char inf[]="快看,这里有一条小河!";"，请将字符串显示在屏幕上。

分析：题目中定义了一个字符数组 s，并将一个字符串作为其初始化值，关于字符数组的知识在后续章节将专门谈到，但通过本例应该掌握字符串的输出方法。格式字符"％s"用于输出一个字符串，与这个格式字符相对应的不能是单个的变量，而应该是数组名、指针等地址值。

输出语句：

```
printf("%s\n", inf);
```

显示效果：

```
快看, 这里有一条小河!
Press any key to continue
```

4.3　程序的排错与调试

从读者编写第一个程序开始，各种错误就将如影随形永远陪伴在所写的每一个程序之中。为了找出程序中那些显见的、隐蔽的各种错误，掌握必要的程序调试工具和方法是十分必要的。对于从第 1 章一路坚持阅读至此，早已迫不及待地想编写几个程序一试身手的读者而言，再去阅读本节的内容也许有些提不起精神。如果真是这样，可以跳过本节内容，先阅读后面的例题或尝试着自己编写一些程序。但是，当发现自己所写的程序无法正确运行，又不知如何修改时，请一定记得回来阅读本节的内容。

4.3.1　软件 Bug 与调试

程序设计过程中所出现的各类错误常常按照是否能够通过编译器编译操作分成两大类：一类叫语法错误；另一类叫逻辑错误。

语法错误是指进行编译的源程序中存在某些违反 C 语言语法规定，无法被编译器进行编译的各类错误。语法错误是 C 语言编程初学者最常遇到的错误之一，如果没有正确修改源程序中的语法错误,源程序将无法完成编译操作,程序也就完全无法运行。因此,要使源程序能够顺利通过编译器的审核,包含在程序中的语法错误必须予以一一排除。

C 语言初学者中较为常见的语法错误通常有:

- 语句后漏加分号。
- 使用了中文标点或符号。
- 使用未定义的标识符(包括变量、符号常量等)。
- 写书标示符时未正确区分大小写。
- 使用多层圆括号时,左括号与右括号数目不匹配。
- 控制语句(分支、循环)的格式不正确。
- 调用库函数时没有包含相应的头文件。
- 调用未声明的自定义函数。
- 调用函数时实参与形参不匹配。

在编程实践中往往会发现,有时可能仅仅因为一处语法错误,编译器却给出几十,甚至上百条错误提示,这常常使初学者手足无措,不知如何去查找、修正程序中的错误。其实,一般情况下,C 编译器给出的第一条错误信息最能反映错误的位置和类型。因此,调试程序时最好按第一条错误信息开始进行修改,每修改完一条错误后,立即再次编译源程序,并再次从提示的第一条错误开始修改,直至所有语法错误全部修改完成。

逻辑错误是指源程序能够顺利通过编译器语法检查,并且能够编译、连接生成可执行程序,但由于程序设计错误导致其运行结果不正确的一种错误。与语法错误相比较,逻辑错误更加隐蔽、更不容易找到,而且有些逻辑错误的修正工作量不亚于编写一个完整程序。比较常见的逻辑错误有以下几类。

- 未正确区分"＝"和"＝＝"。
- scanf()函数中变量前未加取地址运算符(&)。
- 数组下标越界。
- 分支、循环的复合语句体缺少花括号。
- 使用的变量未赋初值。
- 错误的关系表达式,如"1＜x＜5"。
- 死循环(无法跳出的循环)。
- 死语句(永远无法执行到的语句)。
- 除数为零。
- 分支、循环边界判断。

语法错误一般出现在学习编程的初级阶段,经过一段时间的学习和编程之后,语法错误的出现频率会逐渐降低,而且语法错误的定位可以依据编译器给出的提示按图索骥。但是,逻辑错误会自始至终跟随着每一位程序员,特别是当程序达到一定长度时,可以说都会或多或少地存在着一些逻辑错误,而找出这些逻辑错误更多地需要依靠编程员自己的经验和技巧,任何调试工具都不可能帮助人们找出程序中的所有逻辑错误。

逻辑错误的调试方法多种多样,但是最基本、最有效的调试方法就是跟踪关键值的变化。数值处理是计算机程序的重要目标,大多数程序中都会或多或少地包含一些数值处理语句,而逻辑错误也往往发生在数值处理的过程中。有时,一个数据被输入到计算机中,需要经过多次运算、赋值等操作之后才能够作为结果输出给用户,当用户发现最终得到的数据是错误之时,数据其实已经被处理过多次。因此,判断数据在哪一步处理时发生错误对于是否能够顺利排除程序中的逻辑错误非常关键。很多程序在数据处理过程中不会,也不需要输出中间结果,但对于调试而言,这些数据处理的中间结果就有着非常重要的意义了。因为通过分析每一条语句所产生的中间数据,就能够十分方便地判断出数据是在哪一步处理过程中发生偏差、错误,逐步纠正所查找到的错误语句就能够排除程序中隐蔽的逻辑错误。要输出程序处理过程中的中间数据,可以通过在数据处理语句之后调用 printf()函数输出希望分析的变量值,或者使用集成开发工具附带调试器中的运行时变量监视功能予以实现。

输出中间数据的方法尽管在很多场合十分有效,但是,它也并非适用于所有程序错误的调试,当程序的算法本身出现设计错误时,使用这种调试方法也很难发现其错误。因此,亲自动手编写大量的程序,并不断通过实际排除各类程序错误,积累大量的调试经验才是真正有助于快速自我提高的有效途径。

4.3.2　常用调试工具

软件开发工作是一件非常艰巨的任务,尤其是具有一定规模的程序,不但涉及的变量多、代码长,而且其算法、逻辑也十分复杂,要在这样的程序里找出隐藏其中的各种错误、缺陷、漏洞是相当不容易的。为了帮助程序员排除程序中的各类错误,各大系统软件开发商不断探索、研发适合各种开发语言、各种目的的调试工具。下面是 Windows 平台下进行 C 语言编程较常用的一些调试工具。

(1) 集成开发工具中的调试器

几乎每一款集成开发工具都内置了功能极其强大的调试工具,这些调试工具针对性非常强,就是帮助程序员找出程序中隐藏的各种错误。例如:Visual Studio 系列集成开发工具、Eclipse、运行于 Linux 平台的 Nemiver 图形化 C/C++ 调试器等。集成开发工具中内置的调试器一般配备了操作非常方便的图形化操作界面,并具有变量监视和多种跟踪程序执行的功能,是程序员进行软件开发的有利工具。

(2) WinDBG

WinDBG 是微软公司开发的一款运行于 Windows 平台下,既能够进行用户态调试,又能够进行内核态调试的强大工具。从软件体积大小来看,WinDBG 是一个轻量级的调试工具,但是这并不影响它成为 Windows 平台下最强大的调试工具之一。WinDBG 既可以调试源程序,也可以直接调试可执行程序、动态链接库,甚至是驱动程序。尤其是 WinDBG 的系统内核调试功能,结合微软的 Symbol Server,让很多人深入地了解了 Windows 系统内的大量内核数据结构和核心代码。WinDBG 可以使用图形化界面完成调试操作,同时它还提供了强大的调试命令,结合图形化操作界面和命令行能够高效地进行各种复杂的调试操作。最令人心动的是,WinDBG 是免费的。

(3) OllyDBG

OllyDBG 是目前十分流行的一个运行在 Windows 系统平台上的动态追踪工具,它不仅仅能够进行源码级程序的调试,还能够对可执行文件(.exe)、动态链接库(.dll)进行动态调试,即跟踪、分析可执行程序中每一步代码的执行,并向用户报告各种变量值、堆栈、寄存器的变化,以供用户分析、判断程序运行是否达到设计要求。

4.3.3　Visual Studio 调试源程序的方法

调试是软件开发最为核心的工作之一,事实证明人类在撰写源程序时,随着代码长度的增加,隐藏在代码中的错误数量将成倍增长。因此,C 语言编程学习者必须熟练掌握源程序调试的方法和技巧,能够借助集成化开发软件中的调试工具准确、快速地找出 Bug(指源程序中的错误),并修正错误。通常成熟的商业化软件集成开发工具都会提供强大、方便的调试工具。为了适应大型、复杂软件的开发和调试工作,Visual Studio 的各个版本均提供了功能强大、操作简便的内置调试工具。针对源程序中可能存在的语法错误和逻辑错误,Visual Studio 2017 提供了相应的语法检查、断点调试和调用堆栈检查等多种不同调试工具。本节将通过一个简单的实例,重点介绍 Visual Studio 2017 的语法检查工具和断点调试工具的基本操作方法。

1. 语法检查

C/C++ 编译器在对源代码进行编译时,首先进行预编译处理完成宏替换、文件包含和条件编译三个基本操作,然后再对源代码进行编译处理。语法检查即是编译处理阶段的第一步。早期 Visual Studio 集成开发工具需要用户选择“编译”“调试”或“运行”命令后,才开始对源代码进行语法检查;而在 Visual Studio 2017 中,程序员在输入代码的同时语法检查即已开始,一些简单、明显的语法错误将会立即进行提示,程序员可以随时修改。图 4-1 所示即为 Visual Studio 2017 在源代码输入时所提示的语法错误。

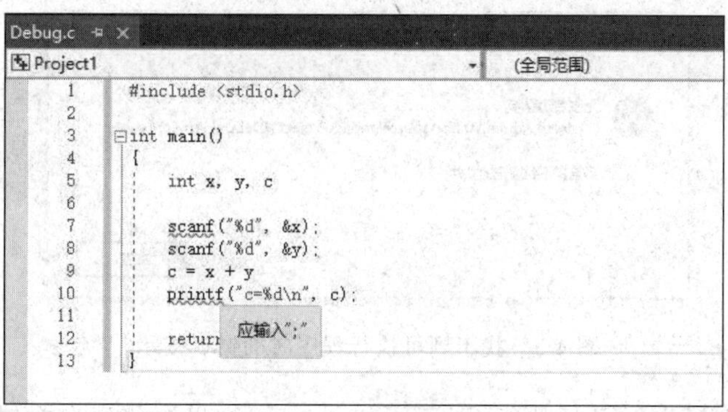

图 4-1　即时语法错误提示

图 4-1 显示的提示中,第 7 行代码的 scanf 和第 10 行代码的 printf 函数名下方均出现了红色波浪符号,表示该处出现了拼写或语法错误。但是,显然出现错误的原因并非拼写、参数均正确的 scanf() 和 printf() 函数本身。将鼠标指针停靠到有红色波浪符号的单词下方时,鼠标指针处将弹出一个灰色的信息框,Visual Studio 通过该信息框给出了建议修改意见,即“应输入";""。仔细观察 scanf() 和 printf() 前后的语句会发现,需要输入";"的是第 5 行和第 9 行两条语句。出现这种语法错误发生位置提示不准确的原因并非 Visual Studio 2017 的调试功能不够强大,而是因为当缺少语句结束标志";"时,第 5 行的“int x, y, c"、第 6 行的空行和第 7 行的"scanf("%d",&x);"语句实际上相当于分写在多行上的同一条语句。这种写法在书写超长语句,例如调用复杂的 Windows API 函数时非常实用,也常用。有些函数由于需要填写较多参数,如果将所有参数写在同一行时,会因为该行太长而造成阅读困难,因此,很多集成开发工具都支持将一条语句分开在多行书写的功能。Visual Studio 2017 强大的语法检测功能正确判别了第 5~7 行其实是两条独立的语句,scanf 和 printf 两个函数名正是两条语句的分界点。

程序员在输入源码时如果没有及时发现语法错误的提示,则选择"开始调试"或"开始执行(不调试)"命令后,Visual Studio 2017 将会以图 4-2 所示的对话框的形式再次给出编译错误提示。

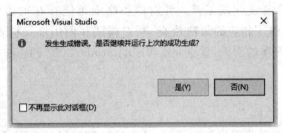

图 4-2　编译错误提示

如果单击"否"按钮,则完成本次编译操作,返回到源程序编辑窗口。如果单击"是"按钮,则运行项目文件夹下 Debug 或 Release 文件夹下已经生成的.exe 可执行程序。但是如果.exe 可执行程序还没有生成,或已生成的.exe 可执行程序被删除,Visual Studio 将提示"无法启动程序",如图 4-3 所示。

图 4-3　找不到可执行程序时的错误提示

执行完"开始调试"或"开始执行(不调试)"命令后,如果源代码存在错误,Visual Studio 将在"输出"窗口给出非常详细的错误提示,如图 4-4 所示。

通过"输出"窗口的编译信息,程序员可知编译器在源代码中一共发现了四个错误(error),其中,两个为 C2146,即语法错误;两个为 C4996,即使用不安全功能或函数错误。C4996 错误在 Visual Studio 2010 时信息级别为 Warning,即"警告"。Warning 提示说明使用某功能或函数可能造成潜在的危害、影响,但是,程序员坚持使用也可以。自 Visual Studio 2013 起,C4996 提示信息的级别调整成了 error,即"错误"。源程序一旦出现 error 提示,如不解决,源程序将无法通过编译、运行。

看懂编译提示信息是修正源程序的第一步,下面将对提示的错误信息进行详细的解释

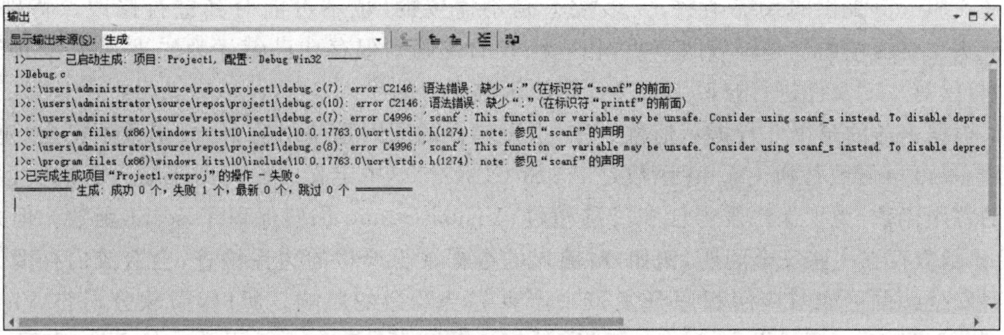

图 4-4 "输出"窗口的编译信息

和分析。

> 1>c:\users\administrator\source\repos\project1\debug.c(7): error C2146: 语法错误,表示缺少";"(在标识符 scanf 的前面)
> 1>c:\users\administrator\source\repos\project1\debug.c(10): error C2146: 语法错误,表示缺少";"(在标识符 printf 的前面)

上面是两条具有相同错误编号的提示信息,这说明引起这两个错误提示的原因相同。提示信息中的"1>"为提示符,其后为具体的提示信息。"c:\users\administrator\source\repos\project1\debug.c(7):"为发生错误的源代码路径和文件名。文件名后面的括号及数字特别重要,它指明了发生错误的语句行数。上面两条错误提示说明引发 C2146 错误提示的是第 7、10 行的语句。"error C2146:语法错误,表示缺少';"说明发生的错误类型,并对该错误进行了解释,即"缺少";"。为了怕程序员不知道是哪里缺少";",Visual Studio 还贴心地给出了具体指示:"(在标识符 scanf 的前面)"。有了这样清晰的错误提示和解析,程序员可以快速、准确地改正源程序中的 Bug。

> 1>c:\users\administrator\source\repos\project1\debug.c(7): error C4996: 'scanf':
> This function or variable may be unsafe. Consider using scanf_s instead. To disable
> deprecation, use _CRT_SECURE_NO_WARNINGS. See online help for details.
> 1>c:\program files (x86)\windows kits\10\include\10.0.17763.0\ucrt\stdio.h
> (1274): note: 参见 scanf 的声明
> 1>c:\users\administrator\source\repos\project1\debug.c(8): error C4996: 'scanf':
> This function or variable may be unsafe. Consider using scanf_s instead. To disable
> deprecation, use _CRT_SECURE_NO_WARNINGS. See online help for details.
>   1>c:\program files (x86)\windows kits\10\include\10.0.17763.0\ucrt\stdio.h
> (1274): note: 参见 scanf 的声明

两个 C4996 错误,一共给出了四行提示信息。其中,第 1、3 行提示信息准确地提示了引发 C4996 错误的是第 7 行和第 8 行的语句,并且是由 scanf 函数引发的。英文提示详细地说明了以下内容:"此函数或变量可能不安全,可考虑使用 scanf_s 函数替代。如果要禁用这个警告,请使用_CRT_SECURE_NO_WARNINGS。有关详细信息请参阅联机帮助。"

上述提示信息中的第 2、4 行指出了 scanf 函数在头文件 stdio.h 中的定义位置,即 1274 行。程序员可以了解 scanf 函数的声明信息。这两行提示的信息用处不大,作为

Visual Studio 提供的系统函数，大多数人是不需要的，也不可能对其进行修改。特别是
".h"头文件提供的仅是函数的声明，相应函数的代码则保存在已编译为二进制的".lib"文
件中，仅对".h"文件进行修改无法达到修改函数的目的。

根据上述的第 1、3 行提示信息可知，引发错误的原因是使用的 scanf 函数不安全，建议
使用 scanf_s 函数替换。scanf 函数是 ANSI C(标准 C)中定义的专门用于输入不同类型数
据的常用函数，为了保持兼容性和可移植性，Visual Studio 仍然保留了 scanf 函数。但是，
scanf 函数存在一些安全问题，例如，对输入的数据缺少严格的边界检查，会造成内存泄漏。
这些安全问题可能对应用程序开发带来严重甚至致命的影响。所以，微软公司自 Visual
Studio 2005 版本起就提供了 scanf 函数的安全替代版本 scanf_s 函数。从 Visual Studio
2005～2017 对于程序员继续使用 scanf 函数越来越不能容忍，提示信息的等级越来越高，直
到 Visual Studio 2013 起，不处理 C4996 问题就无法编译通过。

对于这个错误，可行的处理方法有以下几种。

(1) 替换函数。只要将源程序中第 7、8 行的 scanf 函数改成 scanf_s，不需要修改头文
件，也不需要修改函数的参数，即可消除 C4996 错误提示，顺利完成程序的编译。

(2) 使用_CRT_SECURE_NO_WARNINGS。在源程序首行，即"＃include ＜stdio.
h＞"之前插入一个空行，并输入语句"＃define _CRT_SECURE_NO_WARNINGS"。_
CRT_SECURE_NO_WARNINGS 即表示消除安全警告，CRT 是指 C Run-Time Libraries
(C 运行时库)。使用"＃define _CRT_SECURE_NO_WARNINGS"语句后，调用任何存在
安全问题的系统函数时都不会再给出警告或错误提示。但容易出现问题！

(3) 使用"＃pragma warning(disable：4996)"。与第 2 种方法一样，在源程序首行，即
"＃include ＜stdio. h＞"之前插入一个空行，并输入语句"＃pragma warning(disable：
4996)"。＃pragma 是 C/C++ 中的预处理指令，它的作用是设定编译器的状态或者指示编
译器完成一些特定的动作。本条语句执行的预处理操作是，不允许出现编号为 4996 的警告
提示信息。与 _CRT_SECURE_NO_WARNINGS 相比，"＃pragma warning(disable：
4996)"语句精确地屏蔽了 C4996 错误提示，而没有像_CRT_SECURE_NO_WARNINGS 一样
屏蔽掉所有安全警告。所以，"＃pragma warning(disable：4996)"的负面影响可能更低。

(4) 关闭"SDL"检查。SDL 即 Security Development Life(安全开发生命期)。SDL 检
查是 Visual Studio 2012 推出的一项旨在更好地监管开发者代码是否符合安全性的功能检
查，如果选择了 SDL 检查(默认为选中该选项)，那么编译器将按照安全开发生命期规则对
源代码进行严格检查。例如本部分，源程序中调用了不安全的 scanf 函数，编译将不能通
过。要关闭 SDL 检查功能，需要到项目的"属性"对话框中进行设置。首先在"解决方案资
源管理器"窗口右击项目名 Project1，在弹出的快捷菜单中选择"属性"命令，接着在打开的
"属性"对话框中依次选择"配置属性"→C/C++ →"所有选项"，在对话框右侧的开关项中找
到"SDL 检查"，将默认的"是(/sdl)"切换成"否(/sdl-)"，单击"确定"按钮即完成设置，如
图 4-5 所示。再次编译将顺利通过，不会出现 C4996 的错误提示。

(5) 禁用"安全检查"。在图 4-5 所示的"Project1 属性页"对话框中，"SDL 检查"选项一
栏有一项"安全检查"，该项的设置值决定了 Visual Studio 在编译源代码时是否开启安全检
查。默认设置为"启用安全检查(/GS)"，如果设置为"禁用安全检查(/GS-)"，那么，在源代
码中使用 scanf 这类不安全函数时，编译器将不再报警。

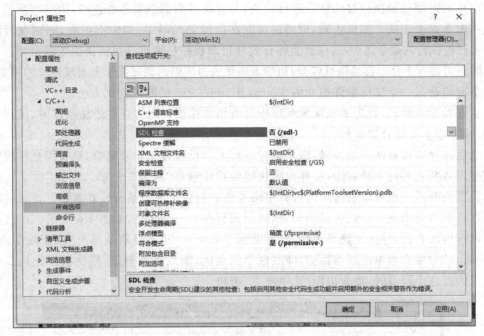

图 4-5 关闭"SDL 检查"

以上五种解决方法中,推荐使用第 1 种方法,这种方法是微软推荐的根本解决方法。其次,推荐采用第 3 种方法,这种方法仅屏蔽了 C4996 这个特定的错误提示,对整个源程序影响比较小。其他三种方法则从全局上关闭了安全提示,特别是对开发大型、复杂应用程序可能带来严重的影响,因此不建议使用。

2. 断点调试

对于任何一门语言的初学者来说,语法错误是编程初始阶段最常见的错误形式。但是,经过一段较短时间适应后,绝大多数学习者所编写的源程序中出现的语法错误将大幅减少,随之而来的则是更加难以发现、改正的逻辑错误。逻辑错误是指那些在语法上没有错误,能够顺利通过编译、链接,能够正常运行,但程序运行结果与设计预期不相符的错误。逻辑错误不仅有较强的隐蔽性,而且将会随源程序的复杂性和长度快速增长,越复杂越长的源程序,其隐藏的逻辑错误越难被发现,发现后也越难修改。正因为逻辑错误存在难以发现、排除的问题,所以,即使是成熟的商业软件,仍然要定期发布更新补丁来修改软件中不断发现的错误、漏洞等。

鉴于逻辑错误具有较强的隐蔽性,程序员很难发现隐藏在源程序中的逻辑错误,商业软件开发集成工具大多会提供强大的调试工具。断点调试是这些调试工具中最常用、最方便的工具之一。所谓断点调试,即通过在源程序中预设运行中断点,使源程序运行到断点处时暂时停止运行,程序员则可以在暂停处通过观察变量值的变化来判断程序运行到此是否发生了错误,并决定以何种方式继续运行后续的代码。

程序在执行时,将按指令序列连续执行,当发现程序输出的结果不正确时,程序往往已经执行了很多步操作,尤其是一些功能比较复杂、步骤较多的程序,其数据处理过程复杂多变,这就为定位程序错误语句带来了不便。如果程序能够在运行中途暂时停止指令的执行,让程序员对前面已经执行过的命令进行检查，并分析其数据结果是否正确，用以判断已执行的这些命令是否正确。如果正确，则错误可能在后面的代码中；如果不正确，则错误可能就在前面已经执行的命令之中，这样就能够有效地帮助程序员缩小寻找错误位置的范围。合理设置断点需要有十分丰富的调试经验，初学者应该通过不断的调试操作来实现经验的积累。

下面将通过一个实例来详细介绍 Visual Studio 2017 的断点调试方法。

要开始断点调试，首先要确保源程序中没有语法错误。因为存在语法错误时，编译无法通过，程序根本无法开始运行。

然后选择要设置断点的位置，断点设置在行上。设置方法非常简单，只要用光标放置在任何想设置断点的行上并右击，在弹出的快捷菜单中选择"断点"→"插入断点"命令即可将该行设置为断点。也可以通过单击行数字编号前的灰色区域为某行设置断点。设置过断点的程序行前方会出现一个红色的小圆点，表示该行存在一个断点，如图 4-6 所示。在已设置断点的行再次右击，并在快捷菜单中选择"断点"命令时，其下级菜单将出现"删除断点"和"禁用断点"命令。当单击断点标记，即红色小圆点时，断点将被删除；当使鼠标光标靠近标志断点的红色小圆点时，将会出现"禁用断点"按钮。

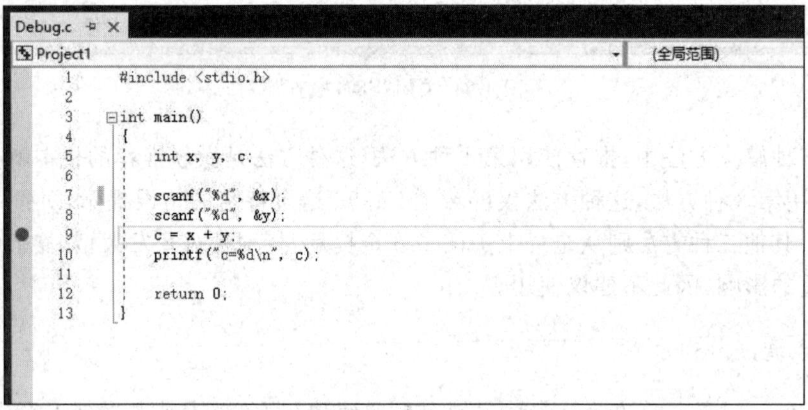

图 4-6　断点设置标志

"删除断点"命令是将已设置的断点清除掉，不再设置断点。"禁用断点"命令是指暂时不启用断点，即使执行程序的方式为"开始调试"，也将忽略掉被禁用的断点而直接执行。

要使源程序中的断点生效，必须以"开始调试"方式运行程序，以"开始执行（不调试）"方式运行程序时，源程序中设置的所有断点将全部被忽略，程序仍然从开始位置运行到结束位置。以"开始调试"方式运行包含断点的源程序时，程序运行到第一个断点时将自动停止运行，并在红色断点标记上显示一个黄色的箭头，如图 4-7 所示。黄色箭头表示的含义是，其指向的第 9 条语句为即将执行的下一条语句。

程序运行至断点处暂停后，程序员可以通过 Visual Studio 代码编辑区下方的信息窗口查看程序的运行情况。为了方便程序员查看程序运行时的不同数据，程序运行数据及状态信息被分开显示在左右两个子窗口中。其中，左侧子窗口提供了与程序运行数据相关的"自动窗口""局部变量""线程""模块"和"监视 1"五个属性页；右侧子窗口提供了与程序状态相关的"调用堆栈""断点""异常设置"和"输出"四个属性页。程序员可随时在这些属性页之间进行快速、方便地切换，以查看程序运行的各种数据和信息。对于开发功能单一、不涉及太

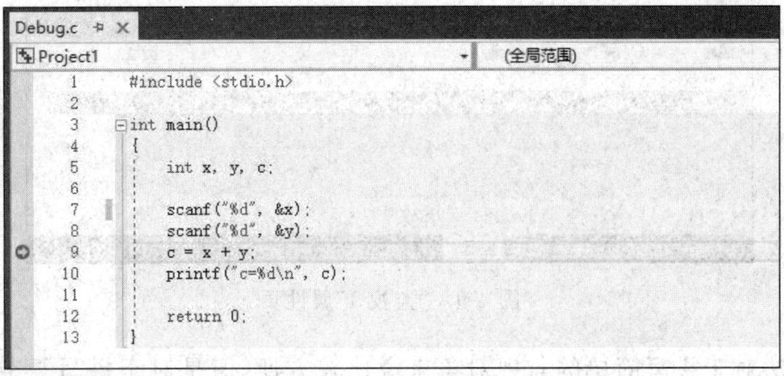

图 4-7　断点暂停标记

多函数调用的小型 C 语言源程序而言，左侧子窗口中的"自动窗口""局部变量"和"监视 1"是最常用的三个属性页。"自动窗口"属性页中列出了程序当前正在使用的变量名称、值和变量地址等信息，"局部变量"属性页中列出了当前作用域的变量名称及值。"监视 1"属性页中默认为空，只有当程序员添加了需要随时观察的变量、公式等内容后才会有显示。图 4-8 显示了当前示例程序运行时"自动窗口"中显示的变量及其数据，这些数据包括两个刚刚完成输入操作的变量地址"&x"和"&y"，以及三个变量 c、x 和 y。每一行显示一个变量数据，显示的信息包括"名称""值"和"类型"。变量 x 和 y 的值很容易理解，是程序在运行时输入的数据值。但是变量 c 的值为什么是 −858993460 这样一个十分大的负值呢？在 C 语言中，如果定义一个变量而未对其赋值，那么该变量默认的数据值即为 −858993460，直到通过输入函数或表达式为其赋值后，变量的数据值才会发生改变。"自动窗口"属性页中用红色显示的数据表示刚刚或即将会用到的数据值。

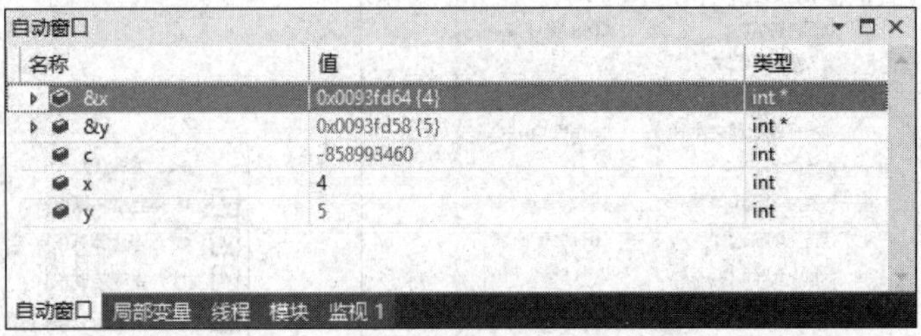

图 4-8　"自动窗口"属性页中显示的内容

"局部变量"属性页中显示的是当前程序的当前作用域的变量信息，与"自动窗口"相同，"局部变量"属性页中显示的信息也包括"名称""值"和"类型"三种。

"监视 1"属性页中允许用户添加自己想观察的变量或表达式，在相应语句被执行后，这些提前添加好的变量、表达式值就会呈现在用户面前。图 4-9 中显示了在"监视 1"属性页中添加了表达式"x+y"时的情景。当为变量 x 和 y 输入数据后，"监视 1"属性页中立即显示出了"x+y"的运行结果。

与"自动窗口"和"局部变量"属性页只能查看变量相比，"监视 1"属性页不仅可以查看变量，还可以查看表达式、函数、对象等，特别是在程序运行中，随时通过"监视 1"属性页观察对象属性值的变化，将对快速定位错误并予以改正带来了极大的便利。添加监视对象的操作一般有两种方法，第一种是在"监视 1"属性页的"名称"处直接输入，并按 Enter 键确认

图 4-9   "监视 1"属性页

即可。输入方法对于拼写简单的监视对象来说比较方便，但是对于拼写复杂的表达式不仅输入太麻烦，而且容易出现输入错误。第二种是先在源程序中选中要监视的对象或表达式，再右击，在弹出的快捷菜单中选择"添加监视"命令，如图 4-10 所示。

　　程序员在断点处观察完变量或其他对象运行情况后，通常需要控制程序继续向下运行，Visual Studio 提供了多种继续运行程序的方法，比如可通过图 4-11 所示的"调试"菜单继续运行程序。

图 4-10   在快捷菜单中选择"添加监视"命令

图 4-11   "调试"菜单

　　下面对"调试"菜单中重要的命令进行说明。

- "继续"：如果源程序中设置了多个断点，执行"继续"选项将控制程序运行到下一个断点处。如果源程序只有一个断点，或已运行到最后一个断点，那么执行"继续"选项时，程序将直接运行至结束。

- "全部中断"：该命令与下面的"重新启动"命令是互逆操作。当程序正在运行时，如果选择"全部中断"命令，或按 Ctrl＋Alt＋Break 组合键时，程序会立即暂停于当前执行的语句，直到选择"重新启动"命令后继续执行程序。"全部中断"命令一般在程序处于长时间循环状态，为查看程序运行状态是否正常时使用。
- "停止调试"：立即中止程序的运行。
- "重新启动"：从"全部中断"处开始继续运行程序，直接到下一个断点，或程序运行结束。
- "显示下一语句"：无论当前正在操作的代码行位于源程序何处，选择"显示下一条语句"命令后，将立即跳到下一条即将执行的语句，即黄色箭头指向的语句行。对于图 4-7 所示仅有 13 行的小程序而言，"显示下一语句"命令没什么用处；但是，对于涉及大量自定义函数的复杂源程序来说，能够快速定位到即将执行的语句却是非常有用的功能。
- "逐语句"：每选择一次本命令将执行一条语句，如果被执行的是一个自定义函数调用，将跳入到该函数中执行一条语句。
- "逐过程"：如果下一条执行的语句不包含自定义函数调用，"逐过程"与"逐语句"效果一样，都将执行下一条语句。但如果要执行的语句中包含自定义函数调用，"逐过程"不会跳入到自定义函数中逐行执行程序，而是一次性运行完自定义函数中的所有语句。
- "跳出"：以"逐语句"方式跳入到自定义函数内部后，如果想立即跳出自定义函数，可以使用"跳出"方式。选择"跳出"命令后，将自动连续运行自定义函数中剩余的语句，并返回到调用点。
- "十六进制"：本命令是一个开关项，当选中时，"输出"窗口中的"自动窗口""局部变量""监视 1"等属性页中显示的数据都将以十六进制形式出现。

根据具体调试需要，使用"调试"菜单中不同选项的组合，并结合"自动窗口""局部变量"和"监视 1"等属性页中显示的不同信息，能够极为有效地帮助程序员找出隐藏在源程序中的逻辑错误。随着源程序复杂程度的增加，逻辑错误的查找与修正必定越来越困难。所以，源程序的调试是一件十分需要耐心和经验的工作，掌握一些基本的调试技巧十分必要。下面列出了调试 C 语言源程序时常用到的一些方法。

（1）任何时候都不要假设某段代码绝对不会出错。

（2）在输入函数后，应该检查变量是否被正确赋值。输入正确的数据是保证程序能够正确运行的第一步，大量事实证明，数据输入错误是导致很多程序出错的一个重要原因。因此，在输入函数之后插入断点并检查变量是否获得了正确的数据是十分有必要的。

（3）将程序按逻辑功能分块进行调试。当源程序功能较多、代码较复杂时，直接对整个程序进行调试通常十分困难，而且也很难把握调试的重点。为了便于调试复杂程序，可以事先将程序按其功能做一些简单的划分，一般将完成某一共同功能的代码划分成一个逻辑区域，调试时先按区域调试局部功能，最后再联调所有的代码，直至最后成功。

（4）准备合适的测试数据。很多时候，程序并不会在每次运行时都会出现错误，而是在处理一些特定数据时才会出现错误，这类错误往往更加隐蔽。在分析源程序的基础上，设计一些合适的测试数据，通常能够非常有效地找出代码中的逻辑错误。例如，在调试判断语句时，至少应准备使条件成立和使条件不成立的两组数据用于测试其运行是否正确。

（5）使用"运行到光标处"命令调试循环代码。有些代码的循环次数可能达到成百上千次,如果使用"逐语句"或"逐过程"命令进行调试时,过多的循环次数不但无法让程序员有效地分析数据的变化,反而会降低调试的效率,这时可以将光标定位到循环结束后的一条语句处,右击,在弹出的菜单中选择"运行到光标处"命令,这样可以使循环连续运行至结束,提高了调试效率。

(6)减少循环的次数。为了提高程序调试速度,有时可以有意识地修改循环条件,以减少循环次数,使程序员能够将注意力更加集中于循环体内的语句。当然,调试完成后不要忘记将循环条件修改回来。

4.4　典型的顺序问题

4.4.1　单位及货币的转换

例 4-5　小丽在超市里购买了一袋美国产加州葡萄干,包装袋上印着的重量为 11Oz(盎司),小丽很想知道 11Oz 相当于多少克呢? 超市里进口商品越来越多,为了方便人们将进口商品常用重量单位盎司转换成我们习惯的克,请编写一段小程序解决此类问题。

分析:单位转换类的题目,本身所涉及的数学知识非常简单,其程序结构也不复杂。在编写该类单位转换程序时,需要注意数据类型的选择问题。在本例中,1 盎司折合 28.349523125 克,因此,用于保存计算结果的变量应该使用实数。C 语言中,实数又可分为单精度类型(float)和双精度类型(double),具体选择哪一种类型,要根据用户所需数据的精确位数而定。本例中并未提到结果需要精确到多少位,但根据日常生活的一般习惯,像这类食物重量,精确到小数点后一位即可,因此,可以将变量定义为单精度类型。

流程图如图 4-12 所示。

```
代码区 (例 4-5)
1   #include <stdio.h>
2
3   void main()
4   {
5       const float Rate = 28.3495;
6       float Oz, G;
7
8       printf("请输入产品重量(盎司): ");
9       scanf("%f", &Oz);
10
11      G = Oz * Rate;
12      printf("产品折合: %.1f克\n", G);
13  }
```

程序运行界面如图 4-13 所示。

解释:本例在定义 Rate 时,使用了 const 保留字,这是定义常量的一种方法,被 const 修饰过的量,在程序运行过程中其值不允许被改变。1 盎司折合 28.349523125 克,但本例的输出结果没有太高的精确要求,因此,转换率 Rate 只保留了四位小数。运算完成后,在输出变量 G 时,通过设定输出格式控制字符串"%.1f"来指定输出的数据只保留一位小数。

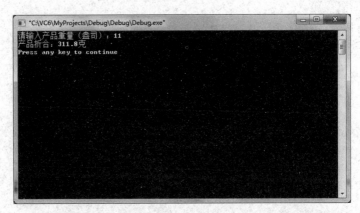

图 4-12　例 4-5 流程图　　　　　　　　　　图 4-13　例 4-5 运行界面

例 4-6　刘老师接到一份国际会议通知,会议将在美国西雅图市召开。通知说明:每位参会人员需缴纳会务费 700 美元,食宿费用每天 150 美元,会议共 3 天,交通费自理。经查从上海浦东机场飞往西雅图的往返机票价格为 940 美元(含税)。2013 年 9 月 5 日,人民币外汇牌价为(1 美元兑换人民币):现钞买入价 6.0581 元;卖出价 6.1315 元。请编写一个货币转换程序,帮刘老师算一算参加此次会议至少需要准备多少人民币。

分析:尽管货币转换问题的实质不过是简单的四则计算问题,但是,在进行具体的转换计算时,能否清楚地了解各种外汇牌价的意义将关系到是否能够计算出正确结果。一般外汇牌价中常会出现中间价、现汇买入价、现钞买入价、卖出价四个名词,其含义分别如下。

中间价:中间价是指买入价与卖出价的平均价,常用于各类经济分析之中。

现汇买入价:现汇买入价是指银行用本国货币买入现汇的价格,现汇包括:由国外汇入或由境外携入、寄入的外币票据、凭证等,例如,境外汇款和旅行支票等。

现钞买入价:现钞买入价是指银行用本国货币买入现钞的价格,现钞即外国钞票。

卖出价:卖出价是指银行向客户卖出外国现钞或现汇的价格。

为了保证银行能够在货币兑换中获得一定收益,一般情况下:卖出价＞现汇买入价＞现钞买入价。

刘老师要去美国参加会议,当然需要将人民币兑换成美元,而合法、安全的购汇地点当然是去银行。正确的购汇计算方法是:需要购买的美元金额×卖出价。

货币汇率根据币种不同一般精确到小数点后 2～4 位,因此在定义变量类型时可以使用实数类型,考虑到日常生活中处理的货币金额不会太大,因此,选用 float 类型为好。

流程图如图 4-14 所示。

图 4-14　例 4-6 流程图

99

代码区 (例 4-6)

```
1   #include <stdio.h>
2
3   void main()
4   {
5       float Reg_Fee, Acc, Days, Trans, Exchange;
6       float RMB;
7
8       printf("请输入会务费：");
9       scanf("%f", &Reg_Fee);
10      printf("请输入每日食宿费：");
11      scanf("%f", &Acc);
12      printf("请输入会议天数：");
13      scanf("%f", &Days);
14      printf("请输入往返交通费：");
15      scanf("%f", &Trans);
16      printf("请输入当天外汇牌价：");
17      scanf("%f", &Exchange);
18
19      RMB = ( Reg_Fee +Acc * Days +Trans ) * Exchange;
20      printf("刘老师至少需要准备人民币：%.2f 元 \n", RMB);
21  }
```

程序运行界面如图 4-15 所示。

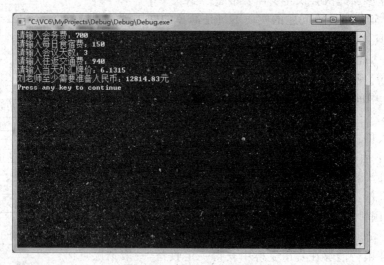

图 4-15 例 4-6 运行界面

解释：作为程序编写者的程序员，对自己所写的程序当然是最了解的，何时输入什么数据、输入的数据有何要求都十分清楚，而这些问题，对于普通的用户却不一定很清楚。一个优秀的程序，必须具备良好的人机交互界面，以便用户在参与操作时，不会因缺乏必要的提示而产生误解，以至于操作失误；同时，还需要在运行时及时向用户反馈程序运行状态，以免因为用户等待时间过长，误以为程序已经死机……总之，设计任何程序时，务必认真地考虑与用户交流的问题。要成为一名合格的程序员，一定要学会站在用户的角度思考问题。本例需要输入的数据较多,为了避免用户输入错误,在每一个数据输入之前,都通过调用printf()函数,输出一条对应的提示信息,以便用户能够清楚地了解到下面该输入什么数据了。printf()函数的格式控制字符串中最后的转义符'\n'是为了使 VC6 在程序运行完成后显示的提示语句"Press any key to continue"显示到下一行,以免干扰程序本身的输出界面。

输出数据时,虽然外汇牌价精确到小数点后四位,但考虑到人们在使用人民币时,一般习惯精确到小数点后两位(即分),因此,通过格式控制符"％.2f"指定输出数据的小数点为两位,以符合人们的习惯。

本例题的流程图显示了程序从"开始"处向下执行,直到"结束"停止,中间所有语句均被执行,这类程序被称为顺序结构程序。顺序结构是程序中最常用的一种结构,顺序结构中的所有语句均按从上至下的次序逐一执行,不缺不漏。

4.4.2　面积的计算

例 4-7　小周家有一张使用多年、布满划痕的圆桌面,小周想给桌面重新刷油漆,油漆工包工包料,每平方米 120 元,这张桌面直径 1.4 米,请编程计算小周应支付多少费用。

分析:本题考核的数学知识为圆的面积计算公式:$S = \pi \times r^2$。根据前面所学知识,公式中的常数 π 既无法在 C 语言中直接输入,也无法使用,因为 C 语言并不理解 π 这个符号所代表的意义。因此,需要专门定义一个常量用来表示 π。C 语言中没有专门用于表示指数的符号,在表示诸如 r^2 时,经常有人会错误地写成:r^2,这种写法从语法角度并不错,所以编译时也不会报错,但其操作的意义却并不是幂运算,而是异或运算。

实现 r^2 运算的方法有两种:一种是直接连乘,即 r * r,这种方法适用于指数是整数,且数值比较小的情况。如果是计算 $r^{2.1}$ 或 r^{20},就需要使用另外一种方法,调用 pow()函数。pow()函数原型为:**double pow(double x, double y)**,其功能为计算并返回 x^y 的值,从原型可以看出,调用 pow()函数时,需提供两个双精度类型参数 x 和 y,pow()函数返回双精度类型的数据。C 语言为了方便用户编写计算类程序,提供了大量的数学函数,表 4-5 列举了部分最为常用的数学函数。

表 4-5　常用数学函数表

函　数　原　型	功　　能	示　　例
double pow(double x, double y)	x^y	z = pow(4,5);
double sqrt(double x)	$\sqrt[2]{x}$	z = sqrt(8);
double sin(double x)	$\sin(x)$,x 为弧度	z = sin(18 * 3.14/180);
double cos(double x)	$\cos(x)$,x 为弧度	z = cos(18 * 3.14/180);
int abs(int x)	$\|x\|$,$x \in Z$	z = abs(−110);
double exp(double x)	e^x	z = exp(5);
double fabs(double x)	$\|x\|$,$x \in R$	z = fabs(−32.22);
double log(double x)	$\log_e x$	z = log(3);
double log10(double x)	$\log_{10} x$	z = log10(100);
double tan(double x)	$\tan(x)$,x 为弧度	z = tan(30 * 3.14/180);

如果要在程序中调用数学函数,必须在程序开始处使用＃include 命令包含"math.h"头文件,以便 VC 编译程序能够正确找到,并连接相应的函数代码。

流程图如图 4-16 所示。

```
代码区(例 4- 7)
1   #include <stdio.h>
2   #include <math.h>
3   #define  pi 3.1415
4
5   void main()
6   {
7       float d, price, Total;
8
9       printf("请输入单位(元/每平方米): ");
10      scanf("%f", &price);
11      printf("请输入桌面直径(米): ");
12      scanf("%f", &d);
13
14      Total =price * ( pi * pow((d / 2), 2 ) );
15      printf("应付总价: %.2f 元\n", Total);
16  }
```

程序运行界面如图 4-17 所示。

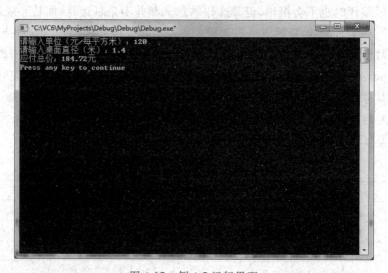

图 4-16 例 4-7 流程图   图 4-17 例 4-7 运行界面

解释:本例通过调用 pow()函数实现 r^2 的计算,因为调用的 pow()函数为 VC 自带的数学库函数,因此,在程序开始处增加了对头文件"math.h"的包含,如果不包含该头文件,程序运行时会出现错误。

4.4.3　整数分解问题

例 4-8　请输入一个任意四位整数,并按其逆序输出。例如:输入 1234,输出 4321。

分析:整数分解是 C 语言中比较常见的一类问题,有着多种变化形式,常会出现在各类考试中。该类问题的解答,通常是将一个完整的整数拆分成若干个个位数,然后再根据题目的要求进行处理。本题中已经明确整数为四位,因此,可以先定义四个整型变量来保存拆分的数,再将其还原成整数并输出即可。对整数的拆分,可以使用整除(/)和取余(%)两个运算符。当使用 10 作为除数进行整除时,结果即为丢弃个位数的被除数;当使用 10 作为除数进行取余时,结果即为被除数的个位值。例如:1234/10=123,1234%10=4。连续使用整除和取余运算,就能够将一个整数按位进行分解。

流程图如图 4-18 所示。

```
代码区 (例 4-8)
1    #include <stdio.h>
2
3    void main()
4    {
5        int num1, num2, a, b, c, d;
6
7        printf( "请输入一个四位正整数: " );
8        scanf( "%d", &num1 );
9
10       num2 =num1;
11       a =num2 %10;
12       num2 /=10;            /* 等价于 num2 =num2 / 10; */
13       b =num2 %10;
14       num2 /=10;
15       c =num2 %10;
16       d =num2 / 10;
17       printf("整数逆序: %d\n", a * 1000+b * 100+c * 10+d);
18   }
```

程序运行界面如图 4-19 所示。

解释:由于每次整除运算后都会破解被除数的原始值,为了使最初输入的数据不被破坏,因此,程序将 num1 值复制到了 num2 中,并对 num2 进行分解操作,这样,程序在运行过程中破解的只是一份复制数据,原始输入的 num1 值仍保存,这种备份原始输入值的方法在很多程序中都会用到。源程序第 11 行首先对 num2 进行取余运算,将 num2 的个位数保存到变量 a 中;然后,对 num2 进行整除运算,以便丢弃已经保存到 a 中的个位数;第 13、14 行重复了这个操作,但是,由于第 12 行已经将原始 num2 值的个位丢弃,因此,第 13 行保存的实际上是原始 num2 值的十位数。阅读程序时,分析变量值的变化过程及规律是帮助理解程序工作的好办法,以本题为例,当输入整数值为 1234 时,第 11~16 行各变量值如表 4-6 所示。

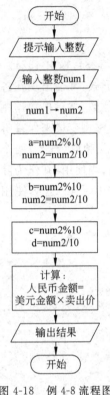

图 4-18　例 4-8 流程图

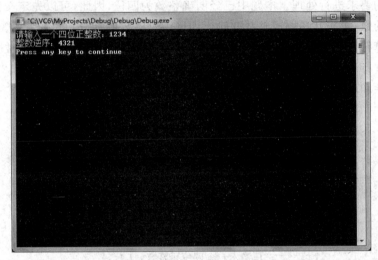

图 4-19　例 4-8 运行界面

表 4-6　例 4-8 变量值表

语句行	变量 1	值	变量 2	值
11	a	4	num2	1234
12	num2	123		
13	b	3	num2	123
14	num2	12		
15	c	2	num2	12
16	d	1	num2	12

示例程序在运行时,出现在赋值号"="右侧的变量,其值是不会发生改变的,因此,第11、13、15、16 行中,变量 num2 的值均未发生变化。而出现在赋值号(=)左侧的变量,在语句运行完成后,其值将被赋值号右侧的表达式值替代。

【技能训练题】

1. 张老师家省吃俭用十余年,终于购买了一套新房,户型如图 4-20 所示。请编写程序计算出该房实际面积。提示:计算房屋面积时,可先将房屋划分成若干个矩形区域,并利用公式"面积=长×宽"计算出每一个矩形区域的大小,最后将所有矩形面积相加即可得到房屋实际面积(单位：米)。

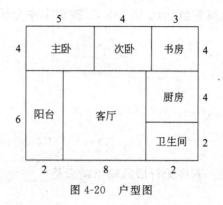

图 4-20　户型图

2. 要使用 800mm×800mm 的抛光砖铺满一个 48m² 的客厅,请编程计算共需要多少块砖(精确到整数),如果每块抛光砖 95 元,计算共需要多少钱。

3. 1 毛钱买 1 个桃子,3 个桃核可以换 1 个桃子,请编程计算用 1 元钱最多能吃到几个桃子。

4. 国家规定存款利息的纳税办法是：利息税＝利息×20％,储户取款时由银行代扣代收。若银行一年定期储蓄的年利率为 2.25％,某储户取出一年到期的本金及利息时,扣除了利息税 36 元,则银行向该储户支付的现金是多少元?

5. 天一中学现有校舍面积 35000m²,为改善办学条件,计划拆除部分旧校舍,建造新校舍,新建校舍的面积是被拆除的旧校舍 2 倍还多 2000m²。计划完成后的校舍总面积可比现有校舍面积增加 20％。已知拆除旧校舍每平方米需费用 80 元,建造新校舍每平方米需费用 700 元,请编程计算完成该计划需多少费用。

【应试训练题】

一、选择题

1. 若有定义语句"int a＝10；double b＝3.14；",则表达式'A'＋a＋b 值的类型是_____。【2011 年 9 月选择题第 14 题】

    A. char　　　　　　B. int　　　　　　C. double　　　　D. float

2. 以下不能输出字符 A 的语句是(注：字符 A 的 ASCII 码值为 65,字符 a 的 ASCII 码值为 97)_____。【2011 年 9 月选择题第 21 题】

    A. printf("%c\n",'a'−32);　　　　　　B. printf("%d\n",'A');

    C. printf("%c\n",65);　　　　　　　　D. printf("%c\n",'B'−1);

3. 有以下定义语句,编译时会出现编译错误的是_____。【2009 年 9 月选择题第 22 题】

    A. char a＝'a';　　　　　　　　　　B. char a＝'\n';

    C. char a＝'aa';　　　　　　　　　　D. char a＝'\x2d';

4. 若函数中有定义语句"int k;",则_____。【2009 年 3 月选择题第 12 题】

A. 系统将自动给 k 赋初值 0　　　B. 这时 k 中的值无定义

C. 系统将自动给 k 赋初值－1　　D. 这时 k 中无任何值

5. 有以下程序：

```
#include <stdio.h>
main()
{ int s,t,A=10;double B=6;
  s=sizeof(A); t=sizeof(B);
  printf("%d,%d\n",s,t);
}
```

在 VC6 平台上编译运行，程序运行后的输出结果是＿＿＿＿。【2010 年 9 月选择题第 38 题】

A. 2,4　　　　B. 4,4　　　　C. 4,8　　　　D. 10,6

6. 有以下程序：

```
#include <stdio.h>
main()
{
  char a,b,c,d;
  scanf("%c%c",&a,&b);
  c=getchar();d=getchar();
  printf("%c%c%c%c\n",a,b,c,d);
}
```

当执行程序时，按下列方式输入数据（从第 1 列开始，<CR>代表回车。注意，回车也是一个字符）。

12<CR>

34<CR>

则输出结果是＿＿＿＿。【2010 年 3 月选择题第 15 题】

A. 1234　　　　B. 12　　　　C. 12　　　　D. 12

　　　　　　　　　　　　　　　　　　3　　　　　　　34

7. 有以下程序，其中 k 的初值为八进制数。

```
#include <stdio.h>
main()
{ int k=011;
  printf("%d\n",k++);
}
```

程序运行后的输出结果是＿＿＿＿。【2010 年 3 月选择题第 22 题】

A. 12　　　　B. 11　　　　C. 10　　　　D. 9

8. 阅读以下程序：

```
#include <stdio.h>
main()
{ int case;float printF;
```

```
        printf("请输入 2 个数：");
        scanf("%d,%f",&case,&printF);
        printf("%d,%f\n",case,printF);
}
```

该程序在编译时产生错误，其出错原因是_____。【2009 年 9 月选择题第 13 题】

  A. 定义语句出错，case 是关键字，不能用作用户自定义标识符

  B. 定义语句出错，printf 不能用作用户自定义标识符

  C. 定义语句无错，scanf 不能作为输入函数使用

  D. 定义语句无错，printf 不能输出 case 的值

9. 有以下程序：

```
#include <stdio.h>
main()
{ char  cl,c2;
  cl='A'+'8'-'4';
  c2='A'+'8'-'5';
  printf("%c,%d\n",cl,c2);
}
```

已知字母 A 的 ASCII 码为 65,程序运行后的输出结果是_____。【2009 年 9 月选择题第 23 题】

  A. E,68   B. D,69   C. E,D   D. 输出无定值

10. 程序段"int x=12;double y=3.141593;printf("%d%8.6f",x,y);"的输出结果是_____。【2009 年 3 月选择题第 15 题】

  A. 123.141593   B. 123.14159

  C. 12,3.141593   D. 123.1415930

11. 表达式(int)((double)9/2)−(9)%2 的值是_____。【2009 年 9 月选择题第 14 题】

  A. 0   B. 3   C. 4   D. 5

12. 若有定义语句"int x=12,y=8,z;"，在其后执行语句"z=0.9+x/y;"，则 z 的值为_____。【2011 年 9 月选择题第 15 题】

  A. 1.9   B. 1   C. 2   D. 2.4

13. 若有定义语句"int a=3,b=2,c=1;"，以下选项中错误的赋值表达式是_____。【2011 年 3 月选择题第 15 题】

  A. a=(b=4)=3;   B. a=b=c+1;

  C. a=(b=4)+c;   D. a=1+(b=c=4);

14. 有以下定义"int a;long b;double x,y;"，则以下选项中正确的表达式是_____。【2010 年 9 月选择题第 14 题】

  A. a%(int)(x−y)   B. a=x!=y;

  C. (a*y)%b   D. y=x+y=x

15. 若有定义语句"int x=10;"，则表达式 x−=x+x 的值为_____。【2009 年 9 月选择题第 15 题】

A. −20   B. −10   C. 0   D. 10

16. 表达式 a+＝a−−＝a=9 的值是_____。【2010 年 9 月选择题第 16 题】

    A. 9   B. −9   C. 18   D. 0

17. 设有定义"int x＝2;"，以下表达式中，值不为 6 的是_____。【2009 年 3 月选择题第 14 题】

    A. x ＊ ＝x＋1   B. x＋＋,2 ＊ x   C. x ＊ ＝(1＋x)   D. 2 ＊ x,x＋＝2

18. 有以下程序：

```
#include <stdio.h>
main()
{
  int a=2,b=2,c=2;
  printf("%d\n",a/b&c);
}
```

程序运行后的输出结果是_____。【2010 年 3 月选择题第 39 题】

    A. 0   B. 1   C. 2   D. 3

19. 有以下程序：

```
#include <stdio.h>
main()
{ int  a=1,b=0;
  printf("%d,",b=a+b);
  printf("%d\n",a=2 * b);
}
```

程序运行后的输出结果是_____。【2009 年 9 月选择题第 16 题】

    A. 0,0   B. 1,0   C. 3,2   D. 1,2

20. 若有定义"int a,b;"，通过语句"scanf("%d;%d",&a,&b);"，能把整数 3 赋给变量 a、5 赋给变量 b 的输入数据是_____。【2011 年 9 月选择题第 16 题】

    A. 3 5   B. 3,5   C. 3;5   D. 35

二、填空题

1. 有以下程序：（说明：字符 0 的 ASCII 码值为 48）

```
#include <stdio.h>
main()
{
  char c1,c2;
  scanf("%d",&c1);
  c2=c1+9;
  printf("%c%c\n",c1,c2);
}
```

若程序运行时从键盘输入 48＜回车＞，则输出结果为_____。【2011 年 3 月填空题第 8 题】

2. 以下程序运行后的输出结果是_____。【2011 年 9 月填空题第 7 题】

```
#include <stdio.h>
main()
{
  int a=37;
  a%=9;printf("%d\n",a);
}
```

3. 以下程序运行后的输出结果是_____。【2011 年 3 月填空题第 6 题】

```
#include <stdio.h>
main()
{
  int a;
  a=(int)((double)(3/2)+0.5+(int)1.99*2);
  printf("%d\n",a);
}
```

4. 以下程序的功能是：将值为三位正整数的变量 x 中的数值按照个位、十位、百位的顺序拆分并输出，请问画线处应该填什么？【2010 年 3 月填空题第 13 题】

```
#include <stdio.h>
main()
{
  int x=256;
  printf("%d-%d-%d\n",_____,x/10%10,x/100);
}
```

5. 以下程序的输出结果是_____。【2012 年 3 月填空题第 7 题】

```
1 #include <stdio.h>
2 main()
3 {
4     int a=37;
5     a+=a%=9;
6     printf("%d\n",a);
7 }
```

6. 若有定义语句"int a＝5;"，则表达式 a＋＋的值是_____。【2009 年 9 月填空题第 6 题】

7. 若有语句"double x＝17;int y;"，当执行"y＝(int)(x/5)％2;"之后 y 的值为_____。【2009 年 9 月填空题第 7 题】

8. 表达式(int)((double)(5/2)＋2.5)的值是_____。【2009 年 3 月填空题第 6 题】

9. 若程序中已给整型变量 a 和 b 赋值 10 和 20，请写出按以下格式输出 a、b 值的语句_____。【2011 年 9 月填空题第 6 题】

****a=10,b=20****

10. 以下程序运行后的输出结果是_____。【2010 年 9 月填空题第 6 题】

```
#include <stdio.h>
```

```
main()
{
    int a=200,b=010;
    printf("%d%d\n",a,b);
}
```

11. 有以下程序：

```
#include  <stdio.h>
main()
{  int x,y;
    scanf("%2d%1d",&x,&y);printf("%d\n",x+y);
}
```

程序运行时输入 1234567,程序的运行结果是_____。【2010 年 9 月填空题第 7 题】

12. 若变量 x、y 已定义为 int 类型且 x 的值为 99,y 的值为 9,请将输出语句 printf(_____,x/y);补充完整,使其输出的计算结果形式为：x/y＝11。【2009 年 3 月填空题第 7 题】

三、编程题

请编写完整的程序,解决下列问题。

1. 已知三角形的底边为 32,高为 8,求其面积。

2. 从键盘输入三角形的底边及高的长度,求其面积。

3. 已知圆的半径为 10,求圆的面积。

4. 从键盘输入圆的半径值,求圆的面积。

5. 从键盘输入球体的半径,求其体积和表面积。

6. 从键盘输入一个大写字母,将其转化为对应的小写字母输出。

7. 已知方程 $ax^2+bx+c=0$ 的系数值(设 $b^2-4ac>0$),求方程的根。

8. 从键盘输入一个三位整数 abc,请输出三位数 bca。其中,a、b、c 为三个不同的整数。

9. 输入两个数,把这两个数的值交换后输出。

10. 输入两点坐标,求两点之间的距离。

第 5 章　会思考的程序

5.1　"智能"的实质

计算机为什么被称为"电脑"？程序又为何具备"智能"？在越来越多的家用电器、设备号称具备"智能"的今天，可能很多人都会对什么是"智能"感到十分好奇。如果谈到人类的智能，那么智能及智能的本质是古今中外许多哲学家、脑科学家一直在努力探索和研究的问题，至今仍然没有完全了解，有人将智能的发生与物质的本质、宇宙的起源、生命的本质一起列为自然界的四大未解之谜。而程序所具有的智能相对于人的智能而言，就要简单、初级得多了。

以市场上最为常见的全自动智能洗衣机为例，让我们先来了解一下程序是如何使设备变得"智能"的。全自动智能洗衣机可以通过其内部的智能模糊控制芯片自动判断水温、水位、衣物重量、衣物的脏污程度等参数，以此决定应该投放多少剂量的洗涤剂，并自动选择最佳的洗涤程序。每当一次洗涤程序完成后，洗衣机的智能模糊控制芯片通过控制洗衣桶排水口处一端的红外发光管发出红外光束，并控制排水口另外一端的红外光电传感器接收红外光束信号，洗涤程序将对所接收到的红外光束信号的强弱进行判断。若接收到的红外光束信号较弱，则表明洗涤后的水透明度低，衣物仍然较脏，需要再次启动洗涤程序；反之，则表明衣物已经洗涤干净，不需要再次启动洗涤程序。以前由人工判断衣物是否清洗干净的工作，现在完全可以由洗衣机内置的程序来完成，这种能够替代人类工作的设备，就是通常所说的"智能"设备。

在了解了智能洗衣机洗涤程序的工作原理之后可以发现，洗衣机的智能洗涤功能其实是建立在程序对传感器参数的判断之上的。正是具备了判断功能，洗涤程序才能够在不同的情况下实现对衣物的不同洗涤过程，也就使洗衣机具备了"智能"。

从上面这个例子可以了解到，判断能力是程序具备智能的核心条件。正是由于程序能够通过对各种条件的分析和判断，并做出与具体情况相适应的反应动作，因此具备了一定的智能。而智能程度的高低则通常由条件的复杂程度来决定，能够对复杂的条件进行分析和判断的程序，一般来说，其智能程度更高些；反之，则较低。

第 4 章讲到的顺序结构程序，所有语句只能按从上到下的次序逐一执行，不缺不漏，程序只能按照既定的功能设计运行，无法适应操作的变化，也无法针对不同的情况对程序功能做出调整。本章所讲述的知识将改变程序只能按顺序依次执行线性结构，程序将根据条件判断的结果动态地选择执行路径，这种分支结构的引入将极大地提高程序的灵活性和适用性，也使程序开始具备了思考的能力，即"智能"。

5.2 选择结构的实现

在日常生活中,人们往往会根据具体情况的不同而做出相应的反应和动作,C 语言也提供了这种基于判断结果的不同而选择执行相应功能的操作方式,以便能够更好地解决各类选择问题。C 语言中能够进行判断、选择的操作方式有三种,分别是:条件表达式、if 语句和 switch 语句。

5.2.1 条件表达式

条件表达式是由条件运算符(?)和冒号(:)共同构成的一种判断表达式,条件表达式能够根据表达式判断结果的真假,选取冒号前后不同的值作为整个表达式的结果。其使用格式如下:

> 判断表达式? 表达式 1:表达式 2

运行条件表达式时,首先对判断表达式部分进行求解,若其结果为非 0(真),则求解表达式 1,并将表达式 1 的值作为整个表达式的值。若其结果为 0(假),则求解表达式 2,并将表达式 2 的值作为整个表达式的值。条件表达式在每一次运行时都会从两个表达式中选择一个进行计算,这种二选一的操作方式即为选择结构,其流程图如图 5-1 所示。

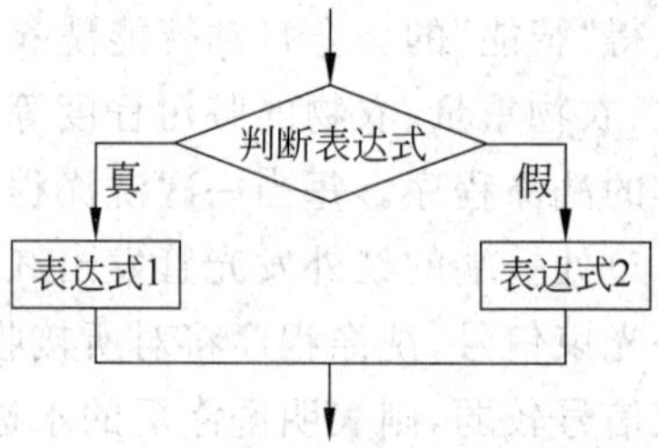

从流程图中可以清楚地看出,程序完成了判断表达式后要么向左选择表达式 1,要么向右选择表达式 2,无论选择表达式 1 或表达式 2 之后,都将直接向下继续执

图 5-1 条件表达式流程图

行后面的语句。按照 C 语言的规定,表达式必须包含在语句中才能被正确运行,条件表达式也不例外。尽管从语法的角度来说,可以直接在条件表达式后面添加分号,使之成为条件表达语句,如" 4>6?4:8; "。但是,当这样一条语句被运行后,由于没有保存其运行结果,因此语句运行与否都不会对后继程序产生任何作用。因此,条件表达式一般出现在赋值语句中,如" x=4>6?4:8; ",语句运行完成后,其结果保存于变量 x 中,后续程序可以根据需要对变量 x 进行操作。

尽管可以通过多个条件表达式嵌套,或设置复杂的判断条件使条件表达式完成一些复杂的选择操作,但究其本质,条件表达式还是一种简单的选择操作,它只适用于依据判断结果,从两个表达式中选取其一,而且条件表达式也不能用于选择性地执行语句。

例 5-1 请根据用户输入的年份,输出当年 2 月份有几天。

分析:要判断 2 月份的天数,需要判断年份是闰年,还是平年。闰年 2 月份有 29 天,而平年 2 月份则只有 28 天。判断某年是否为闰年的算法比较复杂,其算法描述为:①如果年份能够被 400 整除,则为闰年;②如果年份不能被 400 整除,但能够被 4 整除,却又不能被

100 整除,则为闰年。表 5-1 列出了与算法对应的 C 语言表达式。

表 5-1　算法转换表

算 法 描 述	表 达 式
年份能够被 400 整除	year％400＝＝0
能够被 4 整除	year％4＝＝0
不能被 100 整除	year％100！＝0

从算法描述中可以看出,其判断是否为闰年的逻辑条件是要么能够被 400 整除,要么能被 4 整除但不能被 100 整除,两个条件中有一个条件满足则为闰年。对于这类需要将多个逻辑条件组合起来的复杂逻辑条件,需要使用 4.1.3 小节中介绍的逻辑运算符将其连接成为组合逻辑条件。两个条件只要满足一个则式子成立,可使用逻辑或(||);两个条件必须同时满足式子才成立,可使用逻辑与(&&)。组合后的逻辑条件如下:

```
( year％400 ==0 )||( year％4 ==0 && year％100 !=0 )
```

流程图如图 5-2 所示。

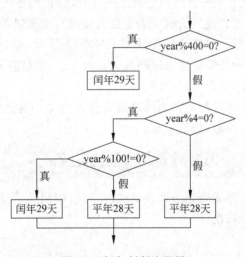

图 5-2　闰年判断流程图

代码区 (例 5-1)
```
1   #include <stdio.h>
2
3   void main()
4   {
5       int year, days;
6
7       printf("请输入年份: \n");
8       scanf("%d", &year);
9       days= (year%400==0)||(year%4==0&&year%100!=0)? 29:28;
10      printf("%d年的 2 月份有%d天\n", year, days);
11  }
```

程序运行界面如图 5-3 所示。

图 5-3　例 5-1 运行界面

解释：本例虽然包含了十分复杂的逻辑条件，但最后仍然是从两个数据中挑选一个，因此，本例可以使用条件表达式进行求解。为了更方便地写出逻辑条件，本例先用自然语言将算法描述出来，然后再将每一步算法转换成 C 语言的表达式，最后按照其逻辑关系将各表达式连接在一起，使用这种分步解题方法的最大好处在于，能够将复杂的逻辑关系划分成若干个相对简单的逻辑条件，不容易发生错误。

除了可以用逻辑运算符将闰年判断的逻辑条件连接在一起进行判断外，也可以使用嵌套的条件表达式进行闰年判断，如下所示。

```
days = (year%400==0)? 29:(year%4==0? (year%100!=0? 29:28):28);
```

在编写复杂的逻辑条件或嵌套条件表达式时，可以使用圆括号的方式明确其运算次序，减少因优先级造成的逻辑错误。

5.2.2　if 语句

尽管条件表达式能够方便地提供选择操作，但是，由于条件表达式只能够对表达式进行选择，当程序需要动态地选择执行部分语句时，条件表达式就无能为力了。为了实现对语句的选择操作，C 语言提供了 if 语句用来实现这一功能。

if 语句的使用格式有两种。

```
【单分支】
if(表达式)
{
    复合语句;
}
```

【双分支】
```
if(表达式)
{
    复合语句 1;
}
else
{
    复合语句 2;
}
```

if 语句被执行时,将先计算表达式的值,并根据其运算的结果决定下一步执行哪些代码。在单分支 if 语句中,如果表达式结果为真(非 0),则执行复合语句;如果其结果为假(0),则跳过复合语句,直接执行 if 语句后的其他语句。单分支 if 语句的操作行为十分类似电灯开关,打开开关(真)则电灯亮(复合语句被执行);反之,开关关闭(假)则电灯不亮(复合语句被跳过)。如果希望在两段代码中选择其一执行时,可以使用双分支 if 语句。在双分支 if 语句中,如果表达式结果为真(非 0),则执行复合语句 1;如果其结果为假(0),则执行复合语句 2。与单分支 if 语句不同的是,双分支 if 语句中必有一段代码被执行,if 语句用于控制哪一段代码被执行。这里提到的复合语句,是指用一对花括号括起的若干条语句,也称为语句组或程序块。if 语句的执行流程如图 5-4 和图 5-5 所示。

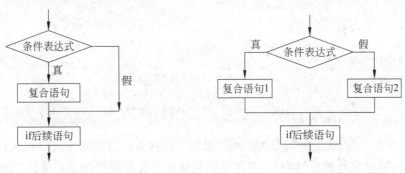

图 5-4　单分支 if 语句流程图　　　　图 5-5　双分支 if 语句流程图

在实际编写 if 语句时,常常会出现因漏写花括号而引起的逻辑错误。因为 C 语言规定,当 if 或 else 语句中的复合语句只包含一条语句时,其包含语句的花括号可以省略,下列代码即演示了这种花括号可以被省略的情况。

【单分支】
```
if( x % 5 == 0 )
    printf("\n");
```

【双分支】
```
if( x % 2 == 0 )
    printf("偶数");
else
    printf("奇数");
```

上述两段代码中，由于 if 和 else 所包含的语句只有一条，因此，省略掉花括号也不会影响程序的正确运行。但是如果 if 或 else 之后的语句不止一条，即有多条语句时，则必须使用花括号将这些语句全部括起来，表示其为复合语句。如果这时漏写了花括号（事实上这种情况经常会出现），将会引发相当隐蔽的逻辑错误。下面的代码演示了这种错误。

```
错误一：
if ( x % 5 == 0 )                        if ( x % 5 == 0 )
   printf("\n");                         {
   printf("%d\n", y);     等价于             printf("\n");
                                         }
                                         printf("%d\n", y);

错误二：
if ( x % 2 == 0 )                        if ( x % 2 == 0 )
   printf("偶数");                        {
   printf("\n");                             printf("偶数");
else                      等价于           }
   printf("奇数");                        printf("\n");
                                         else
                                            printf("奇数");

错误三：
if ( x % 2 == 0 )                        if ( x % 2 == 0 )
   printf("偶数");                           printf("偶数");
else                      等价于           else
   printf("奇数");                        {
   printf("\n");                             printf("奇数");
                                         }
                                         printf("\n");
```

错误一中的"`printf("%d\n", y);`"语句本应在条件表达式为真时被执行，而由于漏写花括号后，被当成 if 的后续语句，将在 if 语句执行完后被顺序执行。错误二因为 if 和 else 被"`printf("\n");`"语句分割开来，导致 else 无法与上面的 if 语句匹配，这时 C 编译器将会给出错误提示，而其他两种错误由于未发生语法错误，因此，编译器也不会提示任何错误信息。错误三则是"`printf("\n");`"语句被当成 else 后续语句，当整个 if-else 语句被执行完成后，被顺序执行。在错误一和错误三中，都出现了本该先判断，再根据判断结果决定是否执行的语句，直接被运行了，这种隐蔽的逻辑错误很难发现。为了解决这类问题，建议读者在任何情况下编写 if-else 程序时，无论其包含的语句是一条还是多条，均加上花括号，以免发生错误。

下面的例题演示了 if 语句的不同用法。

例 5-2【单分支 if】 输入两个整数，将较大的数存放在变量 x 中，较小的数存放在变量 y 中。

分析：按照一定次序输入数据是很多程序都会遇到的问题，如果仅仅只是向用户输出一条提示信息，就指望用户按规定的次序输入数据，事实证明往往不太靠谱。尽管大多数时候用户是愿意按照程序的提示进入操作的，但是，这并不能避免操作失误或恶意错误操作的发生。因此,程序必须对用户输入的数据进行有效性和合法性检查,以避免用户错误操作给程序的运行带来不可预测的问题。本题中,希望较大的数放到变量 x 中,而较小的数放到变量 y 中,因此,输入完成后,程序需要先对两个变量的大小进行比较判断,如果已经符合要求,则直接进入后续操作。当输入的数据不符合要求时,就需要通过交换变量 x 和变量 y 的值,实现大数存放在变量 x 中,小数存放在变量 y 中。

流程图如图 5-6 所示。

```c
代码区(例 5-2)
1   #include <stdio.h>
2
3   void main()
4   {
5       int x, y, Temp;
6
7       printf("请输入整数 x 和 y(较大的数先输入,较小的数后输入): ");
8       scanf( "%d" , &x );
9       scanf( "%d" , &y );
10      if( x < y )
11        {
12         Temp = x;
13         x = y;
14         y = Temp;
15        }
16      printf("x = %d, y = %d\n", x, y);
17  }
```

程序运行界面如图 5-7 所示。

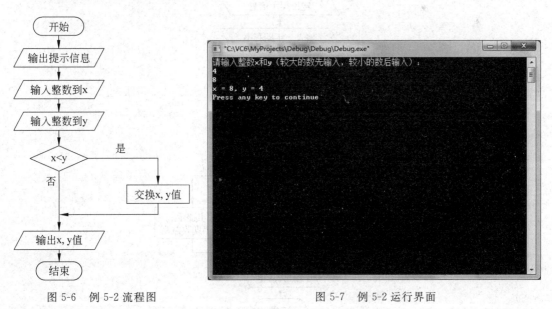

图 5-6　例 5-2 流程图　　　　　图 5-7　例 5-2 运行界面

解释:当 if 语句判断用户输入的两个整数并未按要求将大数存放在变量 x 中,小数存放在变量 y 中,则需要交换两个变量中的数值。交换两个变量值的标准做法是,首先,选取任意一个变量将其值通过赋值语句保存于临时变量中;其次,将另一个变量的值通过赋值语句赋给第一个变量,此时,两个变量具有相同的值,而临时变量中保存的则是第一个变量原始值;最后,将保存于临时变量中的第一个变量原始值再赋给第二个变量,完成交换。

例 5-3【双分支 if】 李如花同学过年时从长辈们那里得到压岁钱 15000 元,有理财头脑的她准备把钱全部存入银行,并打算先存放 5 年。但是,如花同学不了解怎样存钱所得的收益会更多。存款方法:①先存一年定期,到期后本息自动转存一年定期;②直接存五年定期。请帮如花计算一下哪种存款方法收益更大。2013 年 9 月工商银行定期储蓄利率为:一年期 3.25,两年期 3.75,三年期 4.25,五年期 4.75。(不考虑五年内一年定期储蓄利率变化因素。)

分析:第一种存款方法实际上就是复利计算方式,计算时考虑前一期利息再生利息的问题,要计入本金重复计息,即"利生利""利滚利"。复利计算的特点是:把上期末的本金、利息之和作为下一期的本金,在计算时每一期本金的数额是不同的,其计算公式是:收益＝本金×(1＋利率)×存期,第二种存款方法是将本金一次存满一定期限后,本金、利息同时返还的计算方法,其本息收益计算公式为:收益＝本金×(1＋年利率×存期)。本题程序首先要按两种方式计算期满后本息合计金额,然后再对其进行比较,最后输出结果。

流程图如图 5-8 所示。

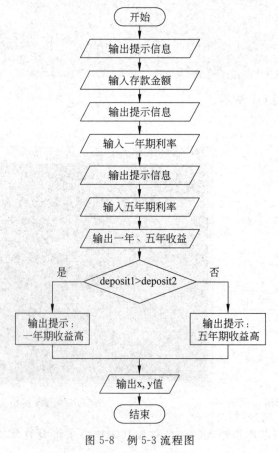

图 5-8　例 5-3 流程图

代码区 (例 5-3)

```
1   #include <stdio.h>
2   #include <math.h>
3
4   void main()
5   {
6       int money;
7       float deposit1, deposit2;
8       float rate1, rate2;
9
10      printf("请输入存入金额: ");
11      scanf("%d", &money);
12      printf("请输入一年定期利率: ");
13      scanf("%f", &rate1);
14      printf("请输入五年定期利率: ");
15      scanf("%f", &rate2);
16
17      deposit1 = money * pow((1+rate1), 5);
18      deposit2 = money * ( 1 + rate2 * 5 );
19
20      printf("一年定期,自动转存,五年到期本息共计:%.2f 元\n", deposit1);
21      printf("五年定期,到期本息共计:              %.2f 元\n", deposit2);
22
23      if(deposit1 > deposit2)
24      {
25          printf("存一年定期,自动转存收益更大!\n");
26      }
27      else
28      {
29          printf("存五年定期收益更大!\n");
30      }
31  }
```

程序运行界面如图 5-9 所示。

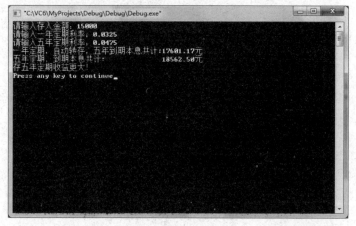

图 5-9　例 5-3 运行界面

119

解释：本例在计算五年定期存款，通过调用 pow（）函数来实现 5 次幂计算，在使用 pow（）函数时需要注意两个问题：其一，pow（）函数的定义被包含在头文件"math. h"中，因此，调用该函数时一定要在程序开始处使用"＃include"命令将该头文件引入到程序中；否则，编译产生的程序在运行时会出现错误。其二，根据定义可知 pow（）函数返回值的类型为 double（双精度），而本例程序中 deposit1 变量的类型为 float（单精度），将 double 型数据赋值给 float 变量时，编译器会报警，提醒用户需要注意数值精度丢失的问题。如果确定不担心精度丢失，例如本例的货币计算其精度最多需要 2 位，则可以不必理会编译器的警告提示，程序仍会正常运行。

例 5-4【if 嵌套】 已知函数 $f(x) = \begin{cases} x+2, & x \leqslant -1 \\ x^2, & -1 < x < 2 \\ 0, & x \geqslant 2 \end{cases}$。

分析：在使用 if 语句解决判断的实际问题时，往往会遇到可选结果多于两个的情况，即分支个数大于 2，这时仅仅使用一个 if 语句无法实现对多个分支的选择，必须使用多个 if 语句进行多次判断才能够做出多个分支选择。本题中，变量 x 有三个取值范围，而一个 if 语句只能在两个分支中进行选择，因此，解决本题就需要使用多个 if 语句来对更多的条件进行判断和选择操作。通过对变量 x 取值范围进行分析后可以发现，x 的三个取值范围在数轴空间中是紧密联系在一起的，可以使用 if 语句先对 x≤−1 进行判断，其结果成立表明 x 小于等于−1；其结果不成立，则表明 x 大于−1。当 x 大于−1 时，又有两种可能性存在，小于 2 或大于等于 2，因此，必须再使用一个 if 语句对这两种可能性进行判断。需要注意的是，第二个 if 语句的判断必须建立在第一个 if 语句的判断基础上。

流程图如图 5-10 所示。

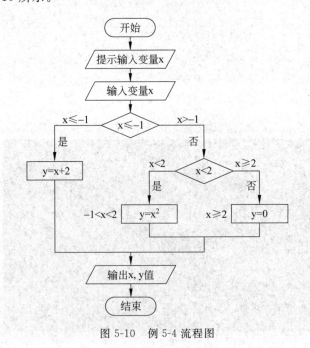

图 5-10　例 5-4 流程图

代码区 (例 5-4)

```
1   #include <stdio.h>
2
3   void main()
4   {
5       float x, y;
6
7       printf("请输入变量 x 的值：");
8       scanf("%f", &x);
9
10      if( x <=-1 )
11      {
12        y =x +2;
13      }
14      else
15      {
16        if( x <2 )
17        {
18            y =x * x;
19        }
20        else
21        {
22            y =0;
23        }
24      }
25
26      printf("f(%.1f) =%.2f\n", x, y);
27  }
```

程序运行界面如图 5-11 所示。

图 5-11　例 5-4 运行界面

解释：图 5-12 在数轴上表示了 x 的三个取值范围，当使用 if(x<=-1)语句对 x 进行

判断时,如果程序实际输入的 x 值满足 x≤−1,即图 5-12 所示的−1 刻度左侧区域,则可以十分明确地对应执行公式 x+2。但是,该 if 语句的 else 分支对应的逻辑条件为 x>−1,即图 5-12 所示的−1 刻度的整个右侧区域,而根据题意,大于−1 的数值还可能有两种不同的选择,因此在 else 分支中必须再次使用 if 语句对已经确定大于−1 的 x 继续判断其值与 2 的关系。当第二个 if 语句判断成立时,x 小于 2,但同时,x 也大于−1(因为这个 if 被包含在第一个 if 的 else 分支中,在嵌套 if 语句中,内层 if 语句的条件与外层 if 语句的条件将进行"与"运算),所以,此时 x 所满足的关系是第一个 if 语句的 else 分支和第二个 if 语句的共同条件,即−1<x<2。当第二个 if 语句判断不成立时,x 大于等于 2,同时,x 也大于−1,合并这两个条件后,即 x≥2。

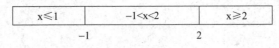

图 5-12   取值范围的数轴表示

例 5-4 除了可以使用嵌套 if 语句进行求解外,也可以使用不嵌套的 if 语句进行求解。其代码如下:

```
代码区 (例 5-4) (非嵌套 if 语句)
1   #include <stdio.h>
2
3   void main()
4   {
5       float x, y;
6
7       printf("请输入变量 x 的值:");
8       scanf("%f", &x);
9
10      if( x <=-1 )
11      {
12          y =x +2;
13      }
14      if( x >-1 && x <2 )
15      {
16          y =x * x;
17      }
18      if( x >=2 )
19      {
20          y =0;
21      }
22
23      printf("f(%.1f) =%.2f\n", x, y);
24  }
```

在使用非嵌套 if 语句时,每一个 if 语句都会判断变量 x 的值是在一个指定的取值范围内,x 满足哪个 if 语句设定的判断条件,即执行该 if 语句对应的复合语句;不满足时,则不执行该 if 语句后的复合语句。非嵌套的三个 if 语句将按照顺序执行的方式运行,其流程图如图 5-13 所示,请读者仔细比对一下图 5-13 与图 5-10 所示流程的区别。与嵌套 if 语句相比,这种方法可以更直观地了解判断条件,其缺点是执行效率不如嵌套 if 语句高,因为 x 必须经过三次 if 判断,当 x=−2 时,第一个 if 语句已经判断其成立,并计算出对应的 y 值,但是其后两个 if 语句作为顺序语句仍然会再被执行。嵌套 if 语句则可以很好地避免这种情况的发生,更高效地执行程序。因此,建议在多分支判断中尽可能使用嵌套 if 语句,以提高程序的执行效率。

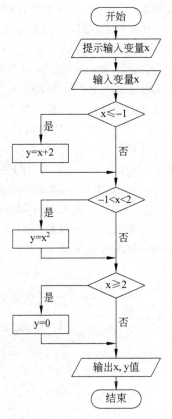

图 5-13 例 5-4 非嵌套 if 流程图

5.2.3 switch 语句

尽管 if 语句的确可以解决几乎所有的程序分支、判断问题,但是,如果分支过多,特别是一些只需进行简单匹配的分支问题,例如:Windows 系统中的消息处理机制,使用 if 语句就很不方便。为了解决这类简单匹配的多路分支问题,C 语句提供了一个专门的语句 switch 来进行处理。

switch 语句的使用格式如下:

```
switch(表达式)
{
    case 常量表达式 1:     语句序列 1;
    case 常量表达式 2:     语句序列 2;
    ⋮
    case 常量表达式 n:     语句序列 n;
    default:             语句序列 n+1
}
```

switch 语句被执行时,通过顺序对比其表达式的值与 case 之后的常量表达式的值来选择从哪一个 case 处进入语句序列。当 switch 计算完表达式值之后,即从第一个 case 处开始进行比较,如果比较成功,则程序的流程将转至语句序列 1 处开始执行,并将连接执行语句序列 2、语句序列 3、…、语句序列 n+1;如果比较不成功,则跳过语句序列 1 不执行,继续比较第二个 case,如果比较成功,则程序的流程将转至语句序列 2 处开始执行,并将连接执行语句序列 3、…、语句序列 n+1。如果所有 case 后面的常量表达式值均与表达式值不匹配,则 switch 语句自动匹配 default,程序流程将转至语句序列 n+1 处开始执行。需要注意的是,default 是 switch 语句的可选分支,即在 switch 语句中也可以根据编程的需要不出现 default 分支,当缺少 default 分支时,如果 switch 表达式的值无法与任何 case 后面的常量表达式值相匹配时,switch 语句将不执行任何语句,程序流程将继续执行 switch 语句后的其他语句。switch 语句的流程图如图 5-14 所示。

从图 5-14 可以清楚地看出，switch 语句表达式的值与某个 case 后面的常量表达式值匹配成功后，将以该 case 作为入口，执行其对应的语句序列，但该语句序列执行完成后，程序并不会退出 switch 语句，而是继续向后执行其他的语句序列，直到入口点之后的语句全部被执行完成后，才退出 switch 语句。这种执行流程对编写需要从多个分支中只选择其中一个分支的语句执行的程序带来了不便，这时程序员希望 switch 语句的执行方式像 if 语句那样，从多个分支中排他性地只选择一个分支中的语句执行，只有被选中分支的语句被执行，其他没有被选中分支的语句不被执行。要实现这种编程方法，需要用到 C 语言中的一个保留字：break。break 语句专门用于中断正在执行的一些语句，例如：switch、do-while、while、for 等，除 switch 语句外，其他三个语句均为循环语句，break 的更多用法将在循环章节中介绍。

将 break 语句加入到 switch 希望结束执行的语句序列中，当 break 语句被执行时，程序流程将跳过其后所有的语句，直接执行 switch 语句后面的语句。加入 break 语句的 switch 流程图如图 5-15 所示。

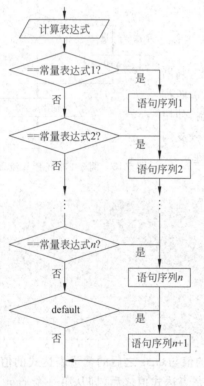

图 5-14　switch 语句的流程图

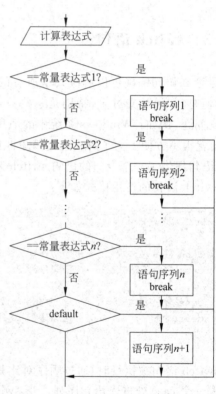

图 5-15　加入 break 语句的 switch 流程图

加入了 break 语句后，就可以实现执行完一个分支的语句序列后，跳过其他的语句序列，结束 switch 语句的运行。下面两个例题演示了 switch 语句的使用方法。

例 5-5　根据用户输入的月份，输出该月实际应该有多少天。

分析：一年当中，除了 2 月份以外，其他月份对应的天数都是固定的，因此，要准确判断 2 月份的天数，还必须要求用户输入年份信息。将用户输入的月份数据作为 switch 语句的表达式，并将不同月份作为 case 后面的常量表达式值，switch 语句运行时，就能够将表达式值与 case 中的常量值进行对比判断，找到符合的 case 后，即从该入口进入执行对应的语句。

流程图如图 5-16 所示。

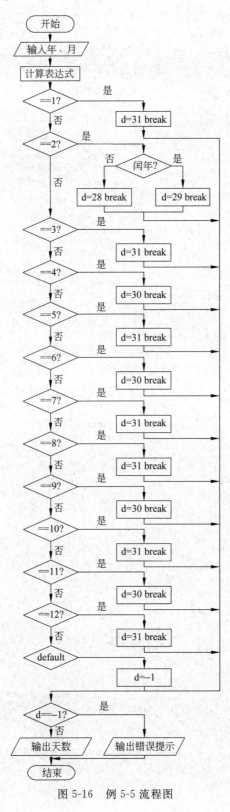

图 5-16　例 5-5 流程图

C 语言编程思维（第 2 版）

代码区 (例 5-5)

```c
1  #include <stdio.h>
2
3  void main()
4  {
5
6      int year, month, day;
7
8      printf("请输入年份和月份信息：");
9      scanf("%d%d", &year, &month);
10
11     switch( month )
12     {
13         case 1:
14             day = 31;
15             break;
16         case 2:
17             if( year%400 == 0 || year%4 == 0 && year%100 != 0 )
18             {
19                 day = 29;
20             }
21             else
22             {
23                 day = 28;
24             }
25             break;
26         case 3:
27             day = 31;
28             break;
29         case 4:
30             day = 30;
31             break;
32         case 5:
33             day = 31;
34             break;
35         case 6:
36             day = 30;
37             break;
38         case 7:
39             day = 31;
40             break;
41         case 8:
42             day = 31;
43             break;
44         case 9:
45             day = 30;
46             break;
47         case 10:
48             day = 31;
49             break;
```

126

```
50              case 11:
51                  day = 30;
52                  break;
53              case 12:
54                  day = 31;
55                  break;
56              default:
57                  day = -1;
58          }
59      if( day == -1 )
60      {
61              printf("输入的月份不正确,请核对!\n");
62      }
63      else
64      {
65              printf("%d年%d月共有%d天\n", year, month, day);
66      }
67  }
```

程序运行界面如图 5-17 所示。

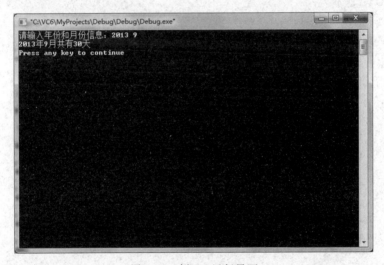

图 5-17 例 5-5 运行界面

解释：示例程序利用 switch 语句,非常简单地实现了对 12 个月份数据的对比和选择操作,当用户输入的月份为 2 月份时,先使用 if 语句判断年份是否为闰年,如果为闰年,则日期变量 day 被赋值为 29;否则赋值为 28。为了保证当用户输入月份数据发生错误时,程序能够正确给出相应的警告信息,在 switch 语句中使用了 default 分支,以便处理月份数据不在 1~12 之间的非正常数据值。编写一个健壮的程序,必须时刻考虑如何应对用户输入或操作发生错误的情况。

仔细观察例 5-5 的示例程序就会发现,大量 case 分支所进行的操作是完全相同的,例如：case 1、case 3、case 5、case 7、case 8、case 10、case 12 对应的语句均为"day = 31;",因为这些月份的天数都是 31 天,那么,这个规律是否可以帮助简化 switch 语句呢？答案是肯定的。下面的示例代码是优化后的程序。

代码区 (例 5-5) (优化后的 switch 语句)

```
1   #include <stdio.h>
2
3   void main()
4   {
5
6       int year, month, day;
7
8       printf("请输入年份和月份信息：");
9       scanf("%d%d", &year, &month);
10
11      switch( month )
12      {
13          case 1:
14          case 3:
15          case 5:
16          case 7:
17          case 8:
18          case 10:
19          case 12:
20              day =31;
21              break;
22          case 2:
23              if( year%400 ==0 || year%4 ==0 && year%100 !=0 )
24              {
25                  day =29;
26              }
27              else
28              {
29                  day =28;
30              }
31              break;
32          case 4:
33          case 6:
34          case 9:
35          case 11:
36              day =30;
37              break;
38          default:
39              day =-1;
40      }
41      if( day ==-1 )
42      {
43          printf("输入的月份不正确,请核对!\n");
44      }
45      else
46      {
47          printf("%d年%d月共有%d天\n", year, month, day);
48      }
49  }
```

优化过的源代码充分利用了 switch 语句进入 case 分支后将顺序执行所有语句序列的特点,将拥有相同语句序列的 case 分支写在一起,并取消 break 语句,这样,无论用户输入的月份数据是 1、3、5、7、8、10、12 中的任何一个,都将自动流向 case 12 处的语句序列,大大简化了程序。这段优化后的示例代码很好地说明了有一些程序可以通过对 case 值进行分类合并,就能够十分有效地提高 switch 语句的工作效率。

例 5-6　请编程模拟 Windows 系统消息处理机制的工作原理。

分析:Windows 系统消息处理机制的出现是操作系统发展史上的一个里程碑,这种机制有效地解决了复杂操作系统中大量事件响应的问题。简而言之,消息处理机制就是将操作系统中所有的事件都与一个 32 位的无符号整数一一对应,这个 32 位无符号整数被称为消息。每一个事件除了对应一个消息外,还有一段处理程序(响应例程)与之对应。在操作系统运行过程中,当不同的消息产生时,系统调度程序就会根据该消息数值找到,并运行其对应事件的处理程序,这个过程就是消息处理机制的基本原理。以目前所学 C 语言知识,我们还无法处理真正的消息,因此,在本例中通过输入消息代码来演示消息处理的过程。

流程图如图 5-18 所示。

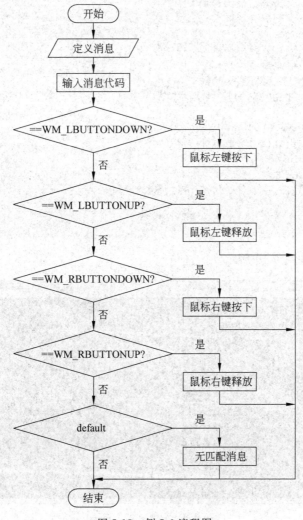

图 5-18　例 5-6 流程图

129

代码区 (例 5-6)

```
1   #include <stdio.h>
2   #define WM_LBUTTONDOWN      0x0201
3   #define WM_LBUTTONUP        0x0202
4   #define WM_RBUTTONDOWN      0x0204
5   #define WM_RBUTTONUP        0x0205
6
7   void main()
8   {
9       int Message;
10
11      printf("请输入鼠标操作代码: ");
12      scanf("%x", &Message);
13
14      switch( Message )
15      {
16          case WM_LBUTTONDOWN:
17              printf("按下鼠标左键\n");
18              break;
19          case WM_LBUTTONUP:
20              printf("释放鼠标左键\n");
21              break;
22          case WM_RBUTTONDOWN:
23              printf("按下鼠标右键\n");
24              break;
25          case WM_RBUTTONUP:
26              printf("释放鼠标右键\n");
27              break;
28          default:
29              printf("无效消息代码,请核对!\n");
30      }
31  }
```

程序运行界面如图 5-19 所示。

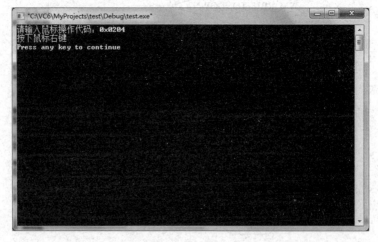

图 5-19　例 5-6 运行界面

解释：示例程序使用 #define 命令定义了四个消息宏，分别代表鼠标左键按下、释放和鼠标右键按下释放。为了对应用十六进制表示的消息，scanf 函数输入模拟消息时，使用了 "%x" 输入格式控制符，用于接收十六进制数据输入。示例程序的 switch 语句真实地模拟了 Windows 消息处理程序对消息的响应处理过程。这种消息处理机制通过 switch 语句判断到达的消息与哪一个 case 分支中用宏表示的消息相同，找到对应的消息后即执行该 case 分支处的消息响应程序。这种使用宏定义来表示消息的方法能够使程序员在编写程序时对所处理的消息是何含义一目了然。

5.2.4　if 和 switch 的选择

在编写多路分支程序时，什么时候应该使用 if 语句？什么时候使用 switch 语句又会更方便？关于 if 语句与 switch 语句选择的问题是 C 语言初学者常常问起的。

从语句的表达能力而言，凡是能够使用 switch 语句解决的问题，都可以使用 if 语句来解决。但反过来则未必，即有一些分支问题只能够使用 if 语句解决，而无法使用 switch 语句解决。因此，可以认为 switch 语句是用来实现对某些特殊分支问题的简便处理方法。当然，也有一些分支问题从表面上看无法用 switch 语句处理，或使用 switch 语句处理起来会比较麻烦，但是，只要使用一定的技巧或在算法上做一些优化，即可使用 switch 语句处理，这就需要程序员拥有丰富的编程经验，掌握大量的编程技巧。表 5-2 简要说明了 if 语句与 switch 语句的一些区别。

表 5-2　if 与 switch 适用场合对比表

编 程 场 合	if	switch
表达式的数据类型是整型、字符型或枚举型时		√
表达式的数据类型是单精度、双精度、指针时	√	
值的个数是有限的		√
需要进行复杂的逻辑关系比较	√	
表达式的值可枚举，而非线性的区间值		√
表达式的值不可枚举，其取值范围在一个连续的区间中	√	
与表达式进行比较的是一个变量	√	

尽管 switch 语句存在着一些使用上的限制，但是也正是这些限制的存在，使 switch 能够更加高效地解决多路分支问题。同时，switch 语句通常比与之等效的多层嵌套 if 语句更简洁、更清晰，阅读、修改时也更加方便。鉴于 switch 具有的这些优点，建议某个问题可以使用 switch 语句解决时，应该尽可能地采用 switch 语句来解决。

5.3 典型的分支问题

5.3.1 为什么密码都要输入两次

例 5-7 编写一段程序,模拟用户在网上注册账号时验证密码的过程。

分析:无论是在银行设置信用卡密码,还是在互联网上注册一个邮箱、论坛、微博、QQ 时,系统都要求用户连续输入两次密码,这是为什么呢? 计算机在接收用户输入的重要数据时,一般都需要对输入的数据有效性和正确性进行验证,防止用户由于各种原因造成的输入错误。以密码输入为例,为了防止在用户输入密码时被他人偷窥,输入的密码字符一般不会显示在屏幕中,这时,用户在输入密码时就处于“盲打”状态,出现错误的可能性非常高。有时用户明明想输入的是字符'x',可能输入时按键不明确,输入的却是字符'z'或'c',屏幕中又无显示,用户很难发现自己输入的数据是错误的。在这种情况下,用户根本无法回忆起自己到底输入的是何密码,一遍遍地尝试,最终只能导致账户被锁上。不少计算机软件,特别是数据库类软件在录入重要数据时,常会采用双盲录入规则来保证所录入数据的准确性和有效性。所谓双盲录入规则,是指由两名数据录入员进行平行录入,录入完毕后由专人进行复查与比对,发现两人录入不一致的数据时,对照原始数据单进行核实和修改,直至两数据库文件中的数据完全一致,以避免数据录入过程中发生的录入错误。密码的两次输入验证其实就是一种简化的双盲录入,它的理论依据是,一个人同时输入两次密码,发生完全一样错误的概率是非常小的。因此,采用两次输入密码进行验证的方法可以十分有效地避免用户错误输入。

流程图如图 5-20 所示。

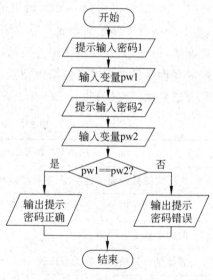

图 5-20 例 5-7 流程图

代码区 (例 5-7)
```c
1   #include <stdio.h>
2
3   void main()
4   {
5       int pw1, pw2;
6
7       printf("请输入密码(6位数字): ");
8       scanf("%d", &pw1);
9       printf("请再次输入密码(6位数字): ");
10      scanf("%d", &pw2);
```

```
11
12        if( pw1 == pw2 )
13        {
14                printf("您输入的密码正确!\n");
15        }
16        else
17        {
18                printf("您输入的密码不正确,请核对后再次输入!\n");
19        }
20   }
```

程序运行界面如图 5-21 所示。

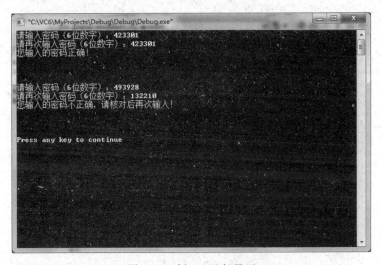

图 5-21　例 5-7 运行界面

解释:以目前所学基础知识,尚无法处理数字、字符混合型的密码,因此,示例程序采用了整数型变量 pw1 和 pw2,用于保存整型密码,并使用 if 语句对两次输入的密码进行对比判断。

5.3.2　成绩转换问题(百分制转优、良、中、差)

例 5-8　实验小学 105 班期末考试结束,根据教育部门对中小学生的减负要求,所有成绩一律实行等级评价,请编写程序帮助老师将百分制的成绩转换成等级评价标准。等级评价标准共分五级,90~100 分为优,80~89 分为良好,70~79 分为中等,60~69 分为及格,60 分以下为不及格。

分析:考试成绩常常会包含一位小数,即实数类型,本来 switch 语句无法处理实数类型数据,并且,百分制成绩尽管可以被枚举,但是,其数量无疑太多。因此,要使用 switch 语句来完成本题任务,就需要想办法将百分制成绩转换成 switch 可以处理的类型,同时,还需要想办法压缩成绩的数量。经过对百分制成绩的观察和分析后,可以先对成绩做取整运算,以便去掉成绩中的小数部分,将实数成绩转换成整数成绩。然后,再将整数成绩整除 10,以压缩成绩的数量,例如:10～19 分,共有 10 个成绩,但整除 10 后,其结果均为 1;同理,0～9 分对应 0、20～21 分对应 2、30～31 分对应 3、……、90～99 分对应 9、100 分对应 10。经过压缩处理后,switch 不再需要枚举出 100 个不同的分数值,而只需枚举 10 个不同的分数值即可,大大简便了运算。

　　流程图如图 5-22 所示。

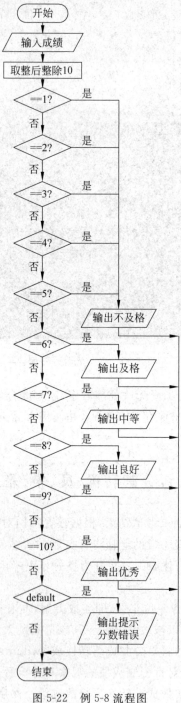

图 5-22　例 5-8 流程图

代码区 (例 5-8)

```
1   #include "stdio.h"
2
3   void main()
4   {
5       float score;
6
7       printf("请输入学生的成绩(百分制): ");
8       scanf("%f", &score);
9
10      switch( (int)score/10 )
11      {
12          case 0:
13          case 1:
14          case 2:
15          case 3:
16          case 4:
17          case 5:
18              printf("不及格\n");
19              break;
20          case 6:
21              printf("及格\n");
22              break;
23          case 7:
24              printf("中等\n");
25              break;
26          case 8:
27              printf("良好\n");
28              break;
29          case 9:
30          case 10:
31              printf("优秀\n");
32              break;
33          default:
34              printf("成绩输入不正确,请核对后再次输入!\n");
35      }
36  }
```

程序运行界面如图 5-23 所示。

　　解释：示例程序中第 10 行 switch 语句中的表达式"(int)score/10",其中出现在变量 score 之前的"(int)"是强制类型转换运算,表示将变量 score 的数据类型强制转换成整型, 将实数类型数据强制转换成整数类型时,小数部分将全部丢弃,只保留整数部分。完成 强制类型转换后,score 的数值为整型,当除号"/"两边的数据类型均为整型时,将进行整 除运算。

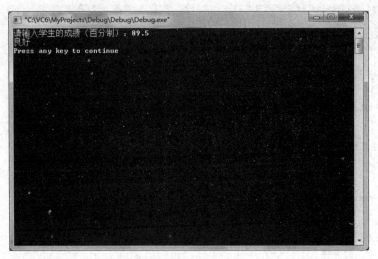

图 5-23 例 5-8 运行界面

5.3.3 排序问题

例 5-9 请输入任意三个整数，并按从小到大的顺序输出这三个数。

分析：对三个整数排序是一道典型的多层判断问题，需要用到多个 if 语句嵌套才能完成排序的判断。编写这类逻辑十分复杂的程序，初学者往往会感到无从下手，明明已经很清楚 if 语句的使用方法，但是要完成排序这类问题就是不知道该从何下手。其实，解决复杂问题的最好的办法就是首先画出其流程图，一旦流程清晰了，程序也就自然能够写出来了。以图 5-24 所示的流程图为例，画出这样一个流程图几乎不涉及程序设计的知识，只要掌握一定的逻辑知识即可完成，因此，画流程图可以在完全抛开具体编程语法的前提下，分析题目所蕴含的逻辑问题，理清自己的解题思路。大量实践证明，先画流程图再编程源程序，不

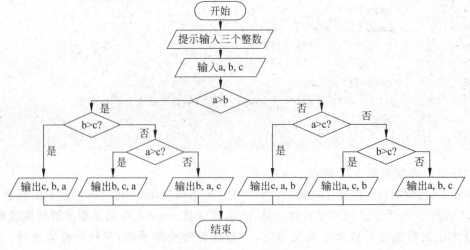

图 5-24 例 5-9 流程图

但效率更高,而且出现逻辑错误的概率也相对低一些。流程图完成后,就需要对照流程图完成源程序的编写。在流程图中,每一个菱形框对应一个 if 语句,上下之间有连线的菱形框则表示嵌套的 if 结构。以图 5-24 为例,菱形框左侧为"是"分支,对应 if 条件成立的情况;菱形框右侧为"否"分支,对应 if 条件不成立的情况。掌握了流程图与具体程序语句的对应关系后,就能够很快地写出源程序。

流程图如图 5-24 所示。

```
代码区 (例 5-9)
1    #include "stdio.h"
2
3    void main()
4    {
5        int a,b,c;
6        printf("请输入三个整数: ");
7        scanf("%d%d%d", &a, &b, &c);
8
9        if(a>b)
10       {
11           if(b>c)
12           {
13               printf("%d, %d, %d\n", c,b,a);
14           }
15           else
16           {
17               if(a>c)
18               {
19                   printf("%d, %d, %d\n", b,c,a);
20               }
21               else
22               {
23                   printf("%d, %d, %d\n", b,a,c);
24               }
25           }
26       }
27       else
28       {
29           if(a>c)
30           {
31               printf("%d, %d, %d\n", c,a,b);
32           }
33           else
34           {
35               if(b>c)
36               {
37                   printf("%d, %d, %d\n", a,c,b);
38               }
39               else
40               {
```

```
41                    printf("%d, %d, %d\n", a,b,c);
42                }
43            }
44        }
45   }
```

程序运行界面如图 5-25 所示。

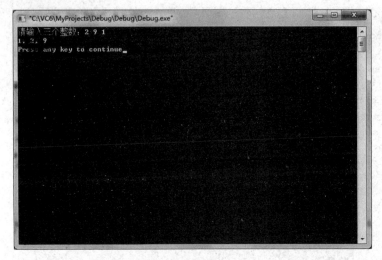

图 5-25   例 5-9 运行界面

解释：三数排序时需要考虑到所有可能的比较关系，才能得到正确的排序结果。当 a＞b 成立时，如果 b＞c 也成立，这时马上可以推导出 a 最大，b 次之，c 最小；但是，如果 b＞c 不成立呢？那就出现了 a＞b，且 c＞b，a 和 c 都大于 b，那 a 和 c 之间又是谁大呢？这就又得再判断 a 和 c 的关系，才能确定最终的排序关系。同理，当 a＞b 不成立时，如果 b＞c 也不成立，那么可以推导出 a＜b＜c 的关系；如果 b＞c 成立，那么，a＜b，c＜b，就得继续判断 a 和 c 的关系，才能确定最终的排序关系。

【技能训练题】

1. 企业发放的奖金根据利润提成。利润（W）低于或等于 10 万元时，奖金可提 10％；利润高于 10 万元低于 20 万元时，高于 10 万元的部分可提成 7.5％；20 万元到 40 万元之间时，高于 20 万元的部分可提成 5％；40 万元到 60 万元之间时，高于 40 万元的部分可提成 3％；60 万元到 100 万元之间时，高于 60 万元的部分可提成 1.5％；高于 100 万元时，超过 100 万元的部分按 1％提成，从键盘输入当月利润 W，编程计算应发放奖金总数是多少。

2. 2013 年 11 月 21 日是杜莉同学的生日，请判断这一天是 2013 年的第几天。

3. 工程学院期末考试结束，教务处要求学生成绩使用 3 分制表示，成绩≥90 分计为 A，60～89 分之间计为 B，60 分以下计为 C。请使用条件运算符将输入的成绩自动转换成 3 分制成绩。

4. 从键盘输入一个不多于 5 位的正整数,要求:①显示出它是几位数;②按逆序输出整数的各位数字。例如,输入 ABCDE,输出 EDCBA。

5. 输入任意一个 5 位正整数,请判断该数是不是回文数。所谓回文数,即从左至右与从右至左的数值相同。例如,12321 即是回文数,个位与万位相同,十位与千位相同。

【应试训练题】

一、选择题

1. 下列条件语句中,输出结果与其他语句不同的是_____。【2011 年 9 月选择题第 19 题】

　　A. if(a) printf("%d\n",x); else printf("%d\n",y);

　　B. if(a==0) printf("%d\n",y); else printf("%d\n",x);

　　C. if(a!=0) printf("%d\n",x); else printf("%d\n",y);

　　D. if(a==0) printf("%d\n",x); else printf("%d\n",y);

2. 若变量已正确定义,在"if(W) printf("%d\n",k);"中,以下不可替代 W 的是_____。【2010 年 9 月选择题第 17 题】

　　A. a<>b+c　　　　　　　　　　B. ch=getchar()

　　C. a==b+c　　　　　　　　　　D. a++

3. 若有定义语句"int k1=10,k2=20;",执行表达式(k1=k1>k2)&&(k2=k2>k1)后,k1 和 k2 的值分别为_____。【2011 年 9 月选择题第 17 题】

　　A. 0 和 1　　　　B. 0 和 20　　　　C. 10 和 1　　　　D. 10 和 20

4. 若有定义"double a=22;int i=0,k=18;",则不符合 C 语言规定的赋值语句是_____。【2010 年 3 月选择题第 14 题】

　　A. a=a++,i++;　　　　　　　　B. i=(a+k)<=(i+k);

　　C. i=a%11;　　　　　　　　　　D. i=!a;

5. 若 a 是数值类型,则逻辑表达式(a==1)||(a!=1)的值是_____。【2010 年 3 月选择题第 17 题】

　　A. 1　　　　　　　　　　　　　B. 0

　　C. 2　　　　　　　　　　　　　D. 不知道 a 的值,不能确定

6. 有以下程序:

```
#include <stdio.h>
main()
{
    int  n=2,k=0;
    while(k++&&n++>2);
    printf("%d  %d\n",k,n);
}
```

程序运行后的输出结果是_____。【2009 年 9 月选择题第 21 题】

A. 0 2   B. 1 3   C. 5 7   D. 1 2

7. 有以下程序：

```c
#include <stdio.h>
main()
{
    int a=1,b=0;
    if(--a) b++;
    else if(a==0) b+=2;
    else b+=3;
    printf("%d\n",b);
}
```

程序运行后的输出结果是_____。【2011 年 9 月选择题第 18 题】

   A. 0   B. 1   C. 2   D. 3

8. if 语句的基本形式是：if(表达式)语句,以下关于"表达式"值的叙述中正确的是_____。【2011 年 3 月选择题第 17 题】

   A. 必须是逻辑值   B. 必须是整数值

   C. 必须是正数   D. 可以是任意合法的数值

9. 有以下程序：

```c
#include <stdio.h>
main()
{
    int x=1,y=0;
    if(!x) y++;
    else if(x==0)
    if(x) y+=2;
    else y+=3;
    printf("%d\n",y);
}
```

程序运行后的输出结果是_____。【2011 年 3 月选择题第 27 题】

   A. 3   B. 2   C. 1   D. 0

10. 有以下程序：

```c
#include <stdio.h>
main()
{
    int a=1,b=0;
    if(!a)b++;
    else if(a==0)
    if(a) b+=2;
    else b+=3;
    printf("%d\n",b);
}
```

程序运行后的输出结果是_____。【2010 年 9 月选择题第 18 题】

   A. 0   B. 1   C. 2   D. 3

11. 有如下嵌套的 if 语句：

```
if(a<b)
    if(a<c) k=a;
    else k=c;
else
    if(b<c) k=b;
    else k=c;
```

以下选项中与上述 if 语句等价的语句是_____。【2010 年 3 月选择题第 19 题】

    A. k=(a<b)? a:b;k=(b<c)? b:c;

    B. k=(a<b)? ((b<c)? a:b):((b>c)? b:c);

    C. k=(a<b)? ((a<c)? a:c):((b<c)? b:c);

    D. k=(a<b)? a:b;k=(a<c)? a:c;

12. 设有定义"int a＝1,b＝2,c＝3;"，以下语句中执行效果与其他三个不同的是_____。【2009 年 9 月选择题第 17 题】

    A. if(a>b) c=a,a=b,b=c;   B. if(a>b) {c=a,a=b,b=c;}

    C. if(a>b) c=a;a=b;b=c;   D. if(a>b) {c=a;a=b;b=c;}

13. 以下程序段中，与语句"k=a>b? (b>c? 1: 0): 0;"功能相同的是_____。【2009 年 9 月选择题第 19 题】

    A. if((a>b)&&(b>c)) k=1;
       else k=0;

    B. if((a>b)||(b>c)) k=1;
       else k=0;

    C. if(a<=b) k=0;
       else if(b<=c) k=1;

    D. if(a>b) k=1;
       else if(b>c) k=1;
       else k=0;

14. 以下是 if 语句的基本形式：

if(表达式)语句

其中"表达式"_____。【2009 年 3 月选择题第 17 题】

    A. 必须是逻辑表达式   B. 必须是关系表达式

    C. 必须是逻辑表达式或关系表达式   D. 可以是任意合法的表达式

15. 有以下程序：

```
#include  <stdio.h>
main()
{
    int x;
    scanf("%d",& x);
    if(x<=3);  else
    if(x!=10)    printf("%d\n",x);
```

```
}
```

程序运行时,输入的值在 _____ 范围内才会有输出结果。【2009 年 3 月选择题第 18 题】

    A. 不等于 10 的整数　　　　　　　B. 大于 3 且不等于 10 的整数

    C. 大于 3 或等于 10 的整数　　　　D. 小于 3 的整数

16. 有以下程序:

```c
#include <stdio.h>
main()
{  int a=1,b=2,c=3,d=0;
   if(a==1 && b++==2)
     if(b!=2||c--!=3)
       printf("%d,%d,%d\n",a,b,c);
     else printf("%d,%d,%d\n",a,b,c);
   else printf("%d,%d,%d\n",a,b,c);
}
```

程序运行后的输出结果是 _____。【2009 年 3 月选择题第 19 题】

    A. 1,2,3　　　　　B. 1,3,2　　　　　C. 1,3,3　　　　　D. 3,2,1

17. 若有定义语句"int a,b;double x;",则下列选项中没有错误的是 _____。【2010 年 9 月选择题第 19 题】

    A. switch(x%2)
```
   { case 0：a++;break;
     case 1：b++;break;
     default：a++;b++;
   }
```

    B. switch((int)x/2.0)
```
   { case 0：a++;break;
     case 1：b++;break;
     default：a++;b++;
   }
```

    C. switch((int)x%2)
```
   { case 0：a++;break;
     case 1：b++;break;
     default：a++;b++;
   }
```

    D. switch((int)(x)%2)
```
   { case 0.0：a++;break;
     case 1.0：b++;break;
     default：a++;b++;
   }
```

18. 以下选项中与"if(a==1) a=b;else a++;"语句功能不同的 switch 语句是 _____。【2010 年 3 月选择题第 18 题】

    A. switch(a)
```
   { case 1:a=b;break;
     default:a++;
   }
```

    B. switch(a==1)
```
   { case 0:a=b;break;
     case 1:a++;
   }
```

    C. switch(a)
```
   { default:a++;break;
     case 1:a=b;
   }
```

    D. switch(a==1)
```
   { case 1:a=b;break;
     case 0:a++;
   }
```

二、填空题

1. 有以下程序：

```c
#include <stdio.h>
main()
{ int a=1,b=2,c=3,d=0;
  if(a==1)
     if(b!=2)
         if(c==3) d=1;
         else d=2;
     else if(c!=3) d=3;
           else d=4;
  else d=5;
  printf("%d\n",d);
}
```

程序运行后的输出结果是_____。【2010 年 3 月填空题第 7 题】

2. 有以下程序：

```c
#include <stdio.h>
main()
{
    int x;
    scanf("%d",&x);
    if(x>15) printf("%d",x-5);
    if(x>10) printf("%d",x);
    if(x>5) printf("%d\n",x+5);
}
```

若程序运行时从键盘输入 12＜回车＞,则输出结果为_____。【2011 年 3 月填空题第 7 题】

3. 以下程序运行后的输出结果是_____。【2011 年 3 月填空题第 10 题】

```c
#include <stdio.h>
main()
{
    int x=10,y=20,t=0;
    if(x==y) t=x;x=y;y=t;
    printf("%d%d\n",x,y);
}
```

4. 下列程序运行时,若输入 1abcedf2df＜回车＞,输出结果为_____。【2009 年 3 月填空题第 10 题】

```c
#include <stdio.h>
main()
{
    char a=0,ch;
    while((ch=getchar())!='\n')
    {
        if(a%2!=0&&(ch>='a'&&ch<='z')) ch=ch-'a'+'A';
```

143

```
        a++;putchar(ch);
    }
    printf("\n");
}
```

5. 以下程序运行后的输出结果是_____。【2009 年 9 月填空题第 8 题】

```
#include <stdio.h>
main()
{
    int x=20;
    printf("%d",0<x<20);
    printf("%d\n",0<x&&x<20);
}
```

6. 在 C 语言中，当表达式值为 0 时表示逻辑值"假"，当表达式值为_____时，表示逻辑值为"真"。【2010 年 3 月填空题第 6 题】

三、编程题

请编写完整的程序解决下列问题。

1. 从键盘输入两个数，然后按升序输出。

2. 输入两个整数 a 和 b，计算并输出 a 和 b 的最大公约数。

3. 从键盘输入三个整数，找出最大的数并输出。

4. 输入任意三个数 a、b、c，输出最小的数。

5. 从键盘输入一个实数，求其绝对值并输出。

6. 输入两个数 a 和 b，判断 a、b 是否为倍数关系。

7. 输入任意年份，判断该年是否为闰年，是输出"闰年"，不是输出"平年"。

8. 从键盘输入 x 的值，求 y 的值并输出。

$$y = \begin{cases} x^2, & x \leqslant 0 \\ x-5, & 0 < x < 3 \\ 3x+1, & x \geqslant 3 \end{cases}$$

9. 输入任意三个数 a、b、c，按从小到大的顺序排序输出。

10. 从键盘输入一个字符，若为小写字母，则转化为大写字母；若为大写字母，则转化为小写字母，其他符号保持不变。

11. 输入一个字母，将字母循环后移 5 个位置后输出，如'a'变成'f'，'w'变成'b'。

12. 从键盘按"整数运算符整数"的格式输入两个整数及一个运算符，根据运算符对两个整数进行运算，并输出结果。

13. 从键盘输入一个百分制分数，将其转化为等级分输出。

14. 输出 1000 以内能够同时被 3、5、7 整除的整数。

15. 输入三角形的三边，判断能否构成三角形，若可以则输出三角形的类型（等边、等腰、直角三角形）。

第6章　循环往复，周而复始

大至宇宙，小到人生，循环事件始终伴随着左右。春去秋来，天冷天热，一年的四季更替是循环；喜怒哀乐，跌宕起伏，人的一生也在不断重复中前行……

经过前 5 章的学习，已经有不少问题可以通过编程的方法来解决。但是，无论是顺序结构的程序，还是分支结构的程序，每运行一次能够得到一个结果。如果需要得到多个结果，就必须重复执行程序，这种情况对于需要按照某种算法对大量数据进行处理的程序而言是致命的缺陷。为了解决那些程序中某些步骤需要重复运行的问题，本章将介绍三大程序结构中的最后一个：循环结构。

6.1　C 语言的三种循环结构

C 语言中用于实现循环结构的语句共有三种，分别是 for、while 和 do-while，使用这三种循环语句就可以实现某些操作的重复执行。它们的使用格式如下：

```
while(表达式)
{
    循环体
}

do
{
    循环体
}while(表达式);

for(表达式 1; 表达式 2; 表达式 3)
{
    循环体
}
```

while、do-while 和 for 三种循环语句的使用格式非常相似，都包含一个循环体，并且都需要通过计算表达式值来判断循环体是否应该继续执行。但是，如果仔细观察，三个循环语句在细节上还是有些不同之处的。while 语句的表达式位于循环体之上，而 do-while 语句的表达式则放在了循环体之后；while 和 do-while 语句均只有一个表达式部分，而 for 语句则有三个表达式。之所以存在这些差别，是因为尽管 while、do-while 和 for 都用于实现循环操作，但是针对的应用场合是不一样的。

6.1.1　先判断，后循环（while）

　　while 语句由三个部分组成，分别为：保留字 while、表达式和循环体。循环体是指需要反复执行的语句，可以是一条语句，也可以是若干条语句。while 语句执行方式为，首先计算并判断表达式的值，如果其值为真（非 0），则执行一次循环体；如果其值为假（0），则越过循环体，跳转并执行 while 之后的其他语句，其执行流程如图 6-1 所示。

　　对照流程图很容易理解 while 语句中表达式位于循环体之前的意义，这表明 while 语句是先进行表达式值判断，然后再根据其结果决定是否执行循环体，即先判断，后循环。例 6-1 通过一个简单的例子说明了 while 语句的使用方法。

　　例 6-1　请输出 100 以内所有的偶数。

　　分析：本题要求输出 100 以内所有的偶数，比较直接的做法是对 1～100 中所有整数一一进行判断，能够被 2 整除的数即输出，不能被 2 整除的数跳过输出。因为需要对 100 个整数进行判断，而且其操作均为除 2 取余，并对余数进行判断，所以，该题是一道典型的循环问题。

　　流程图如图 6-2 所示。

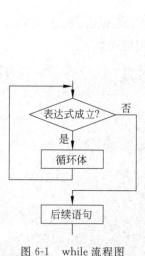

图 6-1　while 流程图

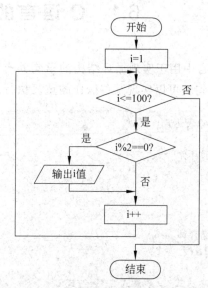

图 6-2　例 6-1 流程图

```
代码区 (例 6-1)
1   #include "stdio.h"
2
3   void main()
4   {
5       int i;
6
7       i =1;
8       while( i <=100 )
```

```
9      {
10          if( i % 2 == 0 )
11          {
12              printf( "%d\t", i );
13          }
14          i++;
15      }
16  }
```

程序运行界面如图 6-3 所示。

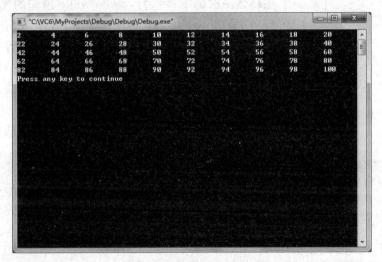

图 6-3　例 6-1 运行界面

解释：从流程图中看 while 语句和 if 语句，两者都包含有一个菱形框表示判断操作，因而非常容易混淆。但是如果分析一下循环语句和分支语句各自的特点后，就不难发现，while 语句表达式不成立时，会跳过循环体直接执行后面的其他语句，为了实现这个"跳过"过程，其流程线会发生断裂，并且为了实现循环的过程，当循环体被执行完成后，其流程线并非向下流动，而是逆转向上。if 语句无论哪一个分支被选择执行后，其流程方向均为向下执行，并且也不存在流程线断裂的情况。掌握好 while 和 if 语句的这两个特点之后，就能够很容易地对照流程图写出源程序。

例 6-1 定义了一个整型变量 i，并为其赋初值 1，变量 i 的作用有两个，其一是作为循环变量用于操作 while 语句的循环次数，因此，可以看到 while 的表达式部分是判断 i 是否小于等于 100，如果成立，则继续循环；如果不成立，则 while 结束。与此同时，i 也被当成需要判断其是否为偶数的整数来使用，如果 i 能被 2 整除，则为偶数，输出；否则不为偶数，不做任何操作。判断完 i 是否为偶数之后，即 if 语句之后，有一个非常重要的操作不能遗漏，即**修改循环变量**。在编写循环程序时，表达式控制着循环结束的条件，而循环体内必须有一些语句不断向这个结束条件靠近，直至在有限的循环次数内达到循环结束条件。在本例中，循环结束条件是变量 i 大于 100，i 的初始值为 1，通过每循环一次即增大一次 i 的值，使其不断接近大于 100 的条件，直到其最终超过 100 后，循环结束。当然，如果希望循环快些结束，也可以每次使 i 的值增加得多一些，但在本例中，需要对 1～100 中的所有整数依次处理，所以,只能每次对变量 i 做加 1 操作。

6.1.2 先循环,后判断(do-while)

do-while 语句与 while 语句一样,也由保留字 do 及 while、表达式和循环体三个部分组成。但是,do-while 语句在实现细节上与 while 语句还是有

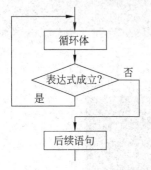

非常明显的区别的。do-while 语句是先执行循环体,然后再判断是否需要继续循环。从循环次数上比较,while 有可能循环体一次都不被执行,而 do-while 语句的循环体至少运行一次。do-while 语句的流程如图 6-4 所示。

在编写循环程序时,有时的确希望先执行某些语句,然后再判断是否需要循环,例如要求用户输入一组字符,并且以'#'作为结束标记,这时需要先接收用户的输入,然后再根据输入符号是否为'#'以确定是否需要循环。请对比下面两段分别使用 while 语句和 do-while 语句实现的代码。

图 6-4　do-while 语句流程图

```
while 语句实现
1    scanf("%c",&c);
2    while(c !='#')
3    {
4        scanf("%c",&c);
5    }
```

```
do-while 语句实现
1    do
2    {
3        scanf("%c",&c);
4    }while(c !='#');
```

对比两段程序可以发现,使用 while 语句实现该功能时,在进入循环前需要先读入一个字符,以判断是否需要进入循环,循环体中也需要为继续读入下一个字符,字符输入语句在短短的一段程序中同时出现了两次,显得比较累赘。do-while 语句则很好地解决了这类问题,它先执行一次循环体语句,然后再判断是否需要进行循环。例 6-2 演示了 do-while 语句的用法。

例 6-2　统计并输出用户使用键盘输入的各类符号个数,当输入字符'#'时程序结束。统计类别分别为:大写字母、小写字母、数字和其他四类。

分析:统计输入字符的种类及个数是一道典型的循环处理问题,由于无法确定用户到底会输入多少个字符,因此,不能使用比较循环次数的方式来确定循环的结束条件。题目中要求当用户输入字符'#'时结束程序,可以通过在表达式中判断用户输入的字符是否为'#'来决定退出循环还是继续循环。在程序执行的顺序上,应该先由用户输入一个字符,然后才能对字符进行分类、统计,最后还要根据该字符是否为'#'来决定循环是否继续。

流程图如图 6-5 所示。

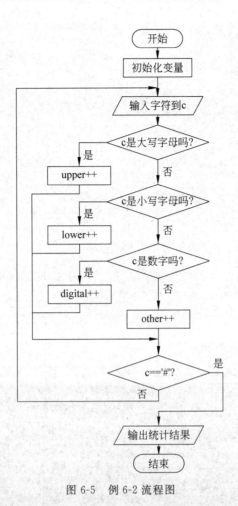

图 6-5　例 6-2 流程图

```
代码区 (例 6-2)
1   #include "stdio.h"
2
3   void main()
4   {
5       char c;
6       int upper = 0, lower = 0, digital = 0, other = 0;
7
8       do
9       {
10          c = getchar();
11          if( c >= 'A' && c <= 'Z' )
12          {
13              upper++;
14          }
15          else
16          {
17              if( c >= 'a' && c <= 'z' )
18              {
```

```
19                    lower++;
20            }
21        else
22        {
23            if( c >= '0' && c <= '9' )
24            {
25                digital++;
26            }
27            else
28            {
29                other++;
30            }
31        }
32    }
33  }while( c != '#' );
34  printf("输入的字符串中,大写字母%d个,小写字母%d个,数字%d个,其他字符%d个
              \n", upper, lower, digital, other );
35  }
```

程序运行界面如图 6-6 所示。

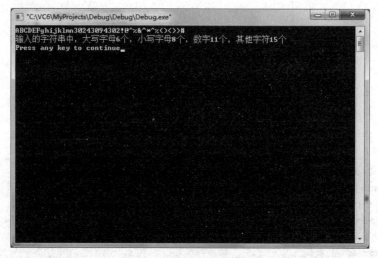

图 6-6   例 6-2 运行界面

解释:使用 do-while 语句时,一定要注意在 while()后面添加分号,三种循环语句的其他两个都不需要添加分号,只有 do-while 语句必须在括号后面添加分号。缺少这个分号而引起的错误非常隐蔽,本例中如果缺少 do-while()后面的分号时,编译器提示的错误信息为"error C2146:syntax error:missing ';' before identifier 'printf'",就信息本身而言提示是比较准确的,它明确指出 printf()函数前缺少一个分号,但是初学者很可能会以为错误出现在 printf()函数处。

示例程序在接收用户输入的字符时,没有使用 scanf()函数,而是使用了专门输入字符的函数 getchar(),这样能够在阅读源程序时更容易了解该处输入数据的目的,以及所输入数据的类型。

6.1.3　for 语句

在三种循环语句中,for 语句的使用格式与其他两种循环语句有着比较明显的区别。for 语句有三个表达式,从左至右分别为:初始化表达式、循环条件表达式和步进表达式。初始化表达式用于设置 for 语句循环变量的初始值;循环条件表达式将根据表达式计算所得到的值控制程序流程是继续循环还是退出循环;步进表达式用于修改循环变量,使其不断接近并最终达到循环结束条件。与 while 和 do-while 语句相比较,for 语句将循环中普遍具有的循环变量初始化和循环变量修改操作直接在表达式部分集中实现,这种做法不但能够有效地避免因漏写循环变量初始化和修改循环变量造成的死循环问题,还能够让程序员十分方便地理解循环的起始条件,以及循环的频率。for 语句的流程如图 6-7 所示。

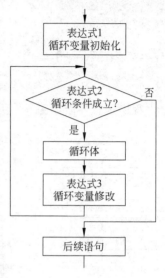

图 6-7　for 语句流程图

从循环功能的实现上来讲,for、while 和 do-while 本身完全可以实现相互替代,但是由于这三个循环语句本身有所侧重,因此,针对不同循环要求正确合理地选择循环语句不仅能够更加高效地实现循环操作,而且程序的易读性也会更高。

与 while 和 do-while 语句相比较,for 语句更适合用于循环次数十分明确的场合,例 6-3 演示了 for 语句的使用。

例 6-3　今天的数学家庭作业是计算不同数的阶乘,弟弟请你编写一道程序帮他验算所求阶乘的结果是否正确。请帮弟弟编写一个能够计算并输出 n!的程序,n 由弟弟输入。

分析:尽管程序运行前无法确定变量 n 的具体数值,但是本题仍然比较适合使用 for 语句进行循环操作。n!=n×(n−1)×(n−2)×…×2×1,从求阶乘的公式可以看出,相乘的数从 n 依次递减到 1,并且每个数都比前一个数减少 1,这种规律性的操作非常适合使用循环的方法求解。变量 n 作为终值,需要用于判断是否达到循环结束条件,因此,变量 n 的值在循环中不能被破坏,可以另设一个整型变量 i,使其值初始化为 1(或 n),每循环一次就递增 1(或递减 1),直到其值大于 n(或小于 1)即告循环结束。为了保存每次循环得到的累乘积,还需要设一个变量 s。

流程图如图 6-8 所示。

```
代码区 (例 6-3)
1   #include <stdio.h>
2
3   int main()
4   {
5       int n, i, s=1;
6
```

```
7        printf("请输入一个整数 n: ");
8        scanf("%d", &n);
9
10       for( i =1; i <=n; i++)
11       {
12           s =s * i;
13       }
14       printf("%d! =%d\n", n, s);
15       return 0;
16  }
```

程序运行界面如图 6-9 所示。

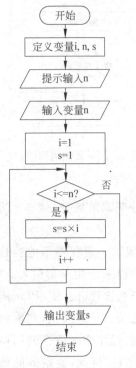

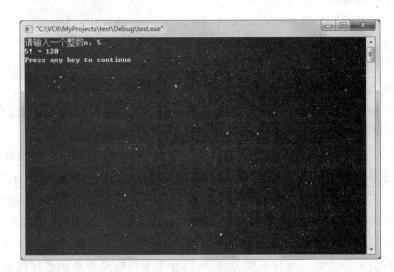

图 6-8　例 6-3 流程图　　　　　　　　　　　　　图 6-9　例 6-3 运行界面

解释：for 语句的循环体只包含了一条语句，这条语句是计算阶乘的唯一核心操作，与 while 和 do-while 不同，for 语句的循环体中并没有出现对循环变量的操作，对循环变量的修改操作被集中放置在了 for 语句的三个表达式中，这种写法使程序员在阅读程序时能够将注意力更加集中于循环体的核心操作中。变量 s 是专门用于保存各数累乘积结果的，由于 s 需要不断与变量 i 进行累乘，因此其初始值必须为 1，这一点与保存累加和结果的变量初始值是不一样的，保存累加和的变量其初始值必须为 0。循环变量 i 初始值为 1，每次循环后都将执行自加 1 操作，并与变量 n 进行比较，当其大于 n 时，表明阶乘已经计算完毕，退出循环。

6.2　无限循环与中途退出

无限循环和中途退出是在循环程序中常见的两种情况,其中无限循环是一种错误运行状态,在编程中应该注意避免;而中途退出则是很多程序需要实现的一种操作,通常情况下,循环一经启动就必须达到需要结束条件才能退出循环,否则将一直重复运行循环体语句,要实现循环的中途退出就必须使用一些特殊的命令。掌握这两种非常规循环程序设计,能够帮助读者更好地了解循环的运行。

6.2.1　无限循环

无限循环也常常被形象地称为"死循环",是指循环表达式永远为真,程序一旦进行循环后,始终无法达到退出条件导致循环永远进行的状态。导致无限循环的原因很多,但无论是哪一种因素,最终还是表现在循环表达式永远成立。下面列举了一些造成无限循环的常见原因。

1. 赋值号书写错误

```
...
while( i = 5)
{
    ...
}
...
```

错将等号书写成赋值号而造成无限循环是 C 语言初学者常常会犯的一个错误,C 语言使用"="表示赋值操作,而使用"=="表示判断是否等于,这种表示方法与大多数程序员所掌握的数学知识不吻合,在还没有熟练掌握 C 语言符号使用时,的确很容易将两者混淆。这种书写造成的错误具有很强的隐蔽性,不但编程员很难发现,而且编译器也绝对不提示错误,因为从语法的角度而言,这种写法完全是正确的。以上面示例程序为例,语句"i = 5"的表达式值为 5,每次循环时,执行到该表达式,无论变量 i 原值是多少,都将被重新赋值为 5,同时表达式值也为 5,一个非 0 值,循环也因此继续执行下去。如果语句正确写成"i == 5",那么,表达式执行时就将根据变量 i 的实际值与常数 5 进行比较、判断,当其相等则表达式值为 1;否则为 0,这时表达式的值将决定是否继续循环。

将等号(==)错写成赋值号(=)而造成的错误不仅仅出现在循环语句中,if 语句中也常常会出现这类错误,因此,请读者们在书写'='这个符号时,一定要记得问问自己到底是要进行比较操作,还是要进行赋值操作,以避免出现因符号书写错误而造成的问题。

2. 表达式为非 0 值

```
...
while( 1 )
{
    ...
}
...
```

如果直接以一个非零常数作为循环表达式，那么结果将是循环永远不会再停下来。因为以非零值为表达式时，其表达式值即为该非零值，循环条件永远成立。

3. 循环变量没有修改

```
...
s =0;
i =1;
while( i <=10 )
{
    s =s +i;
}
...
```

这种错误多半会出现在 while 和 do-while 循环语句中，for 语句对循环变量的修改是放在表达式中进行的，一般不会发生遗漏。而在 while 和 do-while 语句中常常会因为忘记在循环体中修改循环变量而造成无限循环。在上面这段示例程序中，实现了 1＋2＋3＋…＋10 的操作，但是由于在循环体中没有修改变量 i 的值，导致 i 始终为 1，并且也始终小于等于 10，循环也将因此无法退出而始终进行下去。

4. 多余的分号

C 语言大多数语句以分号作为结束标记，但是，也有一些语句并不需要以分号结尾，例如：if、switch、while、for 等语句，多余添加的分号可能使程序意义完全不同。

```
...
s =0;
i =1;
while( i <=5 );
{
    s =s +i;
    i++;
}
...
```

上例中，while 语句之后添加了一个不必要的分号，这个分号的出现完全颠覆了程序本来的意思。出现在 while 语句后面的分号成了 while 语句循环体的唯一语句，而这个只包含一个分号的语句也被称为空语句，即什么操作也不做的语句。空语句在 C 语言中是合法的，所以在语法上完全是正确的。而分号后面被一对花括号括起的两条复合语句，在分号的作用下，成为 while 语句之后的顺序语句，即只有当 while 循环完成后，才会被执行到。添加分号后，上例程序将等价于：

```
...
s =0;
i =1;
while( i <=5 )
{
    ;
}
s =s +i;
i++;
...
```

空语句无法对变量 i 做出任何操作，因此，while 表达式将始终成立，循环也将永远继续下去。

在"古老"的 DOS 操作系统时代，调试程序时如果遇到死循环，唯一的解决办法就是重新启动计算机，因为 DOS 是单任务系统，无法中止正在运行的死循环程序。而在 Windows 时代，发生死循环的程序可以通过任务管理器十分方便地中止其运行，然后再进行修改、调试。需要说明的是，死循环并非都是不好的、需要排除的，有些特殊的程序必须设计成死循环模式，从开机一直运行到关机，比如：操作系统。

6.2.2　break 和 continue

并非在所有的情况下循环都必须按事先设置好的次数运行一遍，有时并不需要循环运行完即可获得需要的结果，这时如果再继续执行循环操作就显得没有必要了。例如：判断一个数是否为素数时，最简单的方法就是用该数依次除 2 到该数减 1 之间的所有整数，如果这些数都不能被该数整除，即表明该数为素数；只要发现这些数中有一个能够被该数整除，即可说明该数不是素数，这时后面的数就没有必要再进行整除操作了，即需要提前退出循环。

能够使循环在运行中途退出的命令有两个，分别是：break 和 continue。这两个命令尽管都可以中止循环的操作，但是它们中止的方法还是有所区别。break 语句是使循环彻底退出，程序流程将转到循环语句之后开始执行；continue 则是中止循环的一次执行，程序流程将转到循环语句的表达式部分进行判断，如果表达式为真（非 0）则继续进入循环执行；如果表达式为假（0）则退出循环。图 6-10 说明了 break 和 continue 语句执行后程序流程方向的改变。

从流程图可以很明显地看出，break 语句执行后，整个循环语句执行完成，程序将跳转到循环的后续语句开始执行；而 continue 语句的执行并不会结束整个循环，只是提前结束了循环体中位于 continue 之后的语句的执行，程序流程仍然跳转到循环入口处的表达式执行。例 6-4 和例 6-5 分别演示了 break 和 continue 语句的使用。

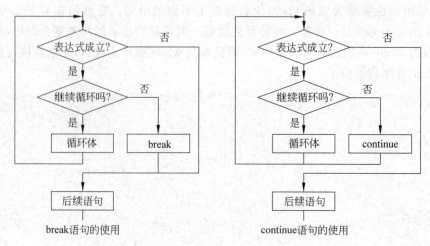

图 6-10　break 和 continue 流程图

例 6-4　输入任意一个正整数，判断其是否为素数。（break 应用）

分析：假设判断整数 n 是否为素数，需要用 n 分别除 2～（n−1）之间的所有整数，如果这些数都无法整除，才能确定 n 为素数。只要有一个数能被 n 整除，即表明 n 不是素数。在编写循环时，其循环次数必须是 2～（n−1），因为要确定一个数是素数，必须测试完所有可能的除数。根据判断素数的规则，只要在循环的某一次发现有数能够被 n 整除，则立即可以判断 n 不是素数，完全没有必要再测试后面的数是否还有能够被 n 整除，继续循环只是浪费时间，此时，可以使用 break 中止循环的执行，直接退出循环。

流程图如图 6-11 所示。

```
代码区 (例 6-4)
1   #include "stdio.h"
2
3   void main()
4   {
5       int n, i;
6
7       printf("请输入一个正整数：");
8       scanf("%d", &n);
9       for(i = 2; i < n; i++)
10      {
11          if(n % i == 0)
12              break;
13      }
14      if(i < n)
15      {
16          printf("%d 不是一个素数\n", n);
17      }
18      else
19      {
20          printf("%d 是一个素数\n", n);
21      }
22  }
```

程序运行界面如图 6-12 所示。

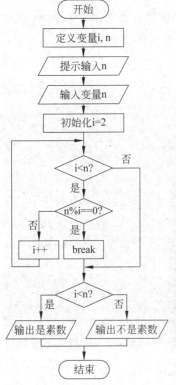

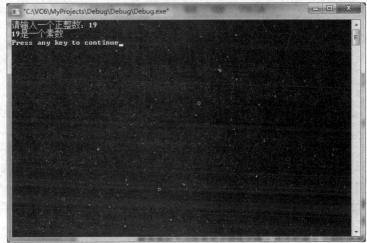

图 6-11　例 6-4 流程图　　　　　　　　　　图 6-12　例 6-4 运行界面

解释：示例代码中的 for 语句以及循环体中的 if 语句比较好理解，for 语句三个表达式构建了一个 2～(n−1) 的循环，每次循环变量累加 1，即 2～(n−1) 顺序取值。if 语句用于判断是否有数能够被 n 整除，只要发现有任何一个数能够被 n 整除，则执行 break 语句，跳出循环。从流程图可以看出，无论是循环正常结束，还是执行了 break 语句中途退出循环，其流程都将跳转到循环语句之后继续执行，但对本例而言，循环是正常结束，还是因为执行了 break 语句中途退出，将关系到变量 n 是否为素数。因为，如果循环正常结束退出，表明没有找到一个能被 n 整除的数，所以，n 为素数；如果循环是因为执行了 break 语句中途退出，表明至少有一个数能被 n 整除，因此，n 也就不是素数。示例程序中的第二个 if 语句通过比较变量 i 和 n 来判断循环的退出原因，如果循环是正常结束退出，i 的值最终将累加到 n，以满足循环表达式"i＜n"。当 i＝n 时，i＜n 不成立，循环退出。如果循环是因为执行了 break 语句而退出，则 i 必然小于 n。所以，只需在循环结束以后对循环变量 i 的大小进行判断即可确定循环退出的原因，也就能够判断变量 n 是否为素数了。

例 6-5　输出 100～500 之间所有能够同时被 3 和 5 整除的数。（continue 应用）

分析：从题目要求可知，循环起始值为 100，终止值为 500，类似这种循环次数十分明确的情况，使用 for 语句将更为方便。如果要找出能够同时被 3 和 5 整除的数，将意味着只要排除不能被 3 整除或不能被 5 整除的数即可，因此，需要在循环中判断某数是否不能被 3 整除或不能被 5 整除，如果是，该数不满足要求，应该跳过；如果不是，则该数满足要求，输出该数。在本题中，当发现一个数不满足要求时，必须使用 continue 语句提前结束本次循环，而不能使用 break 语句终止整个循环的运行，因为一个数判断完成后，还有其他的数需要继续判断，因此，循环不能完全终止，只能提前结束本次循环的其他操作。理解这一点是顺利完成本题的关键。

流程图如图 6-13 所示。

```
代码区 (例 6-5)
1   #include "stdio.h"
2
3   void main()
4   {
5       int i;
6
7       for( i =100; i <=500; i++)
8       {
9           if( i %3 !=0 || i %5 !=0 )
10          {
11              continue;
12          }
13          printf("%d\t", i);
14      }
15  }
```

程序运行界面如图 6-14 所示。

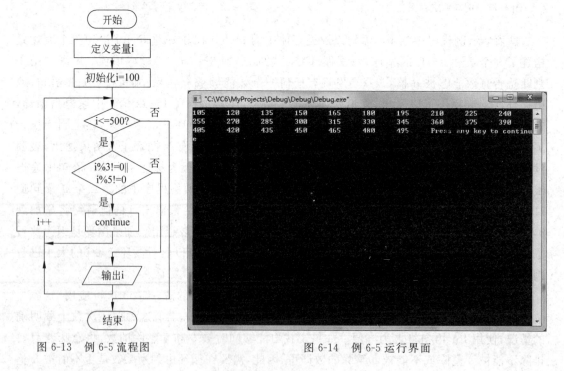

图 6-13　例 6-5 流程图　　　　图 6-14　例 6-5 运行界面

解释：循环体中 if 语句和 printf()函数调用语句是两条顺序关系的语句，即先执行完 if

语句后，再按顺序执行 printf( )函数调用语句。但是，如果 if 语句表达式成立，则执行 continue 语句，这将引发程序流程的转向，即流程不再依顺序执行 printf( )函数调用语句，而是直接越过 if 之后的所有语句，逆向上方跳到 for 循环的表达式部分，执行 i＋＋操作后，再执行 i＜＝500 的判断，如果成立则再次执行循环体如果不成立则退出 for 循环。

　　循环程序中常常使用 break 语句和 continue 语句改变程序的流向，以实现特殊的编程效果，其区别在于，break 语句是永久性退出循环，而 continue 语句则是提前中止一次循环。

6.2.3　被遗忘的 goto

　　从来没有哪一个语句像 goto 语句这样饱受争议，喜欢它的人说它是程序灵活性的源泉，不喜欢它的人说它是搅乱程序结构的毒药。前面已经学习过的三种循环语句尽管有着种种不同，但是，它们都有一个共同的部分，即表达式，通过它可以实现控制循环程序的继续和终止。而 goto 语句则是一种没有任何控制和约束的无条件转向语句，与其功能最接近的是汇编语言中的 jmp 指令，即无条件跳转指令。

　　1968 年，E. W. 代克斯特拉首先提出"goto 语句是有害的"观点，向当时主流的程序设计方法提出了挑战。E. W. 代克斯特拉的观点很快引起了人们对程序设计方法的大讨论，尤其是在程序设计中是否应该使用 goto 语句的问题上展开了旷日持久的争论。20 世纪 60 年代末 70 年代初，主张从高级程序语言中去掉 goto 语句的人认为，goto 语句是对程序结构影响最大的一种有害的语句，主要理由是：goto 语句使程序的静态结构和动态结构不一致，从而使程序难以理解、难以查错。去掉 goto 语句后，可直接从程序结构上反映程序运行的过程。这样，不仅使程序结构清晰、便于理解、便于查错，而且也有利于程序的正确性证明。

　　持反对意见的人认为，goto 语句使用起来比较灵活，而且有些情形能提高程序的效率。若完全删去 goto 语句，有些情形反而会使程序过于复杂，增加了一些不必要的计算量。

　　1974 年，美国著名计算机科学家、斯坦福大学计算机系教授 D. E. 克努斯（高德纳）对于 goto 语句的争论作了全面公正的评述，其基本观点是：不加限制地使用 goto 语句，特别是使用往回跳转的 goto 语句，会使程序结构难以理解，在这种情况下，应该尽量避免使用 goto 语句。但在有些情况下，为了提高程序的效率，同时又不至于破坏程序的良好结构，有限制地使用一些 goto 语句也是必要的。用他的话来说就是："在有些情形，我主张删掉 goto 语句；在另外一些情形，则主张引进 goto 语句。"从此，使这场长达 10 年之久的争论得以平息。

　　后来，G. 加科皮尼和 C. 波姆从理论上证明：任何程序都可以使用顺序、分支和循环三种结构表示。这个结论进一步证明，从高级程序语言中去掉 goto 语句并不影响高级程序语言的编程能力，而且编写的程序结构更加清晰。

　　鉴于 goto 语句对于程序设计并非必要，同时，考虑到 goto 语句的使用太简捷、方便，为防止读者使用 goto 上瘾，本书只简单介绍一下 goto 语句，但并不详述它的使用方法，就像 Java 那样，保留 goto，但不允许使用。

6.3　典型的循环问题

6.3.1　循环输入

例 6-6　化工 135 班期末考试结束,班主任希望了解 6 位班干部的考试成绩,请编写一段程序能够帮班主任老师计算每位同学的总分、平均分,以及每一门功课的全班总分和平均分。化工 135 班考试课程共有三门,分别是:化工原理、计算机Ⅱ和高等数学。

分析:本题不但需要输入的数据比较多,而且要进行的计算操作也较多,对于编写这种需要多次输入数据的程序,首先应该准确地统计程序中需要保存哪些类型的数据,有多少数据需要保存;然后,还应该仔细规划数据输入、处理的流程。以本题为例,每位同学需要输入三门功课成绩,然后,根据这三门功课的成绩计算个人总分和平均分,但是,这些输入和计算的成绩一旦被输出之后,就没有再保存的必要了,程序只需要通过循环语句轮流输入、计算6 位同学的成绩,并输出即可。因此,必须设置 5 个变量分别用于保存化工原理、计算机Ⅱ和高等数学三门功课成绩和总分、平均分。每一门课程的总分和平均分将需要 6 位同学成绩输入完成后才能确定,即循环结束后才能计算出每门课程的总分和平均分,因此,每门课程都必须设置两个变量,一个用于保存总分;另一个用于保存平均分。

百分制计分的课程成绩通常会精确到一位小数,因此,程序中所有用于保存课程成绩、总分、平均分的变量应该定义为单精度类型(float),以便实现小数位的计算。

流程图如图 6-15 所示。

代码区 (例 6-6)
```
1  #include <stdio.h>
2
3  main()
4  {
5    float Score, Average, Chemical, Computer, Math;
6    float ChemicalScore =0, ChemicalAverage;
7    float ComputerScore =0, ComputerAverage;
8    float MathScore =0, MathAverage;
9    int i;
10
11   printf("化工 135 班期末成绩分析系统\n");
12   for( i =1; i <=6; i++)
13   {
14       printf( "请输入%d 号同学"化工原理"课程成绩: ", i );
15       scanf( "%f", &Chemical );
16       printf( "请输入%d 号同学"计算机Ⅱ"课程成绩: ", i );
17       scanf( "%f", &Computer );
18       printf( "请输入%d 号同学"高等数学"课程成绩: ", i );
19       scanf( "%f", &Math );
20
```

```
21          Score =Chemical +Computer +Math;
22          Average =Score / 3.0f;
23
24          ChemicalScore =ChemicalScore +Chemical;
25          ComputerScore =ComputerScore +Computer;
26          MathScore =MathScore +Math;
27
28          printf("编号\t 化工原理\t 计算机Ⅱ\t 高等数学\t 总分\t 平均分 \n");
29          printf("%d\t%.1f\t\t%.1f\t\t%.1f\t\t%.1f\t\t%.1f\n", i, Chemical,
                 Computer, Math, Score, Average);
30      }
31      ChemicalAverage =ChemicalScore / 6.0f;
32      ComputerAverage =ComputerScore / 6.0f;
33      MathAverage =MathScore / 6.0f;
34      printf("---------------------------- \n");
35      printf(""化工原理"课程总分：%.1f \t 平均分：%.1f \n", ChemicalScore,
                 ChemicalAverage);
36      printf(""计算机Ⅱ"课程总分：%.1f \t 平均分：%.1f \n", ComputerScore,
                 ComputerAverage);
37      printf(""高等数学"课程总分：%.1f \t 平均分：%.1f \n", MathScore,
                 MathAverage);
38  }
```

程序运行界面如图 6-16 所示。

解释：本例源程序中，为了减少变量使用的个数，6 位同学轮流使用变量 Chemical、Computer 和 Math 保存自己三门功课的成绩，并且使用 Score 和 Average 计算个人总成绩和平均分。每次循环开始时，每位同学的成绩都通过调用 scanf()函数输入，新输入的数值将会覆盖上一位同学的成绩，因此，每次循环开始时不需要重新初始化 Chemical、Computer 和 Math 三个变量。Score 和 Average 变量则通过每次输入的 Chemical、Computer 和 Math 变量计算而得，因此，也不需要在循环中对其进行初始化操作。但是，第 24～26 条语句在进行累加操作时，赋值号（＝）右侧的变量 ChemicalScore、ComputerScore 和 MathScore 如果不对其进行赋初值，最终得到的运行结果将是一个巨大的负数，因为 C 语言中未赋初值的变量，其默认值为 $-2147483648(0x80000000)$，即使进行一些加减运算，其值仍将是一个巨大的负数。因此，在定义 ChemicalScore、ComputerScore 和 MathScore 三个变量时，就应该对其进行初始化操作，将其值设置为 0，以便进行累加操作。

细心的读者在阅读本例题的源程序时，应该已经发现第 22、31～33 行计算平均成绩的语句中，除数 3.0 或 6.0 后面多加了一个字母'f'。C 语言默认规定，出现在程序中的实型常数将按双精度对待，如果希望将一个实型常数看成是单精度数，则需要在这个实数后面加一个字母'f'。Average、ChemicalAverage、ComputerAverage 和 MathAverage 四个变量均为单精度类型，当运算表达式中出现双精度的 3.0 或 6.0 时，编译器会善意地提醒程序员 "conversion from 'double' to 'float', possible loss of data"（双精度转换到单精度，可能造成数据丢失）。当然，这个警告性的提醒不理会也完全没有问题，但是作为 C 语言学习者，应该认真地对待编译器的每一条提示，并清楚地了解这些提示对程序的运行意味着什么。C 语言中将精度较高的数赋值给精度相对较低的数时，通常会出现这样的提示，如果将除数

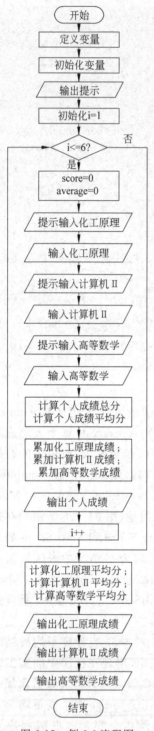

图 6-15 例 6-6 流程图

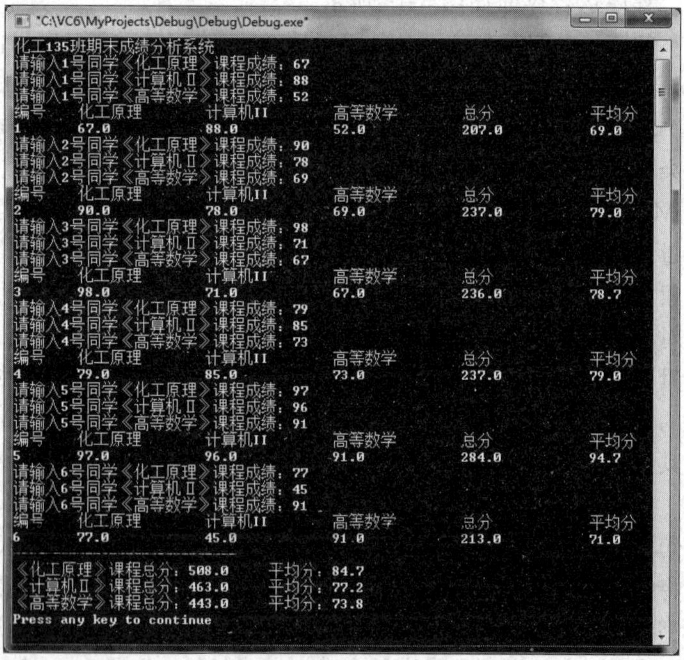

图 6-16 例 6-6 运行界面

3.0 或 6.0 换成整数 3 或 6，编译器也不会提出警告，这是因为整数转换成单精度不会造成数据丢失。

　　为了保证数据输出时的美观，在输出函数 printf() 的输出格式控制字符串中使用了制表符'\t'，以实现输出数据之间的等距和对齐。

6.3.2 多项式的求解

例 6-7 已知 $\dfrac{\pi}{4} \approx 1 - \dfrac{1}{3} + \dfrac{1}{5} - \dfrac{1}{7} + \cdots$，利用这一公式求

出 π 的近似值，要求精度达到最后一项的绝对值小于 1E−6。

分析：仔细观察题目中的公式能够发现，第一项 1 即为
$\dfrac{1}{1}$，这样，多项式中每一项的分子均为 1，分母则是奇数等差
数列。每一项的符号则按照正、负、正、负、……进行规律性地
交替，为了实现正负号的交替，可以使用正负相乘得负、负负
相乘得正的原理定义一个符号变量，初始化其值为 1，每次循
环时都将该符号变量乘以 −1，这样，符号变量就能在每次循
环时在正、负之间进行交替，计算完一项多项式值后，将其与
之相乘，就能得到正确的多项式值。

本例是一道典型的无法预知循环次数的问题，循环结束
条件为最后一项多项式值的绝对值小于 10^{-6}，因此，本题更适
合使用 while 语句进行循环操作。

流程图如图 6-17 所示。

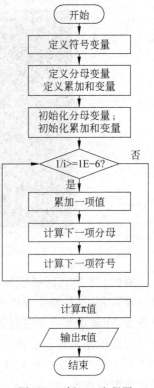

图 6-17 例 6-7 流程图

```
代码区 (例 6-7)
1  #include <stdio.h>
2
3  main()
4  {
5    int flag;
6    float i, s = 0;
7
8      i = 1.0f;
9      flag = 1;
10
11     while( 1 / i >= 1E-6 )
12     {
13         s = s + flag * ( 1 / i );
14         i = i + 2;
15         flag = -flag;
16     }
17
18   s = s * 4;
19   printf("π≈%f\n", s);
20 }
```

程序运行界面如图 6-18 所示。

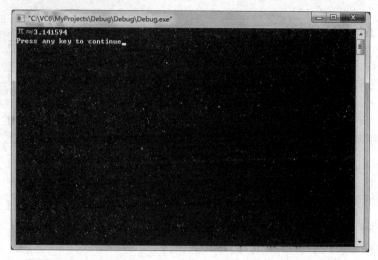

图 6-18   例 6-7 运行界面

解释: 多项式问题求解多半涉及循环处理,有些多项式分子、分母的计算也需要使用循环才能得到,这种两个及以上的循环嵌套、叠加在一起是编程知识中的一个难点,同时又十分重要,在解决很多问题时都需要用到。本例通过一个较为简单的 π 值求解问题,介绍了多项式问题的基本解题思路。示例程序定义了一个整数类型的符号变量,专门用于处理每一项符号不同的问题。符号变量的初始值定义为 1,每次循环使符号变量与 −1 相乘,实现对其符号取反操作,在累加某一项值时,先将该值与符号变量相乘,使其符号符合要求。

循环表达式中的 1E−6 表示 10^{-6}。在 C 语言中,使用指数形式来表示精度较高的小数是一种比较常见的用法,请读者注意。

6.3.3   循环的嵌套

例 6-8   《张丘建算经》中记载了一道非常有趣的数学题,题目描述为:鸡翁一,值钱五,鸡母一,值钱三,鸡雏三,值钱一,百钱买百鸡,问鸡翁、鸡母、鸡雏各几何? 请编程解决该题。

分析: 解决本题的方法有多种,为了演示循环的嵌套使用方法,本例采用了比较简单的穷举法,即计算并试探三个变量的可能组合,如果某种组合满足题目设定的要求,则该组合的数值即为一组对应的解。试探时使用两个循环来控制鸡翁和鸡母的数量,其中外层循环控制鸡翁的数量,最少为 0 只,最多为 19 只,因为 20 只鸡翁刚好 100 钱,但鸡数却只有 20 只,不合题意,故排除;内层循环控制鸡母的数量,最少为 0 只,最多为 33 只;得到鸡翁和鸡母的数量之后,鸡雏的数量可以通过计算获得,因为鸡翁、鸡母和鸡雏共 100 只,只需用 100 减去鸡翁、鸡母的数量,即为鸡雏的数量。程序运行时,外层每循环一次,内层循环 34 次。内层每循环一次,得到鸡翁、鸡母和鸡雏三个值,再判断其是否满足值 100 钱,如果满足条件则输出三个变量值。

流程图如图 6-19 所示。

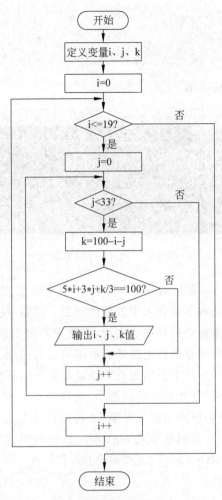

图 6-19　例 6-8 流程图

代码区 (例 6-8)
```
1   #include <stdio.h>
2
3   main()
4   {
5       int i,j,k;
6
7       for(i=0;i<=19;i++)
8       {
9           for(j=0;j<=33;j++)
10          {
11              k =100 - i - j;
12              if( 5 * i + 3 * j + k/3 ==100 )
13              {
14                  printf("鸡翁=%2d\t 鸡母=%2d\t 鸡雏=%2d\n",i,j,k);
15              }
```

```
16        }
17     }
18 }
```

程序运行界面如图 6-20 所示。

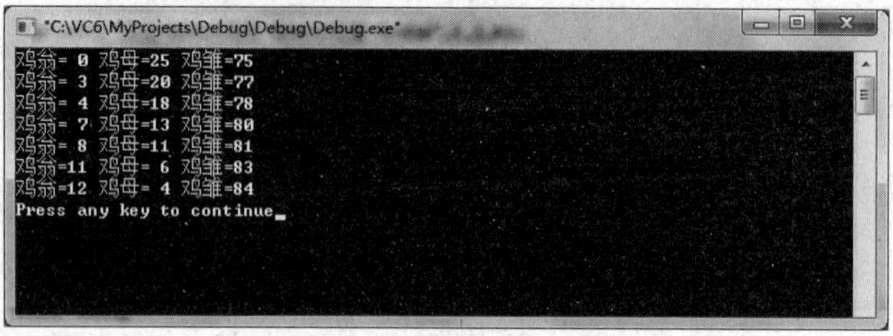

图 6-20　例 6-8 运行界面

解释：穷举法是最简单、最常见的一种程序算法，这种算法充分利用了计算机能够高速运算的特性，有效地解决了一些不适合人工处理的问题。但是，使用穷举法时需要确定正确的穷举范围，因为穷举算法多使用循环嵌套实现，多层循环嵌套时，其最终循环次数是每一个循环的次数之积，过大的穷举范围将明显延迟程序的运行速度。

本例代码运行后，部分计算结果会出现鸡雏数量并非 3 的整数倍的情况。例如，第四组解中，鸡雏的数量为 80 只，而 80 并非 3 的整数倍，这样就会出现有 2 只鸡雏并未计算其应付的钱款数。造成这种现象的原因是源程序第 12 行的计算公式使用了整除运算符来计算每 3 只鸡雏应付钱款数，即 80 只鸡雏算钱 80/3＝26。要解决这个问题，可以将第 12 行的 if 语句条件表达式改成为：5＊i＋3＊j＋k/3＝＝100 && k ％3＝＝0，即同时保证鸡雏数 k 是 3 的整数倍。

【技能训练题】

1. 斐波那契数列又称黄金分割数列，指的是这样一个数列：1,1,2,3,5,8,13,21,……在数学上，斐波那契数列以递归的方法被定义：$F_0＝0$，$F_1＝1$，$F_n＝F(n-1)＋F(n-2)$ $(n\geqslant 2,n\in N*$。注：$N*$ 是正整数集）。在现代物理、准晶体结构、化学等领域，斐波那契数列都有直接的应用。请编程输出前 20 项斐波那契数列。

2. 改革开放以来，某镇通过多种途径发展地方经济。1995 年该镇国民生产总值 2 亿元。根据测算，该镇年国民生产总值为 5 亿元，可达到小康水平。若从 1996 年开始，该镇年国民生产总值每年比上一年增加 0.6 亿元，请编程计算该镇经过几年可达到小康水平。

3. 有 1,2,3,4 四个数字，能组成多少个互不相同且无重复数字的三位数？都是多少？

4. 一个整数，它加上 100 后是一个完全平方数，再加上 168 又是一个完全平方数，请问该数是多少？

5. 两个乒乓球队进行比赛，各出三人，甲队为 a、b、c 三人，乙队为 x、y、z 三人。抽签决定比赛名单后,有人向队员打听比赛的名单。a说他不和x比,c说他不和x、z比,请编程序推导出比赛名单(提示:a、b、c与x、y、z组合中排除a和x、c和x、c和z三种组合的结果)。

6. 猜数游戏:在程序中任意设置一个整数,请用户从键盘上输入数据猜测设置的数是什么。如果用户输入错误,显示猜测的数据比设置的数大还是小。如果用户在10次以内猜对,则用户获胜。否则,告诉用户设置的数据是什么。

【应试训练题】

一、选择题

1. 有以下程序:

```
#include  <stdio.h>
main()
{
  int a=7;
  while(a--);
  printf("%d\n",a);
}
```

程序运行后的输出结果是_____。【2011年9月选择题第20题】

  A. −1　　　　　　B. 0　　　　　　C. 1　　　　　　D. 7

2. 有以下程序:

```
#include  <stdio.h>
main()
{   …
    while(getchar()!='\n');
    …
}
```

以下叙述中正确的是_____。【2011年3月选择题第26题】

  A. 此while语句将无限循环

  B. getchar()不可以出现在while语句的条件表达式中

  C. 当执行此while语句时,只有按Enter键程序才能继续执行

  D. 当执行此while语句时,按任意键程序就能继续执行

3. 有以下程序:

```
#include  <stdio.h>
main()
{ int a=1,b=2;
  while(a<6) {b+=a; a+=2;b%=10;}
  printf("%d,%d\n",a,b);
}
```

程序运行后的输出结果是_____。【2010年9月选择题第20题】

167

A. 5,11　　　　　　B. 7,1　　　　　　C. 7,11　　　　　　D. 6,1

4. 有以下程序：

```
#include <stdio.h>
main()
{  int y=10;
   while(y--);
   printf("y=%d\n",y);
}
```

程序执行后的输出结果是_____。【2010 年 9 月选择题第 21 题】

　　A. y＝0　　　　　　　　　　　　B. y＝-1

　　C. y＝1　　　　　　　　　　　　D. while 构成无限循环

5. 若 i 和 k 都是 int 类型变量，有以下 for 语句。

```
for(i=0,k=-1;k=1;k++)  printf("*****\n");
```

下面关于语句执行情况的叙述中正确的是_____。【2011 年 3 月选择题第 22 题】

　　A. 循环体执行两次　　　　　　　B. 循环体执行一次

　　C. 循环体一次也不执行　　　　　D. 构成无限循环

6. 有以下程序：

```
#include <stdio.h>
main()
{
  char b,c;  int i;
  b='a';c='A';
  for(i=0;i<6;i++)
  {
    if(i%2)
      putchar(i+b);
    else
      putchar(i+c);
  }
  printf("\n");
}
```

程序运行后的输出结果是_____。【2011 年 3 月选择题第 23 题】

　　A. ABCDEF　　　B. AbCdEf　　　C. aBcDeF　　　D. abcdef

7. 有以下程序：

```
#include <stdio.h>
main()
{  int a=1,b=2;
   for(;a<8;a++){b+=a;a+=2;}
   printf("%d,%d\n",a,b);
}
```

程序运行后的输出结果是_____。【2010 年 3 月选择题第 21 题】

　　A. 9,18　　　　　　B. 8,11　　　　　　C. 7,11　　　　　　D. 10,14

8. 以下程序段中的变量已正确定义。

```
for (i=0;i<4;i++)
    for(k=l;k<3;k++)  printf(" * ");
```

程序段的输出结果是_____。【2009 年 3 月选择题第 20 题】

    A. ********　　　　　B. ****　　　　　C. **　　　　　　　　　D. *

9. 设变量已正确定义,以下不能统计出一行中输入字符个数(不包含回车符)的程序段是_____。【2009 年 3 月选择题第 22 题】

    A. n＝0;while((ch＝getchar())!＝'\n')　n++;

    B. n＝0;while(getchar()!＝'\n')　n++;

    C. for(n＝0;getchar()!＝'n';n++);

    D. n＝0;for(ch＝getchar();ch!＝'\n';n++);

10. 有以下程序:

```
#include  <stdio.h>
main()
{
  int s;
  scanf("%d",&s);
  while(s>0)
  {
    switch(s)
    {
    case 1: printf("%d",s+5);
    case 2: printf("%d",s+4); break;
    case 3: printf("%d",s+3);
    default: printf("%d",s+1);break;
    }
    scanf("%d",&s);
  }
}
```

运行时,若输入 1<空格>2<空格>3<空格>4<空格>5<空格>0<回车>,则输出结果是_____。【2011 年 3 月选择题第19 题】

    A. 6566456　　　B. 66656　　　　C. 66666　　　　D. 6666656

11. 有以下程序:

```
int i,n;
for(i=0;i<8;i++)
{
  n=rand()%5;
  switch(n)
  {
    case 1:
    case 3: printf("%d\n",n);break;
    case 2:
    case 4: printf("%d\n",n);continue;
```

```
        case 0: exit(0);
    }
    printf("%d\n",n);
}
```

以下关于程序段执行情况的叙述，正确的是_____。【2011 年 3 月选择题第 20 题】

     A. for 循环语句固定执行 8 次

     B. 当产生的随机数 n 为 4 时结束循环操作

     C. 当产生的随机数 n 为 1 和 2 时不做任何操作

     D. 当产生的随机数 n 为 0 时结束程序运行

12. 有以下程序：

```
#include  <stdio.h>
main()
{
    int i,j,m=1;
    for(i=1;i<3;i++)
    {
        for(j=3;j>0;j--)
        {
            if(i*j>3)
                break;
            m*=i*j;
        }
    }
    printf("m=%d\n",m);
}
```

程序运行后的输出结果是_____。【2010 年 3 月选择题第 20 题】

    A. m＝6   B. m＝2   C. m＝4   D. m＝5

13. 有以下程序：

```
#include  <stdio.h>
main()
{
    int c=0,k;
    for(k=1;k<3;k++)
        switch(k)
        {
            default: c+=k;
            case 2: c++;break;
            case 4: c+=2;break;
        }
    printf("%d\n",c);
}
```

程序运行后的输出结果是_____。【2009 年 9 月选择题第 18 题】

    A. 3   B. 5   C. 7   D. 9

14. 以下函数按每行 8 个输出数组中的数据。

```
void fun(int * w,int n)
{
    int i;
    for(i=0;i<n;i++)
    {

        _____
        printf("%d",w[i]);
    }
    printf("\n");
}
```

下画线处应填入的语句是_____。【2009 年 3 月选择题第 28 题】

A. if(i/8==0) printf("\n");

B. if(i/8==0) continue;

C. if(i%8==0) printf("\n");

D. if(i%8==0) continue;

二、填空题

1. 有以下程序：

```
#include  <stdio.h>
main()
{   int f,f1,f2,i;
    f1=0;f2=1;
    printf("%d  %d  ",f1,f2);
    for(i=3;i<=5;i++)
    {   f=f1+f2;printf("%d",f);
        f1=f2;f2=f;
    }
    printf("\n");
}
```

程序运行后的输出结果是_____。【2009 年 9 月填空题第 10 题】

2. 有以下程序：

```
#include<stdio.h>
main()
{   int m,n;
    scanf("%d%d",&m,&n);
    while(m!=n)
    {   while(m>n)m=m-n;
        while(m<n)n=n-m;
    }
    printf("%d\n",m);
}
```

程序运行后，当输入 14<空格>63<回车>时，输出结果是_____。【2010 年 3 月填空题第 8 题】

3. 以下程序运行后的输出结果是_____。【2009 年 3 月填空题第 9 题】

```c
#include <stdio.h>
main()
{
  int k=1,s=0;
  do{
    if((k%2)!=0) continue;
    s+=k;
    k++;
  }while(k>10);
  printf("s=%d\n",s);
}
```

4. 以下程序运行后的输出结果是_____。【2009 年 9 月填空题第 9 题】

```c
#include <stdio.h>
main()
{
  int a=1,b=7;
  do{
      b=b/2; a+=b;
  } while(b>1);
  printf("%d\n",a);
}
```

5. 以下程序运行后的输出结果是_____。【2011 年 9 月填空题第 8 题】

```c
#include <stdio.h>
main()
{
  int i,j;
  for(i=6;i>3;i--) j=i;
  printf("%d%d\n",i,j);
}
```

6. 以下程序运行后的输出结果是_____。【2011 年 9 月填空题第 10 题】

```c
#include <stdio.h>
main()
{
  char a;
  for(a=0;a<15;a+=5)
  { putchar(a+'A');}
    printf("\n");
}
```

7. 有以下程序：

```c
#include <stdio.h>
main()
{  int c[3]={0},k,i;
    while((k=getchar())!='n')  c[k-'A']++;
```

```
for(i=0;i<3;i++) printf("%d",c[i]); printf("\n");}
```

若程序运行时输入 ABCACC＜回车＞,则输出结果为_____。【2011 年 9 月填空题第 12 题】

三、编程题

请编写完整的程序,解决下列问题。

1. 求 $1+4+7+\cdots+100$ 之和。

2. 求 $1*3*5*\cdots*19$ 之积。

3. 从键盘输入一个正整数 n,求 $1+2+3+\cdots+n$ 之和并输出。

4. 求 $1\sim100$ 之间的奇数之和与偶数之和。

5. 判断 $101\sim200$ 之间有多少个素数,并输出所有素数。

6. 输出所有的"水仙花数"。"水仙花数"是指一个三位数,其各位数字立方和等于该数本身。例如:$153=1^3+5^3+3^3$。

7. 将一个正整数分解质因数。例如,输入 90,输出 $90=2*3*3*5$。

8. 输入两个正整数 m 和 n,求其最大公约数和最小公倍数。

9. 输入一行字符,统计出其中英文字母和数字的个数。

10. $s=a+aa+aaa+\cdots+aa\cdots a$,其中 a 是任意整数,$aa\cdots a$ 最多有 n 个 a,请输入 a 和 n,并输出 s 的结果。

11. 有一分数序列:$2/1,3/2,5/3,8/5,13/8,21/13,\cdots$,求出这个数列的前 20 项之和。

12. 求 $1+2!+3!+\cdots+20!$ 的和。

13. 求 $1+1/3+1/5+\cdots$ 之和,直到某一项的值小于 10^{-6} 时停止累加。

14. 从键盘输入一个正整数,将该数前后倒置后输出。

15. 从键盘输入一批字符(以@结束),按要求加密并输出。加密规则如下。

- 所有字母均转换为小写。

- 若是字母'a'到'y',则转化为下一个字母。

- 若是'z',则转化为'a'。

- 其他字符,保持不变。

16. 一球从 100 米高度自由落下,每次落地后反跳回原高度的一半,再落下。求它在第 10 次落地时,共经过多少米? 第 10 次反弹多高?

17. 鸡兔共有 30 只,脚有 90 只,计算鸡兔各有几只?

18. 从 3 个红球、5 个白球、6 个黑球中任意取出 8 个球,且其中必须有白球,输出所有可能的方案。

19. 某旅行团有男人、女人和小孩共 30 人,在纽约一家小饭馆里吃饭,该饭馆按人头收费,每个男人收 3 美元,每个女人收 2 美元,每个小孩收 1 美元,共收取 50 美元。请编程求共有多少组解。

20. 找出 $1\sim99$ 之间的全部同构数(它出现在平方数的右边)。例如,5 是 25 右边的数。

第 7 章　模块化与协作开发

对于很多学习 C 语言程序设计的非计算机专业学生来说,掌握编程并不是唯一的目的,更为重要的目标是通过编程的学习,了解现代化工程开发及管理相关的知识基础。而借助 C 语言模块化软件开发知识的学习正是帮助其了解工程基本知识和培养基本工程素养的一种有效手段。本章将在介绍 C 语言模块化软件开发知识的同时,向读者介绍一些现代工程中利用模块化技术实现协作开发的基本工程理念。

7.1　任务分解与协作

计算机软件既有那些功能简单寥寥数行的小型程序,也有功能强大、代码量超亿行的复杂软件系统。开发这些功能、规模不同的软件时,所面临的工作量和困难程度是完全不一样的。怎样才能更有效地进行大型、复杂软件的开发呢? 任务分解和团队协作不仅能够高效地解决大型软件开发项目中的一些难题,而且也是很多其他学科、领域一些大型、复杂工程项目的有效解决方法。

7.1.1　任务分解的意义

人类在千百年的生活、生产实践中逐渐发现,一些难以直接完成的复杂任务完全可以将其分割成若干较简单的小任务,通过完成这些小任务来间接完成复杂任务。著名的历史故事《曹冲称象》讲的就是一个经典的复杂任务分解问题。在没有合适的工具称量大象体重的时候,聪明的曹冲通过称量与大象体重相同的小石块间接得出了大象的体重。在这个故事中,活生生的大象没有办法直接分解,因此,曹冲首先找到与其体重相等的一堆小石块,再通过分解称量每一块小石块重量的方法,就能够简单地获知大象的重量。在人类历史中,类似于这样以有限的人力最终完成了大型工程项目建设的案例并不少见,中国的万里长城、埃及的金字塔……无一不是一块块砖、一块块石堆积起来的奇迹。在这些案例中,我们可以看到,先民们将看似不可能完成的任务,通过分解成局部的、细小的任务加以完成,最终实现了大型工程项目的建设。

任何一项工程项目越复杂、越庞大,其解决方法和步骤往往也会越多,完成任务所需的时间、材料、资源、人力也会相应地成倍增长。作为完成任务的人其精力、能力都是有限的,因此,在解决超过一定复杂程度的任务时,人们往往不可避免地出现各种错误,而发现、解决这些错误不仅仅浪费大量的时间、严重影响工程进度,而且还会增加很多的成本。20 世纪六七十年代,随着第二次世界大战结束,人类在科技、工程等领域相继取得了飞速发展,人类不但能够通过火箭将自己送上太空,可以建造的工程也越来越复杂、庞大。以美国宇航局的软件系统为例:1963 年的水星计划系统有 200 万条指令,1967 年的双子星座计划系统有 400 万条指令,1973 年的阿波罗计划系统有 1000 万条指令,而到了 1979 年哥伦比亚航天飞机系统其指令规模达到了 4000 万条。但是,人们也慢慢发现,很多大型任务随着规模的不断增大,其开发难度越来越大,开发周期越来越长,成本也越来越高,最终,有些不得不放弃,有些尽管完成了开发任务,但是却留下了很多的遗憾。例如:美国 IBM 公司于 1963—1966 年开发的 IBM 360 系列机操作系统,共有 4000 多个模块,投入 5000 人·年,耗资数亿美元,最多时,有 1000 人投入开发工作,写出近 100 万行的源程序。尽管投入了这么多的人力和物力,得到的结果却极其糟糕。据统计,这个操作系统每次发行的新版本都是从前一版本中找出 1000 个程序错误而修正的结果。可想而知,这样的软件质量糟到了什么地步。该项目的负责人 F. D. 希罗克斯在总结该项目时无比沉痛地说:"……正像一只逃亡的野兽落到泥潭中做垂死挣扎,越是挣扎,陷得越深,最后无法逃脱灭顶的灾难,……程序设计工作正像这样一个泥潭……一批批程序员被迫在泥潭中拼命挣扎,……,谁也没有料到问题竟会陷入这样的困境……"

既然任务的规模超出了人们可以控制和管理的范围,那么,将大型任务分解成若干个规模较小、开发较容易的模块,最终通过完成这些模块的开发实现大型任务的开发,自然就成为人们解决这类问题的基本思想。这种模块化开发的思想经过长期的工程实践证明,的确能够有效地降低任务复杂度,保证项目质量,降低开发成本。模块化是解决一个复杂问题自上而下逐层把系统划分成若干模块的过程,每个模块完成一个特定的子功能或者适合分项的单一结构,而所有的模块按某种方法组装起来成为一个整体,完成整个系统所要求的功能。将复杂任务分解成若干个模块后,为了提高项目开发效率,一般采用多人协作开发的方式,即每位开发人员接受指定的模块开发任务,多人同时展开协同开发工作。

对复杂任务进行模块化分解除了能够有效控制开发进度、降低开发难度以外,还十分有助于任务的后期维护和升级。当未来某时发现系统中出现了问题或需要升级时,只需对该问题所涉及的模块进行单独维护、修理、升级即可,而不需要对整个系统进行维护。例如,计算机硬件系统已经比较彻底地实现了模块化,当用户发现计算机电源出现问题或需要升级时,只需将电源模块整体更换即可完成维护或升级工作。这种方法不仅操作快捷,而且对整个计算机硬件系统的干扰、影响都最小。

7.1.2　团队合作

在模块化开发中,不同开发者完成各自任务时是相对独立的,即每个人都可以使用自己的方法、习惯解决独立的模块化任务。但是,不同个人所开发完成的模块最终需要连接在一起,实现大型复杂问题的解决。因此,团队成员之间的协作就变得非常重要,这不仅仅因为任何一个团队成员的不慎或失误,都可能为整个系统带来致命的危害,而且,一个没有良好协作关系的团队,其工作效率将大打折扣。大量的事实证明,团队成员间能否拥有良好的协作是关系到一个工程项目是否能够顺利完成的至关重要的因素。团队合作的优势主要表现在以下几个方面。

（1）通过团队合作,可以营造一种工作氛围,使每个成员都有一种归属感,有助于提高团队成员的积极性和效率。

（2）通过团队合作,有利于激发团队成员的学习动力,有助于提高团队的整体能力。

（3）团队合作可以实现"人多好办事",团队合作可以完成个人无法独立完成的大项目。

（4）团队合作有利于产生新颖的创意。

（5）通过团队合作可以约束规范和控制成员的行为。

（6）团队合作更有利于提高决策效率。

一个协作良好的团队,其产生的团体力量将超过每一个个体力量的总和。现代化大型、复杂的工程项目任务已经很难单靠作坊式的个人力量来完成,只有依靠团队的力量才能够顺利解决。因此,工科学生应该及早培养自己的团队合作意识,并逐渐适应协作式的团队工作方式。

7.2 函数的定义与使用

函数是 C 语言开发大型、复杂软件项目时,将任务按功能分解成若干模块以降低开发难度、控制开发进度、减少开发成本时常常采用的一种有效方法。在 C 语言中,函数是指一个带有声明语句和执行语句的独立程序段,它能够完成一些具体的、功能明确的任务。函数是 C 语言源程序的基本组成单位,每一个能够独立编译的源程序都必须有且仅有一个主函数 main()。C 语言语法规定,除了定义、声明等少数语句外,其他可执行语句都必须写在函数内才能够被正确编译和执行。一个功能较多、较复杂的源程序往往由多个函数组合而成。正是由于函数在编写 C 语言源程序时所起到的重要作用,因此,C 语言也被看成是一种典型的函数式语言。

7.2.1 自定义函数

C 语言程序可以使用的函数根据其来源不同,一般可以分为:用户自定义函数、库函数和第三方函数三种。其中,用户自定义函数是由程序员自己或软件开发团队其他成员开发的拥有完整源代码的函数形式。库函数是 C 语言编译系统开发商为了方便用户编写源程序,将一些常用功能以函数形式实现,并免费提供给所有用户使用的一种功能模块。库函数通常都是大多数程序员在编程时需要反复使用到的功能,例如:输出函数 printf()、输入函数 scanf()、开根号 sqrt()等。第三方函数则是一些由各软件厂商有偿提供的专门用于解决程序员在编写某一类专业程序时所需用到的功能模块,这些函数通常都有比较强的专业背景,例如:高级数学函数库、专业界面库等。

虽然用户自定义函数与库函数和第三方函数在函数声明、函数调用形式上完全一样,但它们仍然有着一些不同,其中最大的区别在于自定义函数的源代码由用户自己编写,如果需要,可以随时进行修改。库函数和第三方函数则以二进制代码形式提供,用户在调用时,首先需要将被调用函数的头文件(.h)包含在自己的程序中,当编译器完成对源程序的编译之后,连接器会自动找到与头文件同名的库函数文件(.lib),并将用户调用函数对应的二进制代码与已经编译过的用户程序进行连接操作,这样就能够将被调用函数的执行代码添加到用户程序中。库函数和第三方函数的升级或修改不能由用户完成,必须由其原开发者进行升级或修改后,用重新生成的库函数文件替代原来的库函数文件。

自定义函数的定义格式一般为:

```
返回值数据类型　函数名(数据类型 形参 1, 数据类型 形参 2, ..., 数据类型 形参 n)
{
    变量声明
    函数体语句
}
```

从上面自定义函数的定义格式可以看出,一个标准的函数至少需要具备以下几个部分。

(1) 函数名。函数名是在程序中用于识别不同功能模块的名称,它能够唯一标识一个函数。函数名的命名方法与标识符命名规则完全一样,因为在 C 语言中函数名本就是标识符的一种。需要注意的是,同一个程序中不能有两个函数的名称一样,而且自定义函数的名称也不能与已经包含到源程序中的库函数、第三方函数名相同。

(2) 返回值数据类型。按照 C 语言规定,每个函数在定义时都需要说明,当自己完成任务后,将向调用自己的程序返回一个什么类型的数据。这个说明能够让函数的调用者十分清楚地了解到应该准备何种类型的变量来接收函数调用后的返回值。函数的返回值类型可以是任何一种 C 语言基本数据类型,也可以是一些复杂的数据类型,如:结构、指针等。但是,函数的返回值类型不能是第 8 章提到的数组,如果函数必须返回一个数组,则必须以指针的形式间接返回数组。当然,如果自定义函数没有需要返回的数据,可以将返回值数据类型设置为 void,即表示该函数调用完成后没有返回值,无返回值的函数常常用于执行某些功能性操作,这类函数也被称为过程。C 语言还规定,如果在自定义函数时未填写返回值数据类型,将默认其返回值类型为整型(int)。

(3) 形参。函数在工作时,可能需要调用者提供一些数据才可以运行,就如同要导航仪工作必须知道 GPS 数据一样。这些表示由函数调用者提供的数据被称为形参,即形式参数。之所以称其为形式参数,是因为它们并不是真实的数据,程序在运行时不可能通过形参得到任何有效的运行结果。形参的意义在于,它实现了在函数与调用者之间形成一个有效约定,这个约定使双方都清楚地知道,函数运行时需要什么类型的数据,需要几个。调用者在调用函数时,则按照从左至右的顺序提供实参,即实际参数。实际参数与形式参数是一一对应的关系,在函数还没有被调用、被执行时,形式参数代表了当程序运行时这些参数将如何参与程序的运行。当函数被调用、被执行后,实际参数将代替形式参数真正参与程序的运行,并得到用户所需的数据或操作。一个函数的形参部分可以是一个、多个,也可以没有,当函数运行时不需要其调用者传入任何数据时,即为无参函数。在定义无参函数时,函数名后面的一对圆括号不能够省略,只是其中可以不填写任何内容,但是,如果填写 void,则可以更清楚地说明该函数是一个无参函数。如果形参部分有多个参数,则每一个参数都必须按照参数类型和参数名称的顺序提供,参数之间使用逗号间隔。函数被调用执行时,调用者使用实际参数来代替形式参数,此时,将实际参数的值拷贝到函数的形式参数中,形式参数发生的任何改变都与实际参数没有关系,因为实参与形参是两个相互独立的存储空间,这种传递参数的方式被称为传值方式。如果希望对形参的改变也能够反映到实参中,那么就不能简单地将实参的值传给形参,而是应该将实参的地址传给形参,这样实参与形参实际上指向同一个存储空间,对形参的操作也就等同于对实参的操作,这种传递参数的方式被称为传地址方式,有关函数的传地址方式将在第 9 章介绍。

（4）变量声明。函数是一个独立的可执行程序片段,它在运行过程中可能需要使用到一些变量,这些变量必须在使用前先进行定义,并且 C 语言规定函数中变量的定义必须集中在所有语句之前进行,任何变量定义不能出现在语句之后。定义在函数中的变量即是局部变量,其作用范围只在函数中有效,超出函数定义范围后,该变量即为无效。

（5）函数体语句。函数体语句是函数的真正核心部分,函数的一切功能代码均在此处实现。在有返回值函数中,函数体执行完毕后必须使用 return 语句将指定数据返回给调用者,如果无返回值函数,则不需要 return 语句,代码执行完成后程序将自动返回。如果在函数中出现多个 return 语句,第一个被执行到的 return 语句将使函数返回到调用处,而其他未被执行的 return 语句将不再被执行。

作为一种比较特殊的自定义函数,空函数是指无返回值、无参数、无变量声明、无函数体语句的"四无"函数。空函数一般用于暂时无法描述其具体功能,但未来可能需要进行功能扩展的场合。

```
void 函数名()
{
}
```

程序员在编写自定义函数之前,一定要认真考虑如何设计函数功能,并要有控制函数规模的意识。一个理想的函数应该是功能相对独立,有尽可能多的上级函数需要调用它,同时,函数规模一般控制在语句代码不超过 200 行。当然,在一些特殊情况下,例如含有大量 case 语句的消息转发函数,其代码很可能超过 200 行,而这时,就不应该为了片面追求控制函数代码规模而拆分 switch 语句,还要考虑函数应该具备完整而相对独立的功能。

例 7-1　自然常数 e 的近似值可以使用公式 $e \approx 1 + \dfrac{1}{1!} + \dfrac{1}{2!} + \dfrac{1}{3!} + \cdots + \dfrac{1}{n!}$ 来求解,请编写函数求解 e 的近似值,要求精度达到 $\dfrac{1}{n!} < 10^{-6}$。

分析：考查题目中计算近似值的公式可以发现,除第一项 1 外,其余各项的形式都十分相似,分子均为 1,分母则为 $1 \sim n$ 的阶乘。这样,求阶乘就成为计算 e 近似值时最常用到的操作。在编写带有函数的程序时,要尽可能将需要反复用到且相对独立的功能写成一个函数,本例中计算阶乘的操作就是一个相对独立,而且需要反复被用到的功能,因此非常适合写成函数的形式。编程时,可以先写主函数 main(),也可以先编写自定义函数 Factorial(),但是,如同变量需要先定义再使用一样,C 语言中的自定义函数也需要先定义再使用。因此,无论先写谁,Factorial() 函数的定义必须写在 main() 函数的前面。当然,如果希望主函数 main() 写在前面,就必须先对 Factorial() 函数进行声明,关于函数声明的问题将在 7.2.2 小节介绍。

流程图如图 7-1 所示。

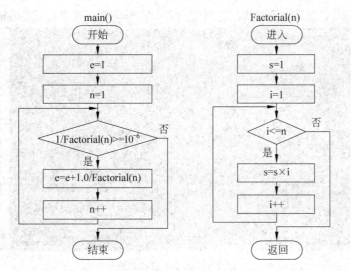

图 7-1 例 7-1 流程图

```
代码区 (例 7-1)
1  #include <stdio.h>
2
3  int Factorial( int n )
4  {
5      int i, s =1;
6
7      for( i =1; i <=n; i++)
8      {
9          s =s * i;
10     }
11     return s;
12 }
13
14 main()
15 {
16     float e =1;
17     int n =1;
18
19     while( 1.0/Factorial(n) >=1E-6 )
20     {
21         e =e +1.0/Factorial(n);
22         n++;
23     }
24
25     printf("e≈%f\n", e);
26
27 }
```

程序运行界面如图 7-2 所示。

图 7-2　例 7-1 运行界面

　　解释：在 7.1.1 小节中讲到任务分解的意义时曾经提到，一个复杂的任务在开发过程中往往存在着一些困难，以模块化的方式将复杂任务分解成若干个相对简单、小型的任务逐一进行处理就会容易得多。本例明显是一个循环嵌套问题，外层循环用于计算多项式中的每一项值，而内层循环则计算每一项的分母。事实证明，随着循环层数的增加，程序错误也将成倍增加，这种多层循环结构不仅仅增加了程序开发时的难度，而且也为以后维护、升级程序带来了很多不便。使用函数方式编程时，在主函数 main() 中完全可以不考虑求阶乘的问题，程序员只需要先定义好一个函数名 Factorial()，并以该函数代替任何阶乘计算即可。这样，例 7-1 就立即从编写一个比较有难度的两层循环嵌套程序降解为编写一个简单的单循环程序，从流程图中不难发现，主函数 main() 中只包含一个 while 循环结构，实现了多项式的累加操作。完成了主函数的编写后，就可以再考虑如何实现 Factorial() 函数，该函数只需要按参数计算其阶乘值并返回即可，而完成阶乘计算也只需一个单循环即可。通过本例可以发现函数的使用的确能够有效地降低程序开发的难度，同时，函数还能够十分方便地实现代码复用。代码复用是指为解决某一任务而开发的代码，也能够被方便地用于其他任务的解决中，本例中编写的函数完全可以应用到其他需要计算阶乘的程序中，这样将进一步降低软件开发的成本。

　　例 7-2　输入两个正整数 n 和 m(n＜m)，求从 n 到 m 之间（包括 n 和 m）所有素数的和，要求定义并调用函数 isprime(x) 来判断 x 是否为素数（素数是除 1 以外只能被自身整除的自然数）。【2003 年秋浙江省二级 C 真题】

　　分析：素数是指只能被 1 或自身整除，除此之外不能被任何其他整数整除的数。编写与素数有关的程序是 C 语言各类考试中常常会出现的题目。判断数 N 是否为素数，最直接、简单的方法就是用 N 分别除 2～(N−1) 之间所有的整数，如果这些整数都无法被 N 整除，就说明 N 是素数；只要有一个数能被 N 整除，则说明 N 不是素数。本题编程思路为：编写一个函数 isprime(x) 专门用于判断指定的整数 x 是否为素数，如果是，则返回 1；如果不是，则返回 0。在主函数 main() 中构建一个循环在 n～m 之间依次取数，每取一个数就调用一次 isprime() 判断该数是否为素数，如果是，则累加该数；否则继续循环。

流程图如图 7-3 所示。

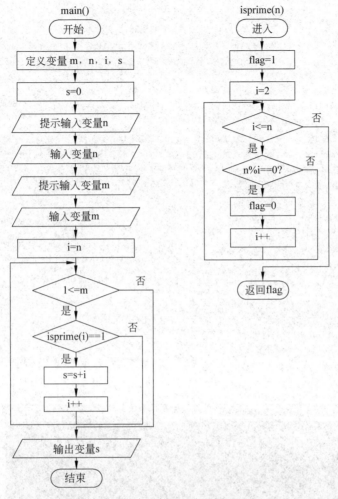

图 7-3　例 7-2 流程图

```
代码区 (例 7-2)
1    #include <stdio.h>
2
3    int isprime( int n )
4    {
5        int i, flag = 1;
6
7        for( i = 2; i < n; i++)
8        {
9            if( n % i == 0 )
10           {
11               flag = 0;
12           }
13       }
```

```
14        return flag;
15  }
16
17  main()
18  {
19      int m, n, i, s = 0;
20
21      printf("请输入起点值 n: ");
22      scanf("%d", &n);
23      printf("请输入终点值 m: ");
24      scanf("%d", &m);
25
26      for( i = n; i <= m; i++)
27      {
28          if( isprime( i ) == 1 )
29          {
30              s = s + i;
31          }
32      }
33
34      printf("%d至%d之间的素数和为%d\n", n, m, s);
35
36  }
```

程序运行界面如图 7-4 所示。

图 7-4　例 7-2 运行界面

　　解释：示例程序将函数 isprime() 的调用放在 if 语句的表达式中，并对函数返回值进行判断，如果等于 1，则执行下面的累加操作；否则，跳过累加操作，继续循环。这种在表达式中进行函数调用的操作是一种比较常见的编程方法，这种方法将先调用函数，函数返回值再直接参与到表达式的计算中。函数 isprime() 在判断参数是否为素数时使用了一个标志变量 flag，在循环开始前，标志变量初始为 1，在循环中，只要有任何一个数能够被参数整除，则将标志变量 flag 设置为 0,以使至少有一个数能够被参数整除。循环结束后,标志变量 flag 的值即为判断的结果,1 则为素数,0 则为非素数。设置标记变量的做法也是很常见的一种编程方法。

题目中要求 n<m,因此,在主函数 main()中最好能够对用户输入的 n 和 m 进行比较,如果不满足 n<m,可以交换 n 和 m 的值,使其满足题目要求。示例程序中并未加上比较 n、m 值和交换两变量值的代码,请读者自行添加。为了提高 isprime()函数判断一个数是否为素数的效率,也可以利用现有数学研究成果将循环起止数从 $2 \sim (n-1)$ 改为 $2 \sim \sqrt{n}$,如果 $\sqrt{n}$ 不为整数时,需要对其进行取整操作,即 $(int)\sqrt{n}$。因为理论已证明,如果一个数不能被 $2 \sim \sqrt{n}$ 之间的任何一个数整除,该数即为素数。

7.2.2　函数的声明与调用

函数作为程序的组成部分,在编写时需要遵守一些规则,比如,函数的声明就是必须遵守的规则之一。C 语言编译器在对源程序进行编译处理时,是按照从上往下的次序操作的,而 C 语言又要求函数、变量等都需要先定义再使用。如果发生自定义函数的调用位置出现在了该函数定义位置之后,则编译器会因为先看到要调用的函数,但未能及时发现其后的函数定义部分,导致编译器误认为调用了一个未被定义的函数而报错。为了避免这种错误的产生,一种解决方法是将函数的定义写在调用程序之前,但是,这种方法无法解决库函数调用或第三方函数调用的问题。另一种解决方法就是通过函数的声明,先告知编译器已经定义了这样一个函数,稍后会给出它的具体定义。

关于函数定义和函数声明是这样区别的,所谓函数定义,是指编写一个完整的函数单元,包含返回值类型、函数名、形参及形参类型、变量声明、函数体语句等部分。在同一个程序中,函数的定义只能出现一次,并且函数首部与花括号之间不加分号。函数声明是函数定义的简写形式,只包含定义的第一行部分,即只有返回值类型、函数名、形参类型、形参名,而不需要包含其后花括号及变量声明、函数体语句部分。函数声明的一般格式如下:

返回值数据类型 函数名 (数据类型 形参 1, 数据类型 形参 2,..., 数据类型 形参 n);

函数声明的作用在于通知编译器,有这样一个函数已经被定义了,函数的具体内容包括参数并不需要说明得太清楚、太仔细,因此,C 语言也允许在函数声明时不需要写出具体的形参名称,只需要依次列出形参的数据类型即可。

函数声明是一条独立的语句,因此必须以分号结束,而函数定义的首行不能含有分号。是否有分号也是区别函数定义与函数声明的一个标志。下面代码分别是函数 isprime()的函数定义与函数声明,请读者仔细分辨其区别。

函数定义

```
1   int isprime( int n )
2   {
3       int i, flag =1;
4
5       for( i =2; i <n; i++)
```

```
6      {
7          if( n % i == 0 )
8          {
9              flag = 0;
10         }
11     }
12     return flag;
13 }
```

函数声明

```
1      int isprime( int n );
```

从上面示例代码中可以看出，函数声明与函数定义的首行完全一样，只是不包含函数具体代码部分，并且以分号作为结束符号。而函数定义则完整地包含了函数首行和代码部分，并且函数定义的首行和最后表示函数结束的花括号"}"后面都没有分号。有时为了简化函数声明，也可以只列出参数类型，而不用列出参数变量名，但参数类型的个数和次序必须与函数定义完全相同，下列声明方式编译器也会接受。

```
1      int isprime( int );
```

函数定义完成后，就可以适时对其进行调用操作。本来程序流程是在主函数 main()中依照从上至下的次序运行的，但发生函数调用时，流程将暂时离开主函数而转向调用函数中。函数代码执行完成后，流程将返回到发生函数调用的位置，并继续进行其后的操作。如果函数有返回值，那么该返回值将被返回到函数调用处继续参与后面的运行。函数调用过程如图 7-5 所示。

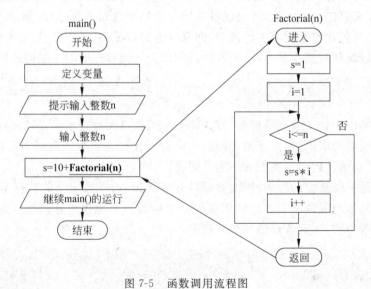

图 7-5　函数调用流程图

C 语言是一种函数式语言，每一个源程序是由一个或若干个函数组成，并且其中至少要有一个主函数 main()，程序执行时，流程总是从 main()开始运行，其他的函数如果希望被运行就需要通过被调用的方式获得执行权。除了主函数以外,其他函数之间也可以相互调用,但是任何函数都不可以调用主函数 main()。调用其他函数的函数称为主调函数,被其他函数调用的函数称为被调函数,主调函数先得到执行权,调用了被调函数后,程序执行权将转移到被调函数中,被调函数运行完成后,再将执行权交还给主调函数。

根据函数是否有参数,其调用一般有两种形式。

有参函数
函数名(实际参数 1,实际参数 2,...,实际参数 n)
无参函数
函数名()

在调用有参函数时,实际参数可以是变量、常数等类型,但必须与形式参数一一对应,并且实际参数之间也必须使用西文半角逗号进行分隔。实际参数也可以是一个函数调用,类似下面示例语句的写法在 C 语言编程中常常用到:

```
MaxValue =Max(x, Max(y, z));
```

Max 函数用于返回两个数是最大的那个数,在这条语句中,内层的 Max() 函数先被调用,它将返回变量 y 和 z 中较大的那个数,并且,函数调用结束后,返回值将作为外层Max()函数的第二个参数参与调用。整个语句执行完成后,变量 x、y、z 中最大的数将被赋值给变量 MaxValue。从上面这个小例子中还可以发现,内层 Max() 函数其结尾并没有以分号结尾,而外层的 Max() 函数却是以分号结尾。是否在函数调用结束时添加分号结尾,主要看调用时函数所处的位置,如果函数作为表达式中的一部分,一般不用添加分号,但是如果函数调用作为一个独立的语句出现,即函数语句,则需要在其后添加分号。除了上面演示的一些函数调用方法外,还有几种调用方法也比较常见。

无参函数的调用:

```
c =getchar();                          //输入一个字符到变量c中
```

无返回值的函数调用:

```
fopen(fp);                             //关闭指定文件
```

表达式中函数的调用:

```
c =(b +sqrt(b * b -4 * a * c))/(2 * a);    //c=
while( ( c =getchar() )!='#' )          //输入"#"号结束循环
```

$$c = \frac{-b + \sqrt{b^2 - 4ac}}{2a}$$

7.2.3　全局变量与局部变量

在模块化程序设计中,一个理想的函数应该具备较强的独立性,即函数除利用参数和返

185

回值与其他函数进行数据传输以后,其内部外码尽可能封闭于函数体之内,避免与其他函数代码发生联系。现代软件开发项目很少由一两个人完成,更多的是由一个团队,甚至成百上千名开发者共同完成,在众多开发者的合作工作中,代码不可避免地经常会出现一些诸如变量命名重复之类的冲突。如果每一个函数都独立于其他函数存在,并拥有一片自己的局部空间,那么,开发团队中的每一位成员都能够专注于自己模块的开发,而不需要考虑是否会与其他合作者产生冲突。但是,作为程序整体的一部分,不同函数又非常有可能需要共享或共同操作一些数据,这些需要能够被多个函数操作的数据当然不能局限在一个函数之中,而应该是程序全局可见、可操作。

定义在函数内部的变量,其作用范围仅限于该函数内部,当函数调用结束时,变量即从内存中清除,直到下次函数再次被调用。这类作用范围限于函数内部的变量,被称为局部变量。

在任何函数之外定义的变量,其作用范围从变量定义处起,直至程序结束处止,并在该变量定义处之后所有函数内部均可以访问、操作。这类作用范围不限于函数内部的变量,被称为全局变量。下面示例代码演示了局部变量和全局变量的定义和使用效果。

局部变量演示

```
1   #include <stdio.h>
2
3   void LocalFun( void )
4   {
5       int local = 9;
6       printf("LocalFun 函数中的 local 变量值: %d\n", local);
7   }
8   void main()
9   {
10      int local = 6;
11      printf("main 函数中的 local 变量值: %d\n", local);
12      LocalFun();
13  }
```

上述代码运行后,结果如图 7-6 所示。

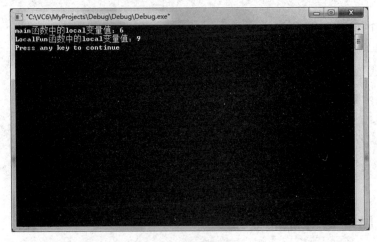

图 7-6　局部变量演示

　　主函数 main()与自定义函数 LocalFun()中均定义了变量 local,并被赋予了不同的初始值,但是,在输出不同函数中的 local 变量值时,并没有发生任何混淆和错误,输出的均为函数自己定义的变量值。这段简短的程序十分清楚地说明了局部变量是在各自的空间中工作,不同函数内部定义的同名、同类型变量不会影响、干扰到其他函数的正常工作。

```
全局变量演示
1   #include <stdio.h>
2
3   int global = 9;
4   void GlobalFun1( void )
5   {
6       printf("GlobalFun1 函数访问全局变量值: %d\n", global);
7   }
8
9   void GlobalFun2( void )
10  {
11      printf("GlobalFun2 函数访问全局变量值: %d\n", global);
12  }
13
14  void main()
15  {
16      printf("main 函数访问全局变量值: %d\n", global);
17      GlobalFun1();
18      GlobalFun2();
19  }
```

上述代码运行后,结果如图 7-7 所示。

图 7-7　全局变量演示

　　全局变量与局部变量有明显的不同,在上面的示例代码中,main()、GlobalFun1()和GlobalFun2()函数均可以访问全局变量 global,并且所得到的数据值完全一样。这段示例说明全局变量的作用范围已经不仅仅局限于函数内部,而允许程序内多个函数对其进行操作和访问。全局变量的使用方便了在不同函数之间进行数据传输,但是,程序员也应该意识到,过多地引入全局变量不仅仅会影响程序的可读性,而且也会破坏函数的独立性,过多地使用全局变量非常不利于软件模块的重用,因此,建议程序员应该只在确实需要使用全局变量时才有限制地使用全局变量。

在使用局部变量和全局变量时还需要注意下列几个问题。

- 函数定义的形式参数,其作用范围只在该函数内部,属于局部变量;
- 在复合语句中定义的变量,其作用范围仅限于该复合语句内,属于局部变量;
- 如果在函数内部定义了与全局变量同名的局部变量,则在该函数内部访问该变量时,全局变量将被暂时屏蔽,被操作的将是局部变量;
- 全局变量只能够被其定义处之后的函数访问和操作,定义在全局变量定义处之前的函数无法访问、操作该全局变量;
- 局部变量在函数调用完成时即从内存中被删除,而全局变量则会一直工作到整个程序结束时。

局部变量和全局变量是 C 语言程序设计知识中的一个重要内容,在程序中正确定义、使用合适的变量将有助于提高代码的执行效率、减少错误,以及更好地重用代码。

7.2.4　变量的生存周期

全局变量和局部变量是从变量的作用范围,即空间范围对其进行的分类,而变量的生存期则是从时间范围对其进行的分类。

从 7.2.3 小节已经知道,局部变量在函数调用结束时即从内存中清除,当下一次函数再次被调用时,内存中将重新生成局部变量,而此时的局部变量与前次的局部变量将没有任何联系,尽管它们是同一个函数中定义的同一个变量。然而,有些时候程序员却希望能够记录下上次局部变量操作的结果,以便在函数再次被调用时,能够继续上次未完成的工作。在这种情况下,一般的局部变量显然是无法胜任的,因此,C 语言允许程序员使用一种特殊的局部变量——静态局部变量。所谓静态局部变量,是指与程序有着相同生命周期的变量,即该变量不会因为函数调用的结束而从内存中被清除,而是继续存在于内存中,直到下次函数被调用时,该局部变量继续为函数服务。

静态变量的定义格式如下:

```
static 数据类型 变量列表;
static int a, b;
```

static 是 C 语言的 32 个保留字之一,专门用于定义静态变量。静态变量是变量存在时的定义,当变量的作用域(即作用范围)不同时,可以使用 static 定义不同作用域的静态变量。当局部变量定义前添加 static,该局部变量将成为静态局部变量;而当全局变量定义前添加 static,该全局变量将成为静态全局变量。考虑到本书读者定位为非计算机专业 C 语言初学者,因此,本节内容将不会提到静态全局变量与全局变量的区别,读者如需进行多源文件开发,可以通过其他途径方便地扩充该部分知识。

局部变量一旦被定义为静态局部变量,其生存时间将不再受到定义该变量的函数的影响,其生存时间将比定义它的函数的生存时间长,而与整个程序的生存时间相同。函数每一次对静态局部变量的操作都会被记录下来，直到函数下一次再访问这些变量。例 7-3 演示了静态局部变量的使用方法。

例 7-3　请编写函数，记录并显示自己被调用的次数。

分析： 记录函数被调用的次数可以在主调函数中进行记录，也可以在函数中使用静态局部变量进行记录。题目要求编写函数来记录并显示自己被调用的次数，因此，需要使用静态局部变量来进行记数操作。当函数被调用时，静态局部变量会被修改，函数结束时，静态局部变量会继续存在于内存中，等待函数的下一次访问和操作。

流程图如图 7-8 所示。

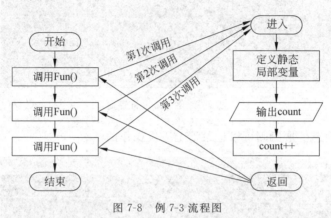

图 7-8　例 7-3 流程图

```
代码区 (例 7-3)
1    #include <stdio.h>
2
3    void Fun( void )
4    {
5        static int count =1;
6
7        printf("Fun 函数第%d次被调用\n", count);
8        count++;
9    }
10
11   void main()
12   {
13       Fun();
14       Fun();
15       Fun();
16   }
```

程序运行界面如图 7-9 所示。

解释： 当函数中定义了静态局部变量 count 后，每次调用函数 Fun()时，对变量 count 值的修改都会被记录下来，下一次再次调用函数 Fun()时，所读取的 count 是上一次函数调用时修改过的值，并且这一次函数对 count 变量加 1 的操作结果也将被保留到下次函数调用。对比一下函数 Fun()中定义变量 count 时如果不添加 static，则三次调用函数的结果如图 7-10 所示。从图 7-9 和图 7-10 的对比可以清楚地看出，当函数中定义的变量不是静态变量时，每次函数调用后，其变量值都会被清除，下一次再调用函数时，变量 count 又从 1 开始

图 7-9　例 7-3 运行界面

计数。而定义为静态变量后则可以记录下上一次操作的结果。

图 7-10　例 7-3 非静态局部变量运行界面

在 C 语言中,如果定义的是全局变量或静态局部变量,则变量会被自动赋予初值 0;如果定义的是局部变量,在使用前必须为其赋初值,否则该变量的初值将为 −858993460 (0xCCCCCCCC),直接在表达式中使用将会造成错误。

7.3　库函数与 API

函数作为软件复用技术的重要形式,长久以来一直受到软件开发商和程序员们的重视。为了提高软件开发效率,很多企业、开发团队、编译器开发厂商都纷纷以库函数的形式发布一些可以让程序员重复使用的代码,以提高程序开发效率,降低开发成本。同时,为了方便程序员访问操作系统内部一些核心数据和功能,操作系统也为程序员提供了一些可供其直接在程序中调用的函数,用以实现在程序中访问操作系统的目的。这些函数的提供在很大程度上简化了程序开发工作,提高了软件开发效率。

7.3.1　库函数

库函数一般是指编译系统开发厂商提供的,可在源程序中直接调用的函数。库函数一般可分为两大类:一类是 C 语言标准规定的库函数;另一类是编译系统开发厂商提供的一些特色库函数。无论是哪一类库函数,程序员都可以方便地在程序中直接调用。但是,出于版权、可靠性等方面的原因,库函数一般并不提供源代码,而是通过头文件的方式来声明库中所包含的函数,程序员通过查看头文件中的函数声明了应该如何调用库中相应的函数。

C 语言的语句十分简单,这种设计虽然带来了灵活性,但是,程序员开发软件时也需要做更多的工作。例如,C 语言并未提供用于输入和输出数据的语句,而输入/输出操作又是大多数程序必须用到的,如果没有库函数提供的 printf() 和 scanf() 等输入/输出函数,那么,程序员如果要进行输入/输出操作,就需要自己编写复杂的程序。为了解决 C 语言本身因为语句功能不足而带来的不便,不同 C 语言编译系统开发厂商几乎都随编译器产品发布了专门的库函数工具包。这些库函数的提供,极大地方便了程序员的软件开发工作,同时也补充了 C 语言本身的不足。事实上,在编写 C 语言程序时,应当尽可能多地使用库函数,这样既可以提高程序的运行效率,又可以提高编程的质量。

使用库函数时,首先需要在源程序中正确地添加相关函数的头文件,有时也称为包含文件。添加头文件时,只需使用 #include 命令指明将哪一个头文件添加进源程序即可。源程序编译完成后,连接程序自动将已编译好的目标代码与库函数文件进行连接操作,最终形成可执行的程序。

如果调用的不是由编译系统开发厂商提供的库函数,那么,除了需要使用 #include 命令将所调函数的头文件包含进源程序外,还需要指明库文件的具体位置。下列示例代码演示了如何向源程序中添加网络编程库函数。

```
#incluede <winsock2.h>
#pragma comment(lib,"wsock32.lib")
```

上面示例代码中,第 1 行将 winsock2.h 头文件添加到了源程序中,第 2 行则将 wsock32.lib 库文件引入到了源程序中。

由于 C 语言编译系统应提供的库函数目前并无国际标准,因此,不同版本的 C 语言拥有的库函数并不完全相同,除了 C 语言标准中所要求的一些函数外,各厂商也会提供很多有特色的函数,因此程序员在使用库函数时,可以查阅相关版本的 C 语言的库函数参考手册。

在源程序中调用库函数时,应清楚下列四个方面的内容。

(1) 函数的具体功能。

(2) 函数参数的数目、顺序,以及每个参数的意义及类型。

(3) 函数返回值的意义及类型。

(4) 需要包含的头文件。

掌握以上四条，就能够在源程序中正确地进行库函数调用了。附录 C 中提供了 C 语言中常用的库函数。

7.3.2 系统 API

系统应用编程接口（Application Programming Interface，API）通常是指操作系统留给应用程序的一个调用接口，用户开发的应用程序能够通过调用 API，使操作系统执行应用程序希望其完成的一些任务。

不同操作系统都以各自的方法为应用程序提供相应的 API，以便程序员能够利用这些规范的接口函数编写符合系统要求的扩展功能代码。Windows 操作系统的 API 函数被包含在系统目录下的多个不同动态连接库文件中，如 User32. dll、GDI32. dll、Shell32. dll 等。凡是在 Windows 工作环境下执行的应用程序，都可以调用 Windows API。

20 世纪 90 年代中期，Windows 操作系统以其支持多任务、图形化操作界面等巨大优势一举夺取了 DOS 占据多年的个人操作系统主导地位，在全新的 Windows 平台下，各类应用程序的开发成为人们最为迫切的需要。为了帮助那些长期在 DOS 系统环境下开发软件的程序员能够更快地适应新平台应用软件的开发，Windows 系统为广大的程序员提供了大量的 API 函数，这些函数成为应用程序与操作系统之间的接口，程序员们利用这些系统提供的可靠的、方便的 API 函数犹如"堆积木"一样，搭建出各种界面丰富、功能灵活的应用程序。API 函数位于操作系统核心与应用程序之间，是构筑整个 Windows 框架的基石。API 的下面是 Windows 操作系统的核心，而它的上面则是种类繁多的 Windows 应用程序。有了这些 API 函数，程序员便可以把主要精力放在程序整体功能代码和其他特色功能代码的设计上，而不必过于关注那些已经由操作系统实现过的功能。

下面这段代码演示了通过调用系统 API 来枚举、查看正在运行的进程信息。但是，本例只是通过一段代码向读者简要介绍一下系统 API 的使用方法，并不需要理解每条语句的具体意义或是掌握其编程方法，这些知识将会在涉及 Windows 系统编程的相关书籍中得到更详细的说明。

```
1   #include <stdio.h>
2   #include <windows.h>
3   #include <psapi.h>
4   #pragma comment(lib, "psapi.lib")
5
6   void main(void)
7   {
8       DWORD processid[1024], pBytesReturned[1024], processSum, i;
9       HANDLE hProcess;
10      HMODULE hModule;
11      char path[MAX_PATH] = "", temp[256];
12
13      printf("系统正在运行的进程列表: \n ");
14      EnumProcesses(processid, sizeof(processid), pBytesReturned);
15      processSum = * pBytesReturned / sizeof(DWORD);
```

```
16      for (i = 0; i < processSum; i++)
17      {
18          hProcess = OpenProcess( PROCESS_QUERY_INFORMATION | PROCESS_VM_READ,
                FALSE, processid[i]);
19          if (hProcess)
20          {
21              EnumProcessModules( hProcess, &hModule, sizeof(hModule),
                    pBytesReturned );
22              GetModuleFileNameEx( hProcess, hModule, path, sizeof(path) );
23              GetShortPathName(path, path, 256);
24              itoa(processid[i], temp, 10);
25              printf("%s ---%s\n ", path, temp);
26          }
27      }
28      CloseHandle(hProcess);
29      CloseHandle(hModule);
30 }
```

图 7-11 显示了在程序运行后枚举出的正在运行的进程信息。

图 7-11　系统 API 调用示例图

系统 API 的出现和使用，在应用程序和操作系统之间拥有了一架连通的桥梁，应用程序能够在操作系统的允许和控制下调用操作系统中一些特殊的、底层的核心功能，这些功能的加入可以使应用程序完成更复杂、更专业的任务。

7.3.3　第三方 API

第三方 API 是指由除软件开发方和操作系统之外的其他软件提供商提供的 API。第三方软件开发商向用户提供 API 一般出于两种原因。其一，为其他软件开发商或程序员提供可复用的软件代码，通过使用这些 API 函数，能够有效地降低软件开发成本，提高软件生产效率。这类第三方 API 中比较知名的有 Direct3D 和 OpenGL 图形 API；为用户提供实时跟踪地图、航空公司航班延误、预计到达和出发时间、机场天气等信息接口的 FlightStats API；谷歌地图 API 等。其二，现在有不少服务型网站常常向用户提供免费的 API 接口，希望广大的程序员开发网站的扩展应用程序，以便吸引更多的用户来使用其功能，同时，也可以为已有用户提供更好的体验。这类第三方 API 中比较知名的有微信 API、QQ API、新浪微博 API、百度知道 API 等。网站提供开放的开发平台 API 后，有助于吸引更多的软件开发人员参与到开放的开发平台中，吸引他们在平台上进行商业应用开发，以便在短时间内开发出更多能够吸引用户眼球的第三方应用，而平台提供商也可以因此获得更多的访问流量与市场份额。软件开发者则不需要投入庞大的技术资源就可以利用这些开放的开发平台 API 轻松、快捷地开发热门应用实现创业，从而达到双赢的目的。

7.4 递 归

在软件开发中，有一类比较特别的函数编程算法，这类函数能够通过不断调用自身来实现某些计算或操作目的，这种特殊的函数编程算法被称为递归（Recursion）。递归在程序设计中被广泛应用于各类软件开发中，它通常将一个大型、复杂的问题逐层转化为一个与原问题相似，但复杂程度较低、规模较小的问题来求解。在一些问题的解决上，如果采用递归算法，就能够以更少的代码描述出解题过程中所需要的多次重复计算，不但大大地减小了程序复杂度，而且也更容易被理解。但是，采用递归算法也有其不足之处。反复的函数调用将会消耗更多的系统资源，使程序执行效率变得更低，并且，程序的运行速度也将会随着递归次数的增加而明显变得更慢。因此，一般程序设计时，应该尽可能优先考虑非递归算法的实现，除非在某些特殊情况下或确实没有更好的算法时使用递归算法才是比较合适的选择。

在程序中递归算法，并非因为它具有更高的效率，更主要的原因在于递归算法能够用更精练、简短的语句来实现复杂问题的解决。一个标准的递归程序通常需要有边界条件、递归前进段和递归返回段。当边界条件不满足时，递归前进；当边界条件满足时，递归返回。因此，在设计递归算法时，必须有一个明确的递归结束条件，只有当这个条件被满足时，递归过程才能够停止，所以，这个条件也被称为递归出口。

例 7-4 演示了一个经典的递归算法。

例 7-4 使用递归算法计算正整数 m 和 n 的最大公约数。

分析： 计算两个正整数最大公约数时，最常使用的算法就是辗转相除法。辗转相除法又名欧几里得算法（Euclidean Algorithm），是求解两个正整数最大公因子的经典算法。它是已知最古老的数学算法之一，首次出现于欧几里得的《几何原本》中，中国东汉时期的《九章算术》里也记载了相似的算法。最大公约数是指能够同时整除两个正整数的所有数中最大的那个数。辗转相除法的原理是：正整数 a 和 b 的最大公约数等于 a 和 b 中较小的那个数和这两个整数相除的余数的最大公约数。例如，252 和 105 的最大公约数是 21；252％105＝42，而 105 和 42 的最大公约数也是 21，这样就从原来求 252 和 105 的最大公约数就成为求 105 和 42 的最大公约数；继续这个过程，105％42＝21，而 42 和 21 的最大公约数还是 21；最后，42％21＝0，两数中最小的数 21 即为所求的最大公约数。这种反复相除的算法就是辗转相除法。

流程图如图 7-12 所示。

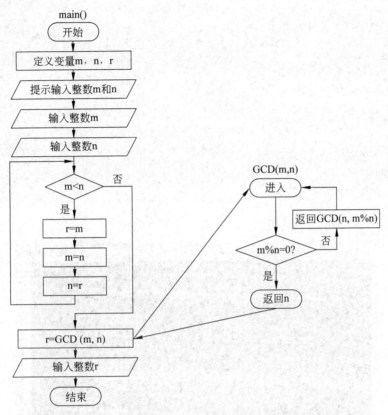

图 7-12 例 7-4 流程图

```
代码区 (例 7-4)
1  #include <stdio.h>
2
3  int GCD( int, int );
4
5  void main(void)
6  {
7      int m, n, r;
8
9      printf("请输入两个整数 m 和 n: ");
10     scanf( "%d", &m );
11     scanf( "%d", &n );
12     if( m < n )
13     {
14         r = m;
15         m = n;
16         n = r;
17     }
18     r = GCD( m, n );
19     printf("最大公约数为: %d\n", r);
```

```
20 }
21
22 int GCD ( int m, int n)
23 {
24     if ( m % n == 0)
25         {
26          return n;
27         }
28     else
29         {
30          return GCD ( n, m % n );
31         }
32 }
```

程序运行界面如图 7-13 所示。

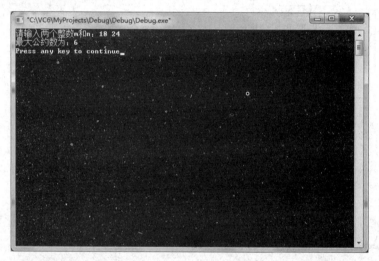

图 7-13   例 7-4 运行界面

解释：示例源码中，主函数 main()负责提示用户输入两个整数，并且对输入的整数进行判断，以保证 m 中存放的是较大的数，n 中存放的是较小的数，如果 m 小于 n，则交换 m 和 n 的值。在进行交换操作时，为了不多增加变量，所以使用了用于保存最大公约数的变量 r 作为临时变量，因为 GCD()函数的返回值会被赋予变量 r，因此，r 中原来是何值不会影响到最终的程序结果。完成 GCD()函数调用后，main()还负责将得到的最大公约数输出到屏幕中。本例的核心代码是自定义函数 GCD()，该函数全部语句仅为 7 行，函数体中只做了一件事，即判断 m 除 n 的余数是否为 0，如果是则返回 n；如果不是则使用新的值继续调用 GCD()函数。假设在主函数中输入 m=24，n=18，第一次调用 GCD()时，m%n=6，不为 0，因此 GCD()将继续调用 GCD()，执行的语句为 return GCD(18,6)；第二次调用 GCD()时，18%6=0，因此返回变量 n，即 6；回到第一个 GCD()函数中，返回值 6 替代了函数调用语句，因此，语句"return GCD(18,6)；"成为"return 6；"，这条语句再次以接力的方式将 6 返回给上级调用者，即主函数 main()。主函数 main()中的语句"r=GCD(m,n)；"则成为"r=6；"，变量 r 被重新赋值。

196

通过例 7-4 可以看出,递归的使用的确在很大程度上简化了程序的结构,使其看起来更加清晰、易懂。

例 7-5　一只猴子某天摘下桃子若干个,当即吃掉了桃子的一半,觉得不过瘾又多吃了一个,以后每天都吃前一天剩下桃子的一半再加一个,第 5 天刚好剩一个。请用递归算法帮猴子计算一下第 1 天它到底摘了多少个桃子?

分析:猴子摘桃是程序设计学习中的一道经典问题,递归是其多种解题算法中比较简单的一种。分析题目可知,第一天桃子数量最多,其后每天都在前一天的基础上有规则地递减,最后一天桃子的数量则为 1 个。设前一天的桃子数为 x,后一天的桃子数为 y,依题意有公式:$y = \dfrac{x}{2} - 1$,即后一天桃子数量为前一天的一半,再少一个。因此,前一天的桃子数量应该为:$x = 2 \times (y+1)$,第 5 天桃子的数量是已知的,依此公式向前倒推即可得到第一天桃子的数量。该题的数学定义如下:

$$PeachSum(day) = \begin{cases} 1, & day = 5 \\ 2 \times (PeachSum(day+1)+1), & day = 1,2,3,4 \end{cases}$$

从上述公式可以看出,第 1 天的桃子数量 PeachSum(1) 等于 $2 \times (PeachSum(2)+1)$,即第 2 天桃子数量加 1 的两倍;第 2 天桃子的数量等于第 3 天桃子数量加 1 的两倍……第 5 天桃子的数量已知,即可反推出第 4 天桃子的数量,并通过函数返回值逐层反推,直到计算出第 1 天的桃子数量。

流程图如图 7-14 所示。

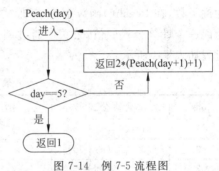

图 7-14　例 7-5 流程图

```
代码区 (例 7-5)
1   #include <stdio.h>
2
3   int Peach( int day )
4   {
5       if( day == 5 )
6           return 1;
7       else
8           return 2 * ( Peach( day + 1 ) + 1 );
9   }
10
11  void main( void )
12  {
13      int PeachSum;
14      PeachSum = Peach( 1 );
15      printf( "一共有桃子的个数为:%d\n", PeachSum );
16  }
```

程序运行界面如图 7-15 所示。

解释:例 7-5 是一道典型的逆推递归题,主函数 main() 中调用 Peach(1) 来计算第 1 天

197

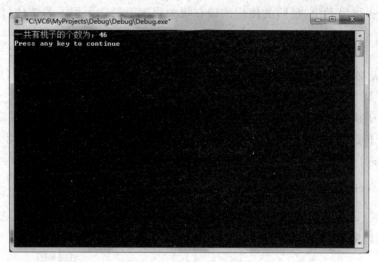

图 7-15　例 7-5 运行界面

的桃子数，在 Peach() 函数中，由于形式参数 day 不等于 5，无法直接计算出桃子数量，因此返回一个计算公式的值，公式中通过调用 Peach(day＋1) 来得到第 2 天桃子数量，……，其过程如表 7-1 所示。

表 7-1　递归过程表

day	计算公式	桃子数量	函数调用方向	计算方向
1	s1＝2×(s2＋1)	46		
2	s2＝2×(s3＋1)	22		
3	s3＝2×(s4＋1)	10	↓	↑
4	s4＝2×(s5＋1)	4		
5	s5＝1	1		

从例 7-5 可以看出，要完成桃子数量的计算，必须从第 1 天起反复递归到第 5 天才可以使函数开始回溯。在递归的过程中，上一级函数实际并未执行完成，它必须等待对自己的另一次调用完成后才可以计算出自己应该返回的值，而这些未能完成执行的函数并不会从内存中被清除，这意味着如果递归的次数较多时，内存空间将会因为函数数量只增加不减少而被快速地消耗。当然，尽管递归算法存在着效率不高的问题，但这并不妨碍它成为解决一些典型问题的可选方法之一，比如，在解决树、图遍历这类递归描述的问题时，可以使用递归算法来实现，在很多其他问题中也可以用到递归思想，比如回溯、分治、动态规划等算法的实现。

【技能训练题】

（本处题目为实际应用题目或理工科各专业应用题。）

1. 有一对兔子，从出生后第 3 个月起，每个月都生一对兔子，小兔子长到第 3 个月后每个月又生一对兔子,假如兔子都不死,请问第 20 个月兔子的总数为多少? 请编写一个递归函数计算。

2. 编写一个函数能够根据调用者提供的本金、利率和存款时间计算到期后本息总额。

3. 有 5 个人坐在一起,问第 5 个人多少岁,他说比第 4 个人大 2 岁。问第 4 个人岁数,他说比第 3 个人大 2 岁。问第 3 个人,又说比第 2 人大两岁。问第 2 个人,说比第 1 个人大两岁。最后问第 1 个人,他说他今年 10 岁,请问第 5 个人多大?

4. 公积金贷款的计算要根据还贷能力、房价成数、住房公积金账户余额和贷款最高限额四个条件来确定,其中四个条件计算出的最小值就是贷款人最高可贷金额。以还贷能力为依据的公积金贷款计算公式为:贷款额度=[(借款人或夫妻双方月工资总额+借款人或夫妻双方所在单位住房公积金月缴存额)×还贷能力系数 40%]×12(月)×贷款年限。如果贷款额度超过当地最高贷款额度,则按当地最高贷款额度计算。①编写一个公积金贷款额度函数;②小张夫妻月工资总额 7500 元,两人每月共缴纳公积金 1900 元,2013 年宁波市住房公积金最高贷款额度为 80 万元,请帮小张计算如果贷款 20 年,最多贷款额度为多少?

5. 编写一个函数,计算字符串的长度,在 main() 函数中输入字符串,并输出其长度。

【应试训练题】

(本处题目为浙江省高校计算机等级考试 C 语言真题。)

一、选择题

1. 以下关于结构化程序设计的叙述中正确的是_____。【2010 年 9 月选择题第 11 题】

    A. 一个结构化程序必须同时由顺序、分支、循环三种结构组成

    B. 结构化程序使用 goto 语句会很便捷

    C. 在 C 语言中,程序的模块化是利用函数实现的

    D. 由三种基本结构构成的程序只能解决小规模的问题

2. 以下叙述正确的是_____。【2010 年 3 月选择题第 11 题】

    A. C 语言程序是由过程和函数组成的

    B. C 语言函数可以嵌套调用,例如 fun(fun(x))

    C. C 语言函数不可以单独编译

    D. C 语言中除了 main() 函数,其他函数不可作为单独文件形式存在

3. 有以下程序:

```
#include  <stdio.h>
double f(double x);
main()
{ double a=0;int i;
   for(i=0;i<30;i+=10) a+=f((double)i);
   printf("%5.0f\n",a);
}
double f(double x)
```

199

```
{return x*x+1;}
```

程序运行后的输出结果是_____。【2011 年 9 月选择题第 24 题】

    A. 503   B. 401   C. 500   D. 1404

4. 以下关于 return 语句的叙述中正确的是_____。【2010 年 3 月选择题第 24 题】

    A. 一个自定义函数中必须有一条 return 语句

    B. 一个自定义函数中可以根据不同情况设置多条 return 语句

    C. 定义成 void 类型的函数中可以有带返回值的 return 语句

    D. 没有 return 语句的自定义函数在执行结束时不能返回到调用处

5. 有以下程序：

```
#include <stdio.h>
void fun(char*c,int d)
{  *c=*c+1;d=d+1;
   printf("%c,%c,",*c,d);
}
main()
{  char b='a',a='A';
   fun(&b,a); printf("%c,%c\n",b,a);
}
```

程序运行后的输出结果是_____。【2010 年 3 月选择题第 26 题】

    A. b,B,b,A   B. b,B,B,A   C. a,B,B,a   D. a,B,a,B

6. 有以下程序：

```
#include <stdio.h>
void  fun(int p)
{  int d=2;
   p=d++;printf("%d",p);}
main()
{  int a=1;
   fun(a);printf("%d\n",a);}
```

程序运行后的输出结果是_____。【2009 年 9 月选择题第 24 题】

    A. 32   B. 12   C. 21   D. 22

7. 有以下程序：

```
#include <stdio.h>
void fun(int*a,int*b)
{ int*c;
  c=a;a=b;b=c;
}
main()
{   int x=3,y=5,*p=&x,*q=&y;
    fun(p,q);printf("%d,%d,",*p,*q);
    fun(&x,&y);printf("%d,%d\n",*p,*q);
}
```

程序运行后的输出结果是_____。【2009 年 3 月选择题第 26 题】

A. 3,5,5,3　　　　B. 3,5,3,5　　　　C. 5,3,3,5　　　　D. 5,3,5,3

8. 设有如下函数定义：

```
int fun(int k)
{  if(k<1) return 0;
   else if(k==1) return 1;
   else return fun(k-1)+1;
}
```

若执行调用语句"n＝fun(3);"，则函数 fun()总共被调用的次数是_____。【2011 年 3 月选择题第 32 题】

　　A. 2　　　　　B. 3　　　　　　C. 4　　　　　　D. 5

9. 有以下程序：

```
#include <stdio.h>
int fun(int x,int y)
{  if(x!=y) return((x+y)/2);
   else return(x);
}
main()
{  int a=4,b=5,c=6;
   printf("%d\n",fun(2*a,fun(b,c)));
}
```

程序运行后的输出结果是_____。【2011 年 3 月选择题第 33 题】

　　A. 3　　　　B. 6　　　　　　　C. 8　　　　　　D. 12

10. 有以下程序：

```
#include <stdio.h>
int f(int x);
main()
{  int n=1,m;
   m=f(f(f(n)));printf("%d\n",m);
}
int f(int x)
{return x*2;}
```

程序运行后的输出结果是_____。【2010 年 9 月选择题第 24 题】

　　A. 1　　　　　B. 2　　　　　　C. 4　　　　　　D. 8

11. 有以下程序：

```
#include <stdio.h>
void fun(int x)
{  if(x/2>1) fun(x/2);
   printf("%d",x);
}
main()
{fun(7);printf("\n");}
```

程序运行后的输出结果是_____。【2010 年 9 月选择题第 35 题】

A. 1 3 7   B. 7 3 1   C. 7 3   D. 3 7

12. 有以下程序：

```
#include  <stdio.h>
int f(int x,int y)
{return((y-x) * x);}
main()
{ int a=3,b=4,c=5,d;
  d=f(f(a,b),f(a,c));
  printf("%d\n",d);
}
```

程序运行后的输出结果是_____。【2009 年 3 月选择题第 24 题】

A. 10   B. 9   C. 8   D. 7

13. 有以下程序：

```
#include  <stdio.h>
int  fun(int x,int y)
{ if(x==y) return(x);
  else return((x+y)/2);
}
main()
{ int a=4,b=5,c=6;
  printf("%d\n",fun(2 * a,fun(b,c)));
}
```

则运行结果为_____。【2009 年 3 月选择题第 33 题】

A. 3   B. 6   C. 8   D. 12

14. 有以下程序：

```
#include  <stdio.h>
#define N 4
void fun(int a[][N],int b[])
{ int i;
  for(i=0;i<N;i++) b[i]=a[i][i]-a[i][N-1-i];
}
main()
{
  int x[N][N]={{1,2,3,4},{5,6,7,8},{9,10,11,12},{13,14,15,16}};
  int y[N],i;
  fun(x,y);
  for(i=0;i<N;i++)
    printf("%d,",y[i]);
  printf("\n");
}
```

程序运行后的输出结果是_____。【2011 年 9 月选择题第 28 题】

A. −12,−3,0,0   B. −3,−1,1,3

C. 0,1,2,3   D. −3,−3,−3,−3

15. 以下程序的主函数中调用了在其前面定义的 fun 函数。

```
#include  <stdio.h>
    ⋮
main()
{  double a[15],k;
   k=fun(a);
    ⋮
}
```

则以下选项中错误的 fun()函数首部是_____。【2011 年 9 月选择题第 31 题】

  A. double fun(double a[15])   B. double fun(double * a)

  C. double fun(double a[])   D. double fun(double a)

16. 有以下程序(函数 fun()只对下标为偶数的元素进行操作)：

```
#include  <stdio.h>
void fun(int  * a,int n)
{  int i,j,k,t;
   for(i=0;i<n-1;i+=2)
   {  k=i;
      for(j=i; j<n;j+=2)  if(a[j]>a[k]) k=j;
      t=a[i];a[i]=a[k]; a[k]=t;
   }
}
main()
{  int aa[10]={1,2,3,4,5,6,7},i;
   fun(aa,7);
   for(i=0;i<7;i++) printf("%d,",aa[i]);
   printf("\n");
}
```

程序运行后的输出结果是_____。【2010 年 9 月选择题第 30 题】

  A. 7,2,5,4,3,6,1   B. 1,6,3,4,5,2,7

  C. 7,6,5,4,3,2,1   D. 1,7,3,5,6,2,1

17. 有以下程序,程序中库函数 islower(ch)用于判断 ch 中的字母是否为小写字母。

```
#include  <stdio.h>
#include  <ctype.h>
void fun(char * p)
{  int i=0;
   while(p[i])
   {  if(p[i]==''&&islower(p[i-1])) p[i-1]=p[i-1]-'a'+'A';
      i++;
   }
}
main()
{  char s1[100]="ab cd EFG !";
   fun(s1);printf("%s\n",s1);
}
```

程序运行后的输出结果是_____。【2010 年 9 月选择题第 34 题】

  A. ab cd EFG ！   B. Ab Cd EFg ！

C. aB cD EFG！   D. ab cd EFg！

18. 有以下程序：

```
#include <stdio.h>
int f(int t[],int n);
main()
{ int a[4]={1,2,3,4},s;
  s=f(a,4);printf("%d\n",s);
}
int f(int t[],int n)
{ if(n>0) return t[n-1]+f(t,n-1);
  else return 0;
}
```

程序运行后的输出结果是_____。【2010 年 3 月选择题第 33 题】

    A. 4   B. 10   C. 14   D. 6

19. 有以下程序：

```
#include <stdio.h>
  int b=2;
  int fun(int * k)
  { b= * k+b;return(b);}
  main()
  { int a[10]={1,2,3,4,5,6,7,8},i;
   for(i=2;i<4;i++){b=fun(&a[i])+b; printf("%d",b);}
   printf("\n");
  }
```

程序运行后的输出结果是_____。【2009 年 3 月选择题第 35 题】

    A. 10 12   B. 8 10   C. 10 28   D. 10 16

20. 有以下程序：

```
#include <stdio.h>
int f(int m)
{ static int n=0;
  n+=m;
  return  n;
}
main()
{ int  n=0;
  printf("%d,",f(++n));
  printf("%d\n",f(n++));
}
```

程序运行后的输出结果是_____。【2011 年 9 月选择题第 33 题】

    A. 1,2   B. 1,1   C. 2,3   D. 3,3

21. 以下选项中叙述错误的是_____。【2011 年 9 月选择题第 39 题】

    A. C 程序函数中定义的赋有初值的静态变量，每调用一次函数，赋一次初值

    B. 在 C 程序的同一函数中，各复合语句内可以定义变量，其作用域仅限本复合语

句内

C. C 程序函数中定义的自动变量,系统不自动赋确定的初值

D. C 程序函数的形参不可以说明为 static 型变量

22. 有以下程序:

```c
#include  <stdio.h>
int fun()
{ static int x=1;
  x*=2;
  return x;
}
main()
{ int i,s=1;
  for(i=1;i<=3;i++) s*=fun();
  printf("%d\n",s);
}
```

程序运行后的输出结果是_____。【2011 年 3 月选择题第 34 题】

A. 0　　　　　　B. 10　　　　　　C. 30　　　　　　D. 64

23. 有以下程序:

```c
#include  <stdio.h>
int fun()
{ static int x=1;
  x*=2; return x;
}
main()
{ int i,s=1;
  for(i=1;i<=2;i++) s=fun();
  printf("%d\n",s);
}
```

程序运行后的输出结果是_____。【2010 年 3 月选择题第 34 题】

A. 0　　　　　　B. 1　　　　　　C. 4　　　　　　D. 8

24. 有以下程序:

```c
#include  <stdio.h>
int fun()
{ static int x=1;
  x+=1; return x;
}
main()
{ int i,s=1;
  for(i=1;i<=5;i++)  s+=fun();
  printf("%d\n",s);
}
```

程序运行后的输出结果是_____。【2010 年 9 月选择题第 36 题】

A. 11　　　　　　B. 21　　　　　　C. 6　　　　　　D. 120

25. 有以下程序：

```
#include <stdio.h>
int f(int n);
main()
{  int a=3,s;
   s=f(a);s=s+f(a);printf("%d\n",s);
}
int f(int n)
{  static int a=1;
   n+=a++;
   return n;
}
```

程序运行后的输出结果是_____。【2009 年 9 月选择题第 34 题】

　　A. 7　　　　　　　B. 8　　　　　　　C. 9　　　　　　　D. 10

二、填空题

1. 有以下函数：

```
void prt(char ch,int n)
{  int i;
   for(i=1;i<=n;i++)
   printf(i%6!=0 ? "%c":"%c\n",ch);
}
```

执行调用语句 prt('＊',24);后,函数共输出了_____行＊号。【2011 年 3 月填空题第 9 题】

2. 以下 fun()函数的功能是：找出具有 N 个元素的一维数组中的最小值,并作为函数值返回。请填空(设 N 已定义)。【2010 年 9 月填空题第 10 题】

```
int fun(int x[N])
{  int i,k=0;
   for(i=0;i<N;i++)
   if(x[i]<x[k])k=_____;
   return x[k];
}
```

3. 以下 fun()函数的功能是在 N 行 M 列的整型二维数组中,选出一个最大值作为函数值返回,请填空(设 M、N 已定义)。【2010 年 9 月填空题第 12 题】

```
int fun(int a[N][M])
{  int i,j,row=0,col=0;
   for(i=0; i<N;i++)
   for(j=0;j<M; j++)
    if(a[i][j]>a[row][col]){row=i;col=j;}
   return(_____);
}
```

4. 有以下程序：

```
#include <stdio.h>
```

```
int a=5;
void fun(int b)
{   int a=10;
    a+=b;printf("%d",a);
}
main()
{   int c=20;
    fun(c);a+=c;printf("%d\n",a);
}
```

程序运行后的输出结果是_____。【2009 年 9 月填空题第 11 题】

5. 有以下程序,请填写正确语句,使程序可正常编译运行。【2011 年 3 月填空题第 12 题】

```
#include  <stdio.h>
_____;
main()
{   double x,y,(*p)();
    scanf("%lf%lf",&x,&y);
    p=avg;
    printf("%f\n",(*p)(x,y));
}
double avg(double a,double b)
{   return((a+b)/2);}
```

6. 请将以下程序中的函数声明语句补充完整。【2009 年 3 月填空题第 12 题】

```
#include  <stdio.h>
int _____;
main()
{ int x,y,(*p)();
  scanf("%d%d",&x,&y);
  p=max;
  printf("%d\n",(*p)(x,y));
}
int max(int a,int b)
{ return(a>b?a:b);}
```

7. 以下程序运行后的输出结果是_____。【2011 年 9 月填空题第 11 题】

```
#include  <stdio.h>
void fun(int x)
{  if(x/5>0) fun(x/5);
    printf("%d",x);
}
main()
{ fun(11);printf("\n");}
```

8. 有以下程序:

```
#include  <stdio.h>
fun(int x)
```

```
{   if(x/2>0) fun(x/2);
    printf("%d .",x);
}
main()
{   fun(6),printf("\n");}
```

程序运行后的输出结果是_____。【2009 年 9 月填空题第 15 题】

9. 有以下程序，程序执行后，输出结果是_____。【2009 年 3 月填空题第 11 题】

```
#include  <stdio.h>
void fun(int * a)
{ a[0]=a[1];}
main()
{ int a[10]={10,9,8,7,6,5,4,3,2,1},i;
  for(i=2;i>=0;i--)fun(&a[i]);
  for(i=0;i<10;i++)printf("%d",a[i]);
  printf("\n");
}
```

三、编程题

1. 编写一个递归函数，求解 n!。

2. 编写求圆的面积的函数，并调用该函数求出圆环的面积。

3. 编写求 k!的函数，再调用该函数求 10!并输出。

4. 编写求 k!的函数，再调用该函数求 1!＋3!＋5!＋…＋19!之和并输出。

5. 编写求 k!的函数，再调用该函数求 C(m,n)＝m!/(n!×(m−n)!)并输出。

6. 编写判断素数的函数，调用该函数求出 1000 以内的所有素数之和并输出。

7. 编写求两个数中最大数的函数，并调用该函数求出四个数中的最大数。

8. 编写判定闰年的函数，并调用此函数判定某一年是否是闰年。

9. 编写判定闰年的函数，并调用此函数求出公元 1 年到公元 1000 年之间的所有闰年。

10. 编写一个将实数四舍五入到小数点后第 n 位的函数，并调用此函数将一个实数舍入到小数点后第 2 位(是指内部精度而非输出精度)。

11. 编写一个函数用于将一个整数前后倒置，并调用此函数将一个从键盘输入的整数前后倒置。

12. 编写求 n 个数平均值的函数，并调用此函数找出从键盘输入的 20 个成绩中所有低于平均分的成绩。

第 8 章　批量数据的处理

学习完本书前 7 章的内容，读者已经具备了基本的 C 语言程序设计能力，并且能够编写一些功能简单的实用程序。然而，利用这些已学过的 C 语言知识，程序员所编写的程序却只适合处理那些基本数据类型，并且数量较少的数据，这种程序完全无法体现出计算机高速、大批量、复杂数据处理的优势。请读者试想一下，利用现有编程知识，如果要编程记录并处理 100 名学生的语文成绩应该如何实现？如果要记录并处理 1000 名学生的 10 门功课成绩又该如何实现？如果按照一名学生一门功课设置一个变量的方法编写程序，那么，无论是变量命名还是操作、管理如此众多的变量，都将是一次灾难性的体验。

本章将向读者介绍 C 语言用于处理大批量同类型数据的构造数据类型——数组。只有掌握了数组的基本操作方法，程序员才可以有效地处理大批量数据，如：链表、表格、向量、矩阵等，并配合上循环语句的使用，将极大地提高程序的数据处理效率和能力。

8.1　一维数组与线性结构

在讲解数组的定义之前，请读者先对比下面的两段程序。

题目：输入十个整数，并输出其中最大的数。

```
方法一
1   #include <stdio.h>
2
3   void main(void)
4   {
5       int a,b,c,d,e,f,g,h,i,j,max;
6
7       scanf("%d", &a);
8       scanf("%d", &b);
9       scanf("%d", &c);
10      scanf("%d", &d);
11      scanf("%d", &e);
12      scanf("%d", &f);
13      scanf("%d", &g);
14      scanf("%d", &h);
15      scanf("%d", &i);
16      scanf("%d", &j);
```

```
17        if( a >b )
18        {
19            max =a;
20        }
21        if( c >max )
22        {
23            max =c;
24        }
25        if( d >max )
26        {
27            max =d;
28        }
29        if( e >max )
30        {
31            max =e;
32        }
33        if( f >max )
34        {
35            max =f;
36        }
37        if( g >max )
38        {
39            max =g;
40        }
41        if( h >max )
42        {
43            max =h;
44        }
45        if( i >max )
46        {
47            max =i;
48        }
49        if( j >max )
50        {
51            max =j;
52        }
53        printf("最大的数是：%d\n", max);
54 }
```

方法二

```
1    #include <stdio.h>
2
3    void main(void)
4    {
5        int a[10],i,max;
6
7        for( i =0; i <10; i++)
8        {
9            scanf("%d", &a[i]);
```

```
10       }
11       max = a[0];
12       for( i = 1; i < 10; i++)
13       {
14           if( max < a[i] )
15           {
16               max = a[i];
17           }
18       }
19       printf("最大的数是：%d\n", max);
20  }
```

　　两段程序都实现了输入 10 个整数，并从中找出最大的数输出。方法一定义了 10 个整型变量用于保存输入的整数值，并使用了 9 条 if 语句来比较 10 个整数，最终从中选出最大的整数。由于每个变量名称不同，方法一无法利用循环语句来自动、高效地输入、比较数据，只得将稍有不同的多个 scanf()语句和 if()语句逐一写出来，仔细观察这些语句就会发现，它们所不同的仅仅只是所操作的变量名部分。再来看看方法二，由于使用了数组来存储和处理输入的 10 个数据，整个程序代码量瞬间减少了一半以上，而且程序结构更加清晰、简洁。

8.1.1　一维数组的定义与初始化

　　数组是内存中的一片连续存储空间，在这片内存空间中按照一定的顺序存放着若干个相同数据类型的元素，每个数组都拥有一个唯一的数组名，数组名在程序中也可以用于表示这片内存空间的起始地址。每个数组元素都会根据其在数组中的次序从 0 开始编号，这个编号被称为下标，通过数组名和下标可以方便地访问到数组中的任何一个元素。正确使用数组必须注意三点问题。

　　(1) 数组中所有元素按一定顺序连续存放，并且从 0 开始为每一个元素编号。

　　(2) 数组中所有元素都具有相同的数据类型，不同类型的数据不能存放在同一个数组中。

　　(3) 数组名代表整个数组，访问数组中某一个元素，必须在数组名之后加上要访问的元素在数组中的编号，即下标。

　　与其他变量一样，数组也必须先定义后使用。在定义数组时，需要指定数组的数据类型、数组名和数组长度三个必要条件，其定义格式如下：

```
数据类型 数组名[长度值];
```

　　数据类型规定了数组中能够存储的元素类型，数组的数据类型可以是任何基本数据类型（如整型、单精度、双精度、字符型等），也可以是构造数据类型（如结构、联合等）。

　　数组名的命名规则遵循 C 语言标识符的命名规则，与变量名的命名并无不同。

　　长度值是定义数组时非常需要注意的一个问题，首先，该长度值用于指定数组的长度，即数组元素的个数。其次，C 语言不支持可变长度数组，因此，长度值必须是一个确定的整常数，而不能是变量，例如："`int n=10; int s[n];`"这样定义数组是不正确的，因为数组长度值是一个变量，尽管这个变量已经先被定义并赋值。长度值也可以是一个由＃define 命令的整型常量，还可以是一个常量计算表达式，如：3 * 4、1＋2，等等，下面列举了一些较常见的数组定义语句。

```
#define MaxLength 255
char string[MaxLength];
int count[10];
float wage[100];
double date[2 * 15];
```

在程序中访问数据元素时，应该使用 数组名[下标] 的方式操作。下标值将从 0 开始计数，假设操作一个长度为 10 的数组 count，那么，数组元素的下标值最小从 0 开始，最大到 9 为止，前后下标值间隔为 1。所有数组元素分别为 count[0]、count[1]、count[2]、count[3]、count[4]、count[5]、count[6]、count[7]、count[8]、count[9]。

数组定义后，C 编译器会在内存中开辟一片连续的存储空间，数组名将指向这片连续空间的起始地址处，然后依次排列数组中的每一个元素。长度相同的数组，如果其数据类型不同，数组在内存中实际占用的空间是有所区别的，请对比下面两个不同数据类型的数组在内存中的空间分配图，如图 8-1 和图 8-2 所示。

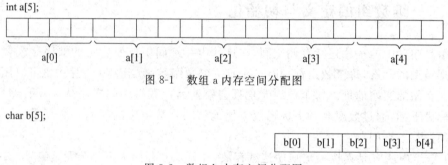

图 8-1　数组 a 内存空间分配图

图 8-2　数组 b 内存空间分配图

尽管数组 a 和数组 b 的长度值均为 5，但是，它们的实际内存空间分配却有着非常巨大的差别。这是因为，定义数组时所指定的长度值仅仅代表该数组中有多少个元素，数组 a 和数组 b 都有 5 个元素，在这一点上它们是相同的。但是，数组 a 的类型为整型，在 32 位 Windows 操作系统中，VC6 将为每一个整型数据分配 4 字节的存储空间，而字符型数据则只分配 1 字节的存储空间，这样，数组 a 中的每一个元素由于都是整数类型，因此分配了 4 字节空间，5 个数组元素一共占用 20 字节空间。而数组 b 由于是字符型数据，因此每个元素只分配了 1 字节空间。

不必将数组看成是一种特殊的数据类型，除了能够存储更多的同类数据之外，数组在多数操作方法上与普通变量没有什么区别。比如：数组也需要先定义再使用，数组使用前必须先为其赋值，未被赋值的数组元素值同样为一个巨大的负数：－858993460（0xCCCCCCCC）等，总之，能够使用变量的场合，同样适合于数组的使用。数组的优点在于，它使用唯一的数组名标识了若干个元素，有效地减少了变量命名过多的问题，并且通过下标的变化,能够利用循环语句连续、自动地操作任何一个元素。

在定义数组时,也可以直接将具体数值指定给数组中的元素,这个过程被称为数组初始化。由于数组中包含若干个元素,因此,数组的初始化过程比普通变量的初始化过程稍复杂一些。

数组初始化的一般格式如下:

```
数据类型 数组名[长度值]={常量表达式列表};
```

数组的初始值被放置在花括号内,每个初始值之间使用逗号进行间隔,并按照从左至右的顺序一对一分别赋给数组中的每一个元素。下面列举出了一些常见的数组初始化方法。

(1) 所有元素初始化

```
int array[5]={1,2,3,4,5};
```

效果:

```
array[0]=1;
array[1]=2;
array[2]=3;
array[3]=4;
array[4]=5;
```

(2) 部分元素初始化

```
int array[5]={1,2};
```

效果:

```
array[0]=1;
array[1]=2;
array[2]=0;
array[3]=0;
array[4]=0;
```

C 语言规定,对数组进行初始化操作时,只要有一个元素被赋值,其他没有对应赋值的元素将自动被赋为 0。因此,在本例中数组元素 0 和 1 被赋值为 1、2,其他元素则自动被赋为 0。

(3) 初始化确定数组长度

```
int array[]={1,2,3,4,5};
```

效果:

```
array[0]=1;
array[1]=2;
```

```
array[2]=3;
array[3]=4;
array[4]=5;
```

C语言规定，如果在定义数组时没有指定其长度值，可以根据初始值的个数来设定数组的长度。本例中，数组 array 在定义时没有指定其长度值，但 C 编译器仍然可以根据初始值的个数 5 来确定数组的长度。

（4）初始值个数超过数组长度的错误

```
int array[5]={1,2,3,4,5,6};
```

本例中，数组长度定义为 5，而初始值却有 6 个，如果初始值个数不足，C 编译器可以为没有对应初始值的元素赋值为 0，但是，如果初始值多于数组元素，那么哪些值应该被赋给数组元素，哪些值应该被丢弃呢？这种情况 C 编译器无法做出有效判断，因此，它会在编译时报告一个错误：error C2078：too many initializers，表示初始值太多，需要编程员自己确定删除哪些内容。

（5）可能造成误解的初始化

```
int array[3]={3 * 4};
```

有些读者可能会以为，使用上面这种乘法表达式能够表示为 3 个数组元素分别初始化为 4，即 array[0]=4，array[1]=4，array[2]=4。实际上，C 编译器会先将 3 * 4 的结果计算好，再进行数组的初始化操作，这条语句等价于" `int array[3]= {12};` "，实际操作是给部分数组元素赋初值，最终数组各元素初始值为：array[0]=12，array[1]=0，array[2]=0。

8.1.2 一维数组的应用

一维数组是最简单、最常用的一种数组形式，广泛应用于排序、查找等大批量数据处理中。一维数组的使用经常伴随着循环语句一起出现，在循环体中，通常将循环变量作为数组元素下标，在一遍又一遍不断重复的循环过程中，循环变量不断被修改，所操作的数组元素也随着循环变量的改变而不断变化。

例 8-1 输入十个整数，计算并输出这十个整数的和与平均值。

分析：如果使用普通的整型变量存放数据，则需要在程序中定义多达十个变量，不但管理不方便，而且操作十分繁杂，而使用数组则只需要一个数组就可以存储这十个数据。为了使程序能够自动处理数组元素，可以使用一个 for 循环语句，通过循环变量的改变来实现对不同数组元素的操作。在循环体中，首先，要使用 scanf() 函数输入数据到数组元素中，然后，再把已输入的数据累加到变量 sum 中。当循环完成时，十个数据均已输入到数组中，同时，变量 sum 中也累加了十个整数之和。最后，计算平均值并输出所有数据。

流程图如图 8-3 所示。

代码区 (例 8-1)

```
1   #include <stdio.h>
2
3   void main(void)
4   {
5       int array[10], i, sum = 0;
6       float average;
7
8       for( i = 0; i < 10; i++ )
9       {
10          scanf("%d", &array[i]);
11          sum = sum + array[i];
12      }
13
14      average = sum / 10.0;
15      printf("十个数总和为：%d\n平均数为：%f\n", sum, average );
16  }
```

程序运行界面如图 8-4 所示。

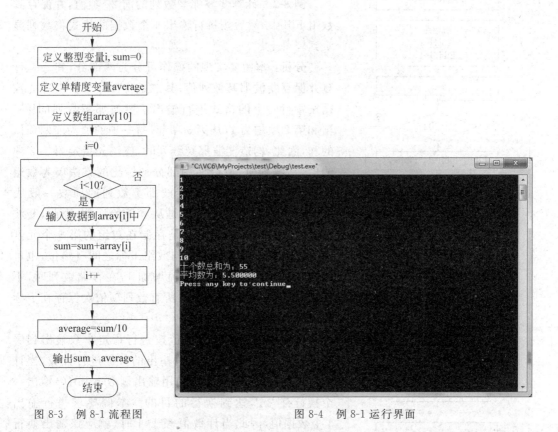

图 8-3　例 8-1 流程图　　　　　　　　　图 8-4　例 8-1 运行界面

解释：从流程图可以看出，本例是一个非常简单的单循环结构程序。输入函数 scanf()
的第二个参数 &array[i] 表示取数组元素 array[i] 的地址，输入的整型数据将被存放在这
个地址所指向的空间中。初次看到数组元素的这种表示方法时，读者可能会感到迷惑，
8.1.1 小节中的确讲到，数组后面的中括号内不能出现变量，而必须是一个整数值或由

215

#define 定义的整型常量。然而，这个规定是指在定义数组时，不能使用变量来指定数组长度，因为编译器需要一个确定的数值来为数组分配一片连续的内存空间，变量无法让编译器确定应该分配多大的内存空间。在对数组元素的引用中则完全可以使用变量来作为数组元素的下标，并且随着变量值的改变，所引用的数组元素也将不同。在一个循环语句中，如果循环变量仅仅当作循环计数器使用，那么，它的起始值和终止值并没有特殊要求，只要这两个值的间隔符合循环次数要求即可。例如：对于一个需要运行 50 次的循环而言，循环变量是从 1～50，还是从 51～100，并没有什么区别。但是，如果循环变量在循环体中除了扮演计数器的角色以外，还要被用来当成引用数组元素的下标，那么，它的起始值和终止值就有一些要求和规定了。对于一个长度为 n 的数组来说，数组元素的下标值只能是从 0～(n−1)，因此，循环变量的起始值和终止值必须限定在这个范围之内，一旦超出这个范围即会引起下标越界

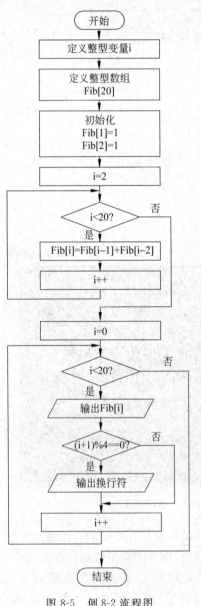

图 8-5　例 8-2 流程图

的错误。麻烦的是，由于 C 语言编译器并不对数组元素的下标值进行检查，所以下标越界的操作仍然会被执行，这个越界的下标值将会使程序对数组以外的内存空间进行非法访问和操作，这将可能造成致命的程序崩溃。

例 8-2　计算斐波那契数列的前 20 项值，并保存到数组 Fib 中，然后按每行输出 4 个数据的格式将数列显示到屏幕上。

分析：本题要实现的操作可分为两部分，其一是计算并保存斐波那契数列值；其二是将保存于数组中的数据按每行 4 个的格式进行输出。斐波那契数列的第 1 项和第 2 项均为 1，从第 3 项起，每一项的值为前两项值的和，因此，构造斐波那契数列时，应该先指定第 1、2 项的值，在编程时，可以使用部分初始化的方法仅为数组的第 1、2 项赋初始值。斐波那契数列的项数一般从 1 开始计数，而数组下标则是从 0 开始计数，因此，斐波那契数列的第 1 项实际上是存储在数组的第 0 个元素中。如果不希望数列项数与数组下标之间有错位，也可以在定义数组时将其长度值增加 1，在存储数列时，不使用下标为 0 的数组元素，所有数列项依次保存在下标为 1～20 的数组元素中。

要将输出的多个数据值按每行指定个数输出到屏幕上，一般使用的方法是对输出的数据进行计数，当计数值累加到某个数值时，使用输出函数 printf() 输出一个换行符 '\n'，达到换行的目的。本例要求每行输出 4 个数据值，因此当计数值等于 4 时，就应该输出换行符。为了实现重复换行，可以对计数值除 4 后余数进行判断，当余数为 0 时，表明计数值又一次计满了 4，再次输出换行符即可。

流程图如图 8-5 所示。

代码区 (例 8-2)

```
1   #include <stdio.h>
2
3   void main( void )
4   {
5       int Fib[20]={1,1};
6       int i;
7
8       for( i =2; i <20; i++)
9       {
10          Fib[i] =Fib[i-1] +Fib[i-2];
11      }
12
13      for( i =0; i <20; i++)
14      {
15          printf( "Fib[%d] =%d\t", i+1, Fib[i] );
16          if( (i+1) %4 ==0 )
17          {
18              printf("\n");
19          }
20      }
21  }
```

程序运行界面如图 8-6 所示。

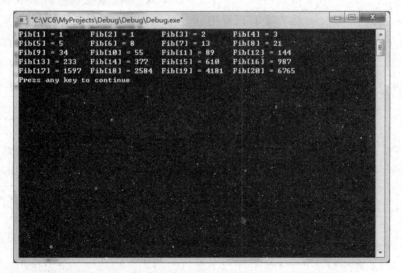

图 8-6　例 8-2 运行界面

解释：示例程序使用了两个单循环语句分别用于计算斐波那契数列和输出数列。在定义 Fib 数组时，将 Fib[0] 和 Fib[1] 初始化为 1，表示斐波那契数列的第 1、2 两项。第 1 个 for 循环中，由于斐波那契数列的前两项值是已知的，不需要计算，因此循环变量的起始值从 2 开始，在循环体中，使用循环变量充当数组下标，这样每循环一次即可以计算并保存一项

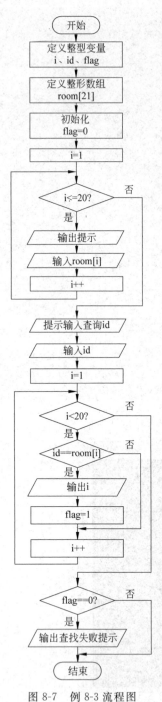

图 8-7　例 8-3 流程图

斐波那契数列项。第 2 个 for 循环是将保存在数组中的所有斐波那契数列全部输出，因此循环变量的起始值为 0。在循环体中，为了实现每行输出 4 个数值，使用了一条 if 语句对循环变量 i 与 4 的余数进行判断，当余数为 0 时，表示已经输出过 4 个数值，此时，输出一个换行符即可让后续的数值输出到下一行。在数组编程中，利用循环变量完成一些辅助工作是非常常见的做法。在本例中，循环变量不但控制着循环的次数，充当访问数组元素的下标，还可作为控制数据输出的计数器，这种"一值三用"的方法不但有效地减少了程序中的变量个数，而且避免了重复计数带来的时间开销，请读者在编程实践中注意总结这种技巧的运用。

例 8-3　世界黑客大会召开期间，万豪酒店一共接待了 20 位参会专家。酒店为每位专家提供了一个唯一的 ID 号，并将他们安排在 1～20 号房间。现在请编写一个程序，能够根据用户输入的专家 ID 号查找出他们下榻的房间号。【查找问题】

分析：本例是一个典型的查找问题，查找是"数据结构"课程中的一个重要内容，很多实际问题的解决都离不开查找算法，例如：翻译程序需要在词库中查找用户提交的单词；火车购票程序需要为乘客查找车次信息等。经过多年的研究和发展，目前已经出现了很多效率高、速度快的优秀查找算法，对查找算法有兴趣的读者可以阅读《计算机程序设计艺术》一书中"排序与查找"相关内容。本例则采用了最为原始的顺序查找算法，通过一一对比的方法，在数组中查找指定数据。顺序查找算法的基本原理是，从第 1 个数组元素开始，逐一与需要查找的数据进行比较判断，如果比较相等，则表明已经找到查询的数据；如果比较不相等，则继续比较下一个数组元素，直到循环结束。为了得出用户查询的数据不在数组中的结论，需要比较所有的元素之后才能做出判断，设置一个标记用于记录循环中是否曾经找到过查找数据是一种比较常见的方法。进入循环前，将标记设置为 0，只要循环过程中有任何一次查找到查询数据，该标记即被修改为 1，这样，在退出循环后，只要判断该标记是否仍然为 0 即可得知是否找到过查询的数据。

流程图如图 8-7 所示。

代码区 (例 8-3)
```
1   #include <stdio.h>
2
```

```
3   void main( void )
4   {
5       int room[21];
6       int i, id, flag = 0;
7
8       for( i = 1; i <= 20; i++)
9       {
10          printf( "请填写%d号房间入住的专家 ID号: ", i);
11          scanf( "%d", &room[i] );
12      }
13
14      printf("请输入您想查询的专家 ID号: ");
15      scanf("%d", &id);
16      for( i = 1; i <= 20; i++)
17      {
18          if( id == room[i] )
19          {
20              printf("您查询的专家入住本酒店第%d号房间\n", i);
21              flag = 1;
22          }
23      }
24      if( flag == 0 )
25      {
26          printf("抱歉,您提供的 ID号未在本酒店登记,请确认!");
27      }
28  }
```

程序运行界面如图 8-8 所示。

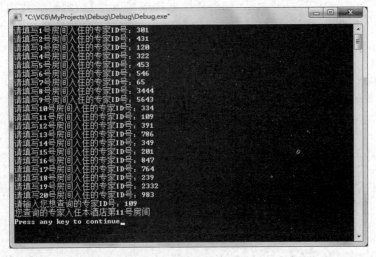

图 8-8　例 8-3 运行界面

解释: 为了与酒店客房编号对应,本例在定义数组长度值时增加了 1,以便空出数组元素 0 不用,这样,数组的下标值与房间编号相对应,输入的 20 位专家 ID号将被对应保存到数组的 1~20 元素中,通过查询数组的下标值即可得知专家入住的房间编号。程序中的第

1 个 for 循环语句用于输入每位专家入住的房间信息，第 2 个 for 循环语句则按顺序查找的方法逐一搜索数组元素，当发现数组元素值与查找值相同时，则表示已找到目标。程序中使用了一个标志变量 flag 用于记录查找状态，查找开始时，flag 被初始化为 0，任何一次查找匹配时，将 flag 修改为 1。查找结束后，如果 flag 的值仍然为 0，则表示数组中没有任何一个元素值与查找值相匹配，查找失败。顺序查找是所有查找算法中最简单、最直观的一种，但是其查找效率也比较低，只适用于查找数据量较少的场合。

例 8-4　输入 10 个整数，使用冒泡算法将其从小到大排列并输出。【排序问题】

分析：冒泡算法是排序的经典算法之一，从分类上来看，冒泡排序属于交换排序，这类算法的基本思想是：两两比较待排序的关键字，如果发现两个关键字的次序不符合要求时即交换两个关键字的位置，通过数次循环比较后，直到所有关键字符合要求的次序为止。冒泡算法使用双重循环进行排序操作，排序时，首先由外层循环从待排序数列中取出第 1 个数，再由内层循环依次取出待排序数列中的第 2、3、…、n 个数，并与第 1 个数进行比较，如果第 1 个数大于与它比较的数，两数进行交换，以保证小的那个数在待排序数列中的第 1 位。当内层循环结束时，待排序数列中的第 1 个数将是整个数列中最小的数。这种将待排序数列中最小的数通过反复交换放置在最前面的过程非常像水底的气泡上升到水面，因此，这种排序算法被人们形象地称为冒泡算法。

经过外层循环的第 1 遍运行后，整个待排序数列中的最小值已经被正确地放置在了数列的最前面，该数已经没有再与其他数值进行比较的必要了，因此，外层循环将再从第 2 个数开始取数，并与后面的其他数值进行比较。当外层循环取出待排序数列中的第 2 个数后，内层循环则应该依次取出第 3、4、…、n 个数，与外层循环取出的第 2 个数分别进行比较，同样，如果第 2 个数大于与它比较的数时，两数交换，以保证小数在前，大数在后。外层循环最后一次取数时，只能取第 n−1 个数，而不能取第 n 个数，因为外层循环结束之后，所有数则从内层循环中取出，并进行比较判断，如果外层循环取第 n 个数，那将导致内层循环无数可取，循环也将出现错误。图 8-9 演示了待排序数列 6、3、9、1、2 的冒泡排序全过程。

流程图如图 8-10 所示。

```
代码区 (例 8-4)
1   #include <stdio.h>
2   int main(void)
3   {
4       int Bubble[10];
5       int i, j, Temp;
6       for(i=0; i<10; i++)
7       {
8           printf("请输入第%d个数: ", i);
9           scanf("%d", &Bubble[i]);
10      }
11      for(i=0; i<9; i++)
12      {
13          for(j=0; j<10-1-i; j++)
```

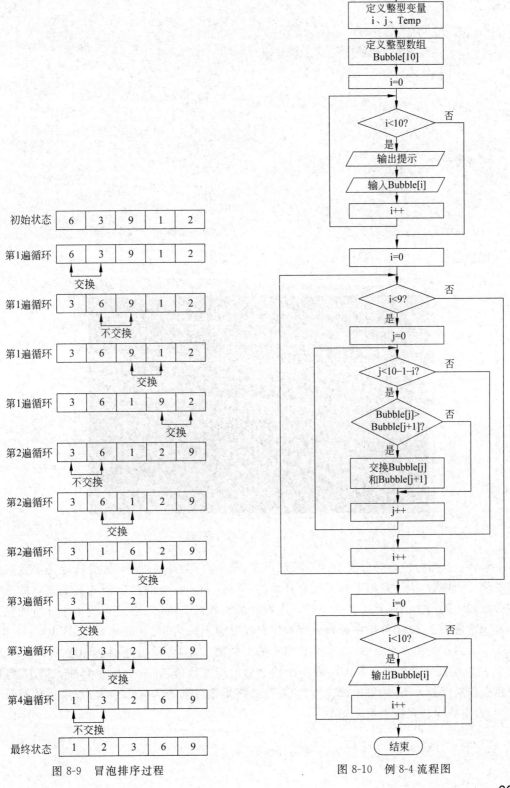

图 8-9　冒泡排序过程

图 8-10　例 8-4 流程图

```
14              {
15                      if( Bubble[j] > Bubble[j+1] )
16                      {
17                          Temp = Bubble[j];
18                          Bubble[j] = Bubble[j+1];
19                          Bubble[j+1] = Temp;
20                      }
21              }
22          }
23          for( i = 0; i < 10; i++ )
24          {
25              printf("%d\t", Bubble[i]);
26          }
27          return 0;
28      }
```

程序运行界面如图 8-11 所示。

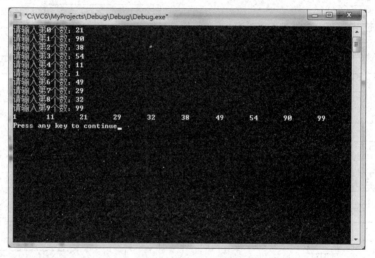

图 8-11　例 8-4 运行界面

解释：本例的核心语句为 14、16 两行语句，第 14 行为外层循环，负责从待排序数列的第 1 项开始取数（因为数组下标是从 0 开始的，因此，循环变量的起始值 0 其实表示的是待排序数列中的第 1 项），并一直取到待排序数列的倒数第 2 项（表达式 i＜9 表示 i 所能取到的最大数值为 8，10 个待排序数列分别被保存在数组下标为 0～9 的元素中，因此，i＝8 时，即表示数组中的第 9 个元素，待排序数列中的倒数第 2 项）。每当外层循环取 1 个数时，第 16 行的内层循环语句则负责依次取出该数之后的所有数值，并进行比较判断。第 18 行语句用于判断两数大小，如果比较符号为"＞"，最终排序数列将为从小到大；如果比较符号为"＜"，最终排序数列将为从大到小。

8.2　二　维　数　组

一维数组的使用为解决大批量数据处理问题提供了显而易见的效果。然而,人们在编程实践中发现,一些结构更为复杂的批量数据,例如:表、矩阵等很难使用一维数组进行处理。为此,C 语言专门提供了多维数组用于处理这类有着复杂结构的大批量数据。

所谓多维数组,是指数组的下标个数为两个或两个以上的数组形式。当数组的下标个数为 2 时,该数组即为二维数组;下标个数为 3 时,即为三维数组。从理论上来讲,C 语言编译器并没有限制数组维数的上限是多少,但是,在实际编程过程中,超过三维的数组十分罕见,一维数组和二维数组是使用最为普遍的数组形式。本书将以二维数组为例介绍 C 语言中多维数组的定义、初始化和引用方法。

8.2.1　二维数组的定义

定义二维数组的方法与定义一维数组的方法略有不同,主要区别在于定义二维数组时必须同时指定数组的行数、列数。行数、列数可以是整型常数、整型常量,也可以是常数表达式,其定义形式如下:

> 数据类型 数组名[行数][列数];

例如:

> int a[3][4];

	0列	1列	2列	3列
0行	a[0][0]	a[0][1]	a[0][2]	a[0][3]
1行	a[1][0]	a[1][1]	a[1][2]	a[1][3]
2行	a[2][0]	a[2][1]	a[2][2]	a[2][3]

图 8-12　二维数组逻辑示意图

定义了一个名为 a 的 3 行 4 列数组,在逻辑意义上,该数组的形式如图 8-12 所示。

但是,由于计算机内存在硬件上是一维结构,无法直接存储多维数组,因此,C 编译器会将多维数组转换成一维数组后再进行存储。这种存储多维数组的方法被称为"按行存放",即先存放数组的第 0 行,再将第 1 行数据直接排放在第 0 行数据之后,依次排列第 2 行、第 3 行、…、第 n 行。图 8-12 所示的二维数组在内存中的实际存储形式如图 8-13 所示。

	0列	1列	2列	3列	4列	5列	6列	7列	8列	9列	10列	11列
0行	a[0][0]	a[0][1]	a[0][2]	a[0][3]	a[1][0]	a[1][1]	a[1][2]	a[1][3]	a[2][0]	a[2][1]	a[2][2]	a[2][3]

图 8-13　二维数组按行存放示意图

在程序中引用一个二维数组元素时,必须要同时指定行标和列标,其形式如下:

> 数组名[行标][列标]

下面的程序片段演示了二维数组的引用方法。

```
1        int a[3][4]={{1,2,3,4},{5,6,7,8},{9,10,11,12}}, i, j;
2
3        for( i =0; i <3; i++)
4        {
5            for( j =0; j <4; j++)
6            {
7                printf("%d\t", a[i][j] );
8            }
9        }
```

8.2.2　二维数组的初始化

二维数组在其定义与引用方法上与一维数据区别不大，但二维数组的初始化比一维数组有更多需要注意的地方。

先通过一个实例回忆一下一维数组的初始化方法。

```
int m[5]={1,2,3,4,5};
```

从这个示例中可以看出，数组的初始化值是包含在一对花括号中的，并且，每个初始值之间使用逗号分隔。初始值按照从左至右的顺序依次赋值给 m[0]、m[1]、…、m[4]五个元素。

与一维数组初始化一样，二维数组的初始化也有几种不同的方法。

（1）所有元素初始化

```
int array[3][4] = {1,2,3,4,5,6,7,8,9,10,11,12};
```

效果：

```
array[0][0]=1;  array[0][1]=2;  array[0][2]=3;  array[0][3]=4;
array[1][0]=5;  array[1][1]=6;  array[1][2]=7;  array[1][3]=8;
array[2][0]=9;  array[2][1]=10; array[2][2]=11; array[2][3]=12;
```

限于内存硬件的一维物理结构，二维数组需按行转换成一维数组后才能存储在内存中，因此，如果列举出数组中所有元素的初始值，可以使用与一维数组完全相同的初始化方法为二维数组进行初始化。此时，初始值按照从左至右的顺序为数组中所有元素赋值，初始化将从数组第 0 行第 0 列元素开始，初始化完第 0 行，再初始化第 1 行、第 2 行、…、第 n 行。使用这种初始化方法时必须注意，初始值的个数少于数组元素个数，但绝对不可以多。如果初始值个数少于数组元素个数，那么，按从左至右的顺序将初始值依次赋给数组元素之后，没有赋值的数组元素将自动被赋值为 0。如果初始值个数多于数组元素个数时，编译器将报告错误，无法继续编译。

（2）所有元素按行初始化

```
int array[3][4]={{1,2,3,4},{5,6,7,8},{9,10,11,12}};
```

效果：

```
array[0][0]=1;  array[0][1]=2;  array[0][2]=3;  array[0][3]=4;
array[1][0]=5;  array[1][1]=6;  array[1][2]=7;  array[1][3]=8;
array[2][0]=9;  array[2][1]=10; array[2][2]=11; array[2][3]=12;
```

从数组的初始化效果来看，初始化方法（1）与（2）没有区别，都是按序依次赋值，但是，这种将一行数值放在一对花括号里，将多行数值再放进一对花括号里的方法能够非常清晰地表达出初始值的行、列关系。而且，也能够非常方便地检查出初始值的数量是否与二维数组元素个数相匹配。

（3）数组元素的部分初始化

二维数组也可以进行部分初始化操作，只要数组中有一个元素被初始化，那么其他没有对应初始值的元素都将被自动初始化为 0。例如：

```
int array[3][4]={1};
```

效果：

```
array[0][0]=1;  array[0][1]=0;  array[0][2]=0;  array[0][3]=0;
array[1][0]=0;  array[1][1]=0;  array[1][2]=0;  array[1][3]=0;
array[2][0]=0;  array[2][1]=0;  array[2][2]=0;  array[2][3]=0;
```

C 语言规定，初始化值个数可以少于数组元素个数，但是初始化值之间不能有空缺。以下列矩阵为例：

$$\begin{bmatrix} 5 & 0 & 0 & 0 \\ 0 & 2 & 0 & 0 \\ 1 & 0 & 4 & 0 \end{bmatrix}$$

正确的数组初始化语句如下：

```
方法一
int array[3][4]={5,0,0,0,0,2,0,0,1,0,4};
方法二
int array[3][4]={{5},{0,2},{1,0,4}};
```

方法一将部分初始化值列于一对花括号内，这部分初始值与数组元素按照从左至右的次序一一对应，同时为了满足初始化元素之间不能有空缺的规定，必须在初始值 5、2、1、4 之间按数组元素的实际间隔填写初始值 0，而最后一个数组元素的初始化值可以省略不填，由于编译器自动初始化为 0。

方法二由于使用的是按行初始化的方法，因此，每一行都将进行独立的初始化操作。在第 0 行中，只有第 0 列指定了初始值 5，其他元素均为 0，这时可以使用{5}将第 0 列元素初始化为 5,而其他的元素则由编译器自动初始化为 0。第 1 行初始化时,为了将初始值 2 对应赋值给数组第 1 行第 1 列的元素,必须为位于其前的第 1 行第 0 列元素指定初始值 0;而位于其后的第 1 行第 2 列和第 1 行第 3 列元素值则可以由编译器自动初始化为 0。第 2 行初始化同理。

有一种错误的初始化方法,希望能够引起读者的注意。这种方法省略了初始值之间用于间隔的 0,但保留了逗号,示例如下:

```
int array[3][4]={5,,,,,2,,,1,,4};
```

C 语言不支持这种方法,编译器将提示语法错误。

(4) 无行标初始化

C 语言在定义二维数组中有一种十分特殊的操作方法,这种方法可以不用指定数组的行数,只需指定列数即可。但是,为了避免可能产生的误解,C 语言要求使用这种方法的前提是必须能够根据初始值推测出数组的行数。例如:

方法一
```
int array[][4]={1,2,3,4,5,6,7,8,9,10,11,12};
```

方法一列出了数组的所有初始值,在知道列数的情况下,C 编译器完全能够推测出数组的行数为 3。

方法二
```
int array[][4]={{0,2},{1},{3,4}};
```

方法二使用的是按行初始化,内层花括号的组数能够更直接地告诉编译器这个二维数组的行数为 3,内层花括号内不足的初始值,编译器也会自动初始化为 0。

尽管 C 语言支持这种不指定数组行数的定义方法,但是,这将造成程序难以理解,因此,在实际编程过程中,尽量不要使用这种方法定义二维数组。

8.2.3 二维数组的应用

例 8-5 编程计算并输出下列 4×4 矩阵的每行之和、每列之和,以及对角线之和。

$$\begin{bmatrix} 1 & 2 & 3 & 4 \\ 5 & 6 & 7 & 8 \\ 9 & 10 & 11 & 12 \\ 13 & 14 & 15 & 16 \end{bmatrix}$$

分析:解决这类二维数组计算的问题,分析数组的行、列下标特点是解题的关键。以第 0 行求和计算为例,第 0 行的元素分别是:[0][0]、[0][1]、[0][2]、[0][3],观察这四组元素的下标值可以发现,行标均相同为 0,列标则从 0 依次递归到 3。第 0 行求和公式可以写成:

$$RowSum = RowSum + Array[0][j] \quad j=0,1,2,3$$

在分析二维数组元素的行、列下标特点时,不妨利用 Excel 将所有元素的行、列下标逐

一列出,然后根据计算要求,观察其变化规则,以便写出对应的计算公式。本例二维数组的
行、列下标如图 8-14 所示。

		列			按行计算公式
	[0][0]	[0][1]	[0][2]	[0][3]	[0][j]
	[1][0]	[1][1]	[1][2]	[1][3]	[1][j]
行	[2][0]	[2][1]	[2][2]	[2][3]	[2][j]
	[3][0]	[3][1]	[3][2]	[3][3]	[3][j]
按列计算公式	[i][0]	[i][1]	[i][2]	[i][3]	

图 8-14　二维数组下标图

从图中能够非常清晰地看出按行、列求和时哪些下标在发生变化,哪些下标保持不变。
在对行求和时,行标保持不变,而列标发生变化,这表示将指定行中所有列枚举一遍的意思。
下面这段程序片段演示了按行求和的过程。

```
1    for( j = 0; j < 4; j++ )
2    {
3        RowSum0 = RowSum0 + Array[0][j];
4        RowSum1 = RowSum1 + Array[1][j];
5        RowSum2 = RowSum2 + Array[2][j];
6        RowSum3 = RowSum3 + Array[3][j];
7    }
```

按列求和与按行求和的区别在于发生变化的是第一个下标,即行标,而列标则保持不
变,这表示将指定列对应的所有行枚举一遍的意思。

从图 8-14 可以看出,对角线的行、列下标均相等,因此,只要在循环中判断行、列下标是
否相等即可以计算出对角线之和。

```
代码区 (例 8-5)
1    #include <stdio.h>
2
3    void main( void )
4    {
5        int a[4][4]=
6        {
7            { 1, 2, 3, 4 },
8            { 5, 6, 7, 8 },
9            { 9, 10,11,12 },
10           { 13,14,15,16 }
11       };
12       int i, j;
13       int RowSum[4] = { 0 };
14       int ColSum[4] = { 0 };
15       int DiagonalSum = 0;
16       for( i = 0; i < 4; i++ )
17       {
18           for( j = 0; j < 4; j++ )
19           {
20               RowSum[i] = RowSum[i] + a[i][j];
```

227

```
21                ColSum[i] =ColSum[i] +a[j][i];
22                if( i ==j )
23                {
24                        DiagonalSum =DiagonalSum +a[i][j];
25                }
26            }
27        }
28    for( i =0; i <4; i++)
29    {
30        printf("第%d行元素之和为：%d\n", i, RowSum[i] );
31    }
32    printf("\n");
33    for( i =0; i <4; i++)
34    {
35        printf("第%d列元素之和为：%d\n", i, ColSum[i] );
36    }
37    printf("\n");
38
39    printf("对角线元素之和为：%d\n", DiagonalSum );
40
41 }
```

程序运行界面如图 8-15 所示。

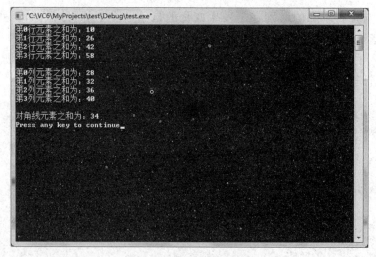

图 8-15　例 8-5 运行界面

解释：

（1）关于语句的分行写法。示例程序的第 5～11 行其实是同一条语句，C 语言语法允许将较长的语句分行书写，以便能够更方便地阅读。

（2）第 20 行按列求和语句" ColSum[i]=ColSum[i]+a[j][i]; "通过交换循环变量 i 和 j 的位置实现了列求和操作。这种编程方法说明，循环变量在作为数组下标使用时，变量和下标之间没有必然的对应关系，哪一个循环变量值的变化规律与数组元素的下标变化规律相符时，就使用哪一个循环变量充当数组元素的下标值。

（3）由于计算的二维数组有四个按行求和值，四个按列求和值，因此，程序专门定义了两个一维数组用于存储计算得到的行、列求和值。

（4）程序输出行、列值时使用了两个独立的 for 循环语句，并非不能使用一条 for 语句输出所有的行列值，这种写法的原因是希望将所有行求和值输出在一起，将所有列求和值也输出在一起。如果使用一条 for 循环语句输出所有数据时，将会出现行、列值交替输出显示的情况。

例 8-6　编程寻找下列矩阵的鞍点，如果鞍点存在则输出鞍点所在行、列下标以及元素值，否则提示不存在鞍点。所谓鞍点，是指在矩阵中，一个数在所在行中是最大值，在所在列中却是最小值。

分析：寻找矩阵中的鞍点是数学中一个十分有意义的问题，例如在生产经营中，人们都希望成本最低，而收益最大，这类问题的数学模型即可以看成是鞍点的寻找。要在矩阵中寻找鞍点，首先应该在行中寻找最大值，并记录下这个最大值出现的列标值；然后，仅在该列中寻找最小值；如果行的最大值与列的最小值相同，则说明鞍点已经找到。

代码区 (例 8-6)

```
1   #include <stdio.h>
2
3   void main( void )
4   {
5       int i, j, max, min, t, flag =1;
6       int a[3][4]=
7       {
8           { 1, 2, 3, 4 },
9           { 9, 8, 7, 6 },
10          {-10, 10, -5, 5 }
11      };
12
13      for( i =0; i<3; i++)
14      {
15          max =a[i][0];
16          for( j =0; j <4; j++)
17          {
18              if( a[i][j] >max )
19              {
20                  max =a[i][j];
21                  t =j;
22              }
23          }
24
25          min =a[0][t];
26          for( j =0; j <3; j++)
27          {
28              if( a[j][t] <min )
29              {
30                  min =a[j][t];
31              }
32          }
```

```
33          if( max ==min )
34          {
35              printf( "%d行%d列上的元素是鞍点\n", i, t );
36              flag =0;
37          }
38      }
39      if( flag ==1 )
40      {
41          printf( "该矩阵没有鞍点\n" );
42      }
43 }
```

程序运行界面如图 8-16 所示。

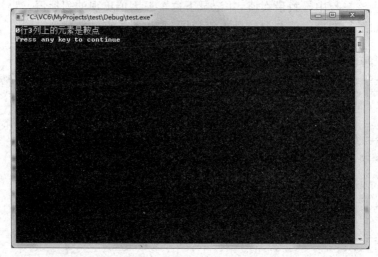

图 8-16　例 8-6 运行界面

解释：

（1）示例程序中第 15 行，将第 i 行第 0 列，即第 i 行第 1 个元素值作为变量 max 的初始值，然后进入循环查询第 i 行的最大值。如果引入第 i 行以外的数据作为 max 的初始值则有可能造成被引入的值大于第 i 行的所有元素值，这将导致程序逻辑错误。

（2）第 21 行语句" t = j; "如果找到一个比 max 大的元素值，则将该元素的列标记录到 t 中，找出一行中值最大的元素后，将从该元素所在的列开始再寻找最小值，因此，必须使用一个变量 t 来保存每次找到的最大值的列标。

（3）第 25 行语句" min = a[0][t]; "当行最大值寻找完成后，应在其值对应的列继续寻找最小值，与初始化 max 的道理一样，将 t 列的第 1 个元素值即[0][t]作为 min 的初始值可以避免引入其他值造成隐蔽的逻辑错误。

（4）第 33 行语句" if(max == min) "用于判断行最大值与列最小值是否为同一个值，如果相等，由表明两者相同，鞍点找到；否则，鞍点不存在。这条 if 语句的判断原理是，max 值来自于行方向，即从左到右；min 值来自于列方向，即从上到下，二维数组的行、列交汇点实际上是数组中的同一个元素，通过判断从行方向上找到的 max 值是否等于从列方向上找到的 min 值，来倒推找出的值是行、列交汇处元素的值。

8.3　字　符　串

很多 C 语言教材都将字符数组单独列出一节,与一维数组、二维数组并列,实际上,字符数组与其他数组在定义、初始化、引用及各种操作上没有任何区别,唯一不同的是字符数组中存储的元素值是字符型数据。数组定义的本身就说明了数组可以存储各种类型不同的数据。其实,单独讲解字符数组的根本目的是为了说明字符串的定义、存储和使用方法。

字符串简称串(String),是由数字、字母、下画线、可见字符组成的前后有序的字符集合,字符串中的字符除首字符没有前驱、尾字符没有后继外,每一个字符都有且仅有一个直接前驱和一个直接后继,通常字符串以整体的形式作为操作对象。

字符串在程序设计中常常用来存储各类提示信息、通知消息或用于通信匹配等,是一种极为常用的数据类型。但是,C 语言仅仅提供了字符串常量,而未提供字符串变量,这为一些需要进行字符串处理的操作带来了不便。因此,在 C 语言中要实现字符串变量操作必须借助字符数组来实现。

8.3.1　字符数组与字符串的关系

从程序员的角度来看,字符数组是一种数据存储结构,是内存中一片连续的存储空间;而字符串则是一堆字符的有序集合。如果将字符数组看成是一栋住宅,那么字符串就是住在这栋住宅中的住户,它们之间是空间提供者与使用者的关系。

1. 字符数组

字符数组作为一个专门存储字符类型数据的数组,除存储的内容外,与其他的数组在定义、操作上没有任何区别,下面的示例都是正确的字符数组定义语句。

```
char str[5];
```

定义了一个长度为 5 的字符数组,由于没有对数组进行初始化,因此,数组元素值为系统默认的−52(0xCC)。在使用字符数组前也应该如同其他数组一样,先初始化或先赋值,再使用。

```
char str[ ]={'n','b','u','t'};
```

通过枚举全部元素初始值的方法来确定字符数组长度,本语句效果如下:

```
str[0]='n';   str[1]='b';   str[2]='u';   str[3]='t';
```

```
char str[5]={'a'};
```

当初始值个数少于数组长度时,初始值先按从左至右的顺序为数组元素初始化,没有对应初始值的数组元素,编译器将自动初始化为 0。本语句效果如下:

```
str[0]='a';   str[1]='\0';   str[2]='\0';   str[3]='\0';  str[4]-'\0';
```

\0'是 ASCII 码中的一个控制字符,其在内存中对应的数值为 0,对整型数组初始化时,默认初始值一般用数值 0 来表示,而在字符数组中,默认初始值则用'\0'来表示,尽管在实际内存中所存储的数值'\0'和 0 是相等的,但是,'\0'的形式更符合字符的定义,而数字 0 则更符合整型的定义。

```
char str[3][2] ={{'a','b'},{'c','d'},{'e','f'}};
char str[ ][2] ={{'a'},{'b','c'},{'\0','d'}};
```

二维字符数组在定义时也可以不指定行数,编译器将根据初始化值来推定。本例中,初始值共分为 3 行,因此,数组的长度被设定为 3。本语句效果如下:

```
str[0][0] = 'a';  str[0][1] = '\0';
str[1][0] = 'b';  str[1][1] = 'c';
str[2][0] = '\0'; str[2][1] = 'd';
```

```
char str[ ][2] ={'a','b','c','d'};
```

不使用分行初始化方式,编译器也可以根据初始化值的实际个数来推定二维数组的行数。只要使用初始值的个数除列数即可得到行数。本例中,初始化值的个数为 4,列数为 2,相除得到行数为 2。本语句效果如下:

```
str[0][0] = 'a';     str[0][1] = 'b';
str[1][0] = 'c';     str[1][1] = 'd';
```

2. 字符串

在 C 语言中,字符串常量是由一对双引号括起的若干字符集合。例如,下列是一些常见的字符串常量。

```
"China"
"I love my motherland."
"嗨,大家好,我是字符串!"
"0123456789"
""
```

字符串中可以包含任何可见字符,可以是数字、英语大小写字母、空格、标点符号,也可以是中文。比较特别的一种形式是上面示例中最后一行的字符串,这个字符串之所以比较特别,是因为它只包含了一对双引号,中间不包含任何其他的符号,这种字符串被称作"空串"。容易与空串发生混淆的是字符串" ",这种字符串并非空串,它中间包含了一个空格,空格只有在两个可见字符间才能被看到,而这种只有一个空格的字符串很容易被误认为是空串。

关于字符串有一个非常值得注意的规定,为了表示字符串的结尾,C 语言规定,字符串都必须以字符'\0'作为结束标记。在上述示例的各个字符串的结尾处,均包含一个看不见但确实存在的字符'\0',它表示着字符串"至此结束"的意义。因此,在存储字符串时,所需空间必须比字符串实际长度大 1,这样才能保证将字符串所有字符,包括其结束标记全部存储。

3. 字符数组与字符串

为了方便字符串的存储和操作,一般将字符串存储在字符数组中。由于 C 语言没有提供字符串数据类型,无法定义字符串变量,通常将保存字符串的数组作为字符串变量来使用,这种变通的方法为编程提供了不少便利。

下面的语句是常见的字符串定义。

```
char str[6] ="China";
```

或者

```
char str[6] ={"China"};
```

字符数组各元素存储的数据分别如下:

```
str[0] ='C';   str[1] ='h';   str[2] ='i';
str[3] ='n';   str[4] ='a';   str[5] ='\0';
```

特别需要注意的是,数组的最后一个元素存储的是字符串结束标记,为此,存储长度为 5 的字符串必须定义一个长度为 6 的字符数组。

不使用双引号的字符串常量,也可以将一个字符数组初始化为一个字符串。

```
char str[6] ={'C', 'h', 'i', 'n', 'a', '\0'};
```

这种方法是将字符串中的所有字符包括结束标记按顺序依次存放在数组元素中,这与直接使用字符串常量作为字符数组的初始值时存储在数组中的数据、顺序完全一样。因此,下面两条语句在效果上是等价的。

```
char str[6] ="China";
char str[6] ={'C', 'h', 'i', 'n', 'a', '\0'};
```

需要注意的是,使用双引号作为初始值时,编译系统会自动在字符串最后添加结束标记'\0',如果使用第二种以单个字符作为初始值的方法时,一定要记得在最后添加一个'\0',如果忘记添加,编译器不会认为这个字符数组的定义和初始化有何问题,将会正常编译、连接生成可执行程序。但是,一旦调用字符串处理函数处理这个字符串时就可能发生不可预测的错误。例如下面这种情况。

```
char str[] ={'C', 'h', 'i', 'n', 'a'};
```

如果以字符串的方式输出 str 时,某次运行输出的结果是:China烫龘♀,因为以字符串方式输出时,一定要遇到结束标记'\0'才会停止输出,而字符'a'后面没有结束标记,输出函数将继续显示其后的字符,直到碰巧遇上一个'\0'才会停止。根据内存中所保存的数据不同,程序输出的结果可能会稍有不同。

还有一种情况，虽然忘记了在最后添加一个结束标记，但是，按字符串方式输出时，也不会出错，如下所示。

```
char str[6] = {'C', 'h', 'i', 'n', 'a'};
```

之前讲到过，如果初始值个数少于数组元素个数时，编译器会给未被指定初始值的元素赋值为 0。本例中，未指定初始值的 str[5] 将自动被编译器赋值为 0，而这个 0 也即是 '\0'。

总之，无论哪种情况，字符串必须保证所有字符之后至少有一个结束标记。

8.3.2　字符串的输入与输出

字符串是程序设计中最常使用的数据类型之一，熟练掌握其输入、输出操作非常必要。本小节将介绍几种常用的字符串输入、输出方法。

1. 字符串的输入

（1）通用输入函数

通用输入函数指的是 scanf()，该函数能够输入多种不同类型的数据，是控制台程序设计中被广泛使用的函数之一。当然，在 Windows 窗口界面中，scanf() 这类专门用于控制台输入、输出的函数将失去用武之地。输入字符串使用的格式控制字符为 %s。下面的代码片段演示了如何使用 scanf() 函数输入一个字符串。

```
char p[20];
scanf("%s", p);
```

非常需要注意的一个地方是 scanf() 函数的第二个参数，在此之前，但凡是使用到 scanf() 函数的地方，变量列表中的每一个变量名前都需要添加一个取地址运算符（&），表明将变量的地址作为参数提供给 scanf() 函数。但是在本例中，变量 p 前并未添加取地址运算符，这种写法是正确的吗？答案是肯定的。调用 scanf() 函数的确需要提供变量的地址信息，输入字符串也不例外，普通的变量名代表的是存储在内存单元中的数据值，只有在其前添加了取地址运算符，才能将该存储空间的地址取出来。而数组名是比较特殊的，数组是内存中一片连续的空间，数组名代表的是这片连续空间的起址地址值。因此，数组名即是地址，在作为 scanf() 函数的参数时也就不需要再在其前面加上取地址运算符（&）了。

使用 %s 输入字符串时，对于空格字符的处理比较特殊。首先，如果输入的一串字符是以空格开头的，那么，在第一个非空格字符前的所有空格都将被忽略；其次，在输入字符时，只要遇到空格符，将立即丢弃其后输入的所有字符，即遇到空格符相当于停止输入。例如：

输入字符串" China"，实际接收到的字符串为"China"。

输入字符串"I love my motherland"，实际接收到的字符串为"I"。

要解决空格字符的输入问题，可以使用下面介绍的专用输入函数 gets()。

（2）专用输入函数

专用输入函数指的是专门用于输入字符串的一个函数：gets()，该函数的声明如下：

```
char * gets( char * );
```

该函数调用时需要提供一个存储字符串的空间地址，可以以字符数组名作为函数参数。操作示例如下：

```
char p[20];
gets(p);
```

2. 字符串的输出

（1）通用输出函数

字符串通用输出函数指的是使用通用输出函数 printf()输出字符串。输出字符串时必须使用格式控制字符%s。下面的代码片段演示了字符串的输出操作。

```
char p[22] ="I love my motherland!";
printf("%s\n", p);
```

在输入函数 scanf()中，字符数组名前可以不加取地址运算符，与普通变量有着明显区别。但是在输出函数 printf()中，字符数组的使用与其他普通变量使用没有什么区别，直接将变量名列出即可。

（2）专用输出函数

专用输入函数指的是专门用于输入字符串的一个函数 puts()，该函数的声明如下：

```
int puts( char * );
```

该函数调用时需要提供一个字符数组作为参数，函数将存储在字符数组中的字符串显示在屏幕上。操作示例如下：

```
char p[20] ="I love motherland.";
puts(p);
```

8.3.3　常见字符串处理函数

字符串是 C 语言程序设计中经常用到的数据类型，因此，涉及字符串的操作也非常多，有些操作十分复杂。为了降低字符串处理工作的难度，C 语言开发系统提供了一些字符串处理函数，通过调用这些函数，程序员能够方便地对字符串做各种处理。由于这些字符串处理函数被声明在头文件 string.h 中，因此，在使用这些函数前，需要先添加一条头文件包含命令：`#include <string.h>` 。

1. 获取字符串长度

```
int strlen( char * );
```

以字符指针、字符数组名作为函数参数，函数将返回字符串的长度数值。返回的长度值不包含字符串的结束标记'\0'。下面的代码片段演示了该函数的操作方法。

```
1  #include <stdio.h>
2  #include <string.h>
3
4  void main( void )
5  {
6      char p[30]="I Love My Motherland";
7      int len;
8
9      len = strlen( p );
10     printf( "%d\n", len );
11 }
```

程序运行后的输出结果为：20。

2. 字符串复制

```
char * strcmp( char * , const char * );
```

字符串不能像普通变量那样相互间进行复制，要将一个字符串复制到另一个字符串中可以使用 strcpy()函数。strcpy()函数有两个参数，第一个参数是一个字符指针，它用来指向目标字符串；第二个参数是一个用 const 修饰的字符指针，使用保留字 const 修饰的变量值不允许被修改，用它来修饰 strcpy()函数的第二个参数表明只允许复制它所指向的字符串，而不允许修改。下面的代码片段演示了该函数的操作方法。

```
1  #include <stdio.h>
2  #include <string.h>
3
4  void main( void )
5  {
6      char p[30]="I Love My Motherland";
7      char s[30];
8
9      strcpy( s, p );
10     printf( "%s\n", s );
11 }
```

程序运行后的输出结果为：I Love My Motherland。

3. 字符串拼接

```
char * strcat( char * , const char * );
```

　　字符串拼接函数用于将两个字符串拼接成一个字符串,调用 strcat()函数也需要两个参数,函数将第二个参数指向的字符串连接在第一个参数指向的字符串之后。使用 strcat()函数时必须保证第一个参数所指向的字符串存储空间大于两个字符串长度之和,否则可能导致程序运行异常中止。下面的代码片段演示了该函数的操作方法。

```
1  #include <stdio.h>
2  #include <string.h>
3
4  void main( void )
5  {
6      char s1[30] ="I Love ";
7      char s2[15] ="My Motherland";
8
9      strcat( s1, s2 );
10     printf( "%s\n", s1 );
11 }
```

程序运行后的输出结果为"I Love My Motherland"。

4. 字符串查找

```
char * strstr( const char * s, const char * p );
```

　　strstr()函数用于搜索子字符串 p 是否出现在源字符串 s 之中,如果搜索到,则返回 p 首次出现在 s 中的地址值;如果未搜索到,则返回 NULL。strstr()函数运行时,将从参数 s 所指向字符串的头部设定为搜索起点,向后搜索参数 p 所指向的字符串。如未搜索到,则将源字符串中的搜索起点向后移动一位,继续搜索,直到源字符串全部搜索完成。当在 s 中搜索到 p 所指向的字符串时,将此时的搜索起点地址值作为返回值返回函数,这个返回值表示 s 中首次出现与字符串 p 匹配子串的起始地址。程序员在进行字符串查找操作时,常常需要获得子串在源字符串中的起始位置,而非起始地址,直接调用 strstr()函数是无法达到这个目的的,下面的代码片段演示了一种间接获取子串在源字符串中位置的操作方法。

```
1  #include <stdio.h>
2  #include <string.h>
3
4  void main( void )
5  {
6    char s1[25] ="I Love My Motherland";
7    char * s;
8
9    s =strstr(s1, "My");
10   if( s !=NULL )
11   printf( "%d\n", s-s1 );
12   else
13       printf("源串中未搜索到匹配的子串。%d\n");
14 }
```

程序运行后的输出结果为：7。

5. 字符串比较

```
int strcmp( const char * s, const char * p );
```

字符串比较函数是将两个字符串中的字符从左至右按其 ASCII 值进行比较，直到出现不同的字符或遇到字符串结束标记'\0'为止。当在字符串 s 和 p 中找到第一个不同的字符时，它们的比较结果将作为整个字符串的结果返回。如果 s 中的字符 ASCII 值大于 p 中的字符，则函数返回一个大于 0 的值；如果小于，则返回一个小于 0 的值；如果相等，则返回一个 0。下面的代码片段演示了该函数的操作方法。

```
1   #include <stdio.h>
2   #include <string.h>
3
4   void main( void )
5   {
6       char s1[25] ="I Love My Motherland";
7       char s2[20] ="I Love My Teacher";
8       int s;
9
10      s =strcmp( s1, s2 );
11      printf( "%d\n", s );
12  }
```

程序运行后的输出结果为：-1。

8.3.4 字符串的应用

字符串在现代程序设计中应用十分广泛，不仅仅用于输出各类提示信息，还可以在进程间传递各种消息和控制命令。例 8-7～例 8-9 三个例题演示了字符串的最基本应用。

例 8-7 输入字符串，统计并输出字符串中数字、大写字母、小写字母和其他符号的个数。

分析：本例要求完成的工作可分成输入字符串、统计、输出结果三个部分。要实现字符串的输入，首先必须定义一个字符数组作为字符串存储的空间，而输入字符串可以选择的方法比较多，但是要考虑到 scanf()函数无法接收空格，一旦字符串中出现空格，则空格及后面的所有字符将丢失，造成输入错误。在无法预知用户可能输入什么符号时，采用能够正常处理空格的字符串输入函数 gets()将更为有效。

统计字符串中的字符成分，最常用也最简单的方法是扫描法，即从字符串的第一个字符开始，每次取出一个字符用 if 语句进行判断，并根据其类型进行统计。当取到的字符为'\0'，即字符串结束标记时，表明字符串已经出现完成，即可输出统计结果。

代码区 (例 8-7)
```
1   #include <stdio.h>
2   #define String_MaxLength 50
```

```
3
4   void main( void )
5   {
6       char Str[String_MaxLength];
7       int Number = 0, Upper = 0, Lower = 0, Other = 0;
8       int i;
9
10      printf("请输入一个字符串: ");
11      gets( Str );
12      i = 0;
13      while( Str[i] != '\0' )
14      {
15          if( Str[i] >= '0' && Str[i] <= '9' )
16          {
17              Number++;
18          }
19          else if( Str[i] >= 'a' && Str[i] <= 'z' )
20          {
21              Lower++;
22          }
23          else if( Str[i] >= 'A' && Str[i] <= 'Z' )
24          {
25              Upper++;
26          }
27          else
28          {
29              Other++;
30          }
31          i++;
32      }
33      printf("数 字 共 有 : %d个\n", Number );
34      printf("大写字母共有 : %d个\n", Upper );
35      printf("小写字母共有 : %d个\n", Lower );
36      printf("其他字符共有 : %d个\n", Other );
37  }
```

程序运行界面如图 8-17 所示。

解释:

（1）第 2 行定义了一个整型常量 String_MaxLength，用于表示字符串的最大长度。在程序中需要定义字符串时，可以使用这个常量来统一指定字符串的长度值，这种做法能够更简便地修改、调整程序中所有需要统一大小的字符串长度。

（2）第 12 行变量 i 的作用只有一个，即作为数组的下标使用，依次从字符数组 Str 中取出字符串的每一个字符。字符串被保存于字符数组从 0 开始的元素中，因此，变量 i 被初始为 0。

（3）第 13 行，while 循环语句的表达式通过判断字符数组的第 i 个元素值是否为字符串结束标记'\0'来决定循环是否继续。这种判断方法利用了每一个字符串都以'\0'标记作为结尾的规定。

239

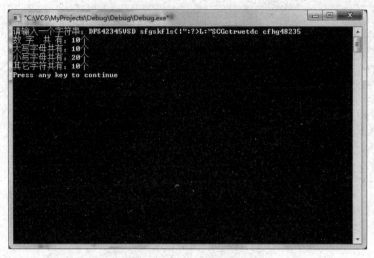

图 8-17　例 8-7 运行界面

（4）第 15～30 行是本例程序的核心语句部分。在这段代码中，对从字符数组中取出的每一个字符进行了比较和判断，并根据判断的结果对相应变量进行累加操作。由于数字符号、大写字母、小写字母均有一个连续且固定的范围，因此，在判断时，可以使用不等式判断字符是否属于数字符号、大小写字母，都不是则为其他字符。特别需要注意数字符号，从输出的结果上来看，数字符号与数字没有区别，但是在程序中作为符号使用的数字在表示时两侧有单引号，而数字不需要使用单引号。

例 8-8　输入一个任意字符串，删除字符串中用户指定的字符，并输出删除字符后的字符串。

分析：在字符串中删除一个指定字符或单词是非常常见的操作。删除的基本原理是将被删除字符后面的所有字符依次向前移动一位，覆盖掉被删除的字符。其过程如图 8-18 所示。

当后面的字符向前移动时，字符数组的后方将会出现"空洞"，填补这个"空洞"的就是字符串结束标记\0'，这正好与字符数组初始化时未被指定初始值的元素默认的初始值相同，因此，可以将移动字符后形成的"空洞"看成是存放字符串后没有使用完的剩余空间。而且，无论字符串后面有多少个\0'都不会影响字符串的正确操作。

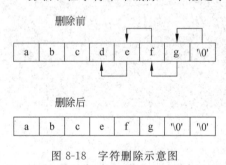

图 8-18　字符删除示意图

为了能够正确处理字符串中存在多个需要删除的字符这种情况，程序使用了一个二层循环嵌套结构。第一层循环用于扫描字符串，即按从左至右的顺序依次取出每一个字符进行对比，当发现是要删除的字符时，即进行第二层循环，将该字符之后的所有字符向左顺序移动一位。在移位删除字符时一定要注意，移动的次序不能从最后一个字符开始，一定要从紧邻被删除字符的右侧开始向左移动，这样可以避免后面的字符覆盖掉未来得及向前移动的字符。

代码区 (例 8-8)

```
1    #include <stdio.h>
2    #define String_MaxLength 50
3
4    void main ( void )
5    {
6        char Str[String_MaxLength];
7        char DelChar;
8        int i, p;
9
10       printf("请输入一个字符串：");
11       gets ( Str );
12       printf("请输入要删除的字符：");
13       DelChar = getchar ( );
14
15       i = 0;
16       while ( Str[i] != '\0' )
17       {
18           if ( Str[i] != DelChar )
19           {
20               i++;
21           }
22           else
23           {
24               p = i;
25               while ( Str[p] != '\0' )
26               {
27                   Str[p] = Str[p+1];
28                   p++;
29               }
30           }
31       }
32       puts ( Str );
33   }
```

程序运行界面如图 8-19 所示。

图 8-19   例 8-8 运行界面

241

解释：

（1）第 15 行，将变量 i 初始化为 0，表示将从字符串的第一个字符开始处理。

（2）第 16 行，扫描到字符串的结束标记才停止循环。

（3）第 18～21 行，如果从字符串中取出的字符不是要删除的字符，则下标 i 加 1，下一轮循环时将取字符数组中的下一个字符。

（4）第 24 行，Str[i] 中保存的字符即为要删除的字符，但由于变量 i 中记录的是字符串当前的扫描字符，下一轮循环将根据此值向右继续取字符串数据，因此不能被破坏。将变量 i 赋值给变量 p，再以 p 作为要删除字符的下标，依次将字符左移删除。

（5）第 27 行，语句 "Str[p] =Str[p+1];" 表示将 p 所指向字符的下一个字符（右侧）覆盖 p 所指向的字符，操作将删除 p 所指向的字符。假设 p＝12，在第一次执行该语句时，将字符数组下标为 13 的元素值赋给数组下标为 12 的元素，下标为 12 的元素原来的字符被删除（覆盖），此时，字符数组的第 12 和第 13 两个元素中存储了相同的字符。第 28 行语句 "p++;" 执行后，p 的值将被修改成 13，循环继续，再次执行语句 "Str[p] = Str[p+1];"，此时的操作将字符数组下标为 14 的元素赋值给下标为 13 的元素。依次循环，直到字符串结束。

例 8-9 输入两个字符串 a 和 b，由用户确定将字符串 b 插入到 a 的指定位置。

分析： 将一个字符串插入另一个字符串中也是比较常见的字符串操作，字符串插入操作的基本原理是先根据要插入的字符串 b 的长度，将被插入字符串 a 位于插入点之后的字符全部向右侧移动 n 个距离，n 的大小等于字符串 b 的长度。这样，在字符串 a 中就空出了长度为 n 的空间，再将字符串 b 复制到字符串 a 的空间中即可完成插入操作。具体操作如图 8-20 所示。

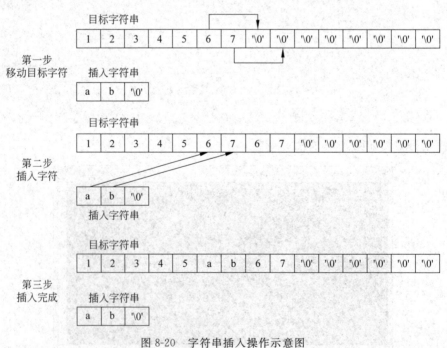

图 8-20 字符串插入操作示意图

进行字符串插入操作时,必须保证目标字符串的长度一定要大于两个字符串的长度和,以便保证有足够的空间容纳下两个字符串的所有字符。

```
代码区 (例 8-9)
1   #include <stdio.h>
2   #include <string.h>
3   #define String_MaxLength 50
4
5   void main( void )
6   {
7       char StrA[String_MaxLength];
8       char StrB[String_MaxLength];
9       int InsertPoint;
10      int i, LenA, LenB;
11
12      printf("请输入字符串 A: ");
13      gets( StrA );
14      printf("请输入字符串 B: ");
15      gets( StrB );
16      printf("您希望在字符串 A 的第几个字符后插入字符串 B?");
17      scanf("%d", &InsertPoint);
18
19      LenA = strlen( StrA );
20      LenB = strlen( StrB );
21      i = LenA;
22      while( i >= InsertPoint )
23      {
24          StrA[i + LenB] = StrA[i];
25          i--;
26      }
27      i = 0;
28      while( i < LenB )
29      {
30          StrA[InsertPoint] = StrB[i];
31          InsertPoint++;
32          i++;
33      }
34      puts( StrA );
35  }
```

程序运行界面如图 8-21 所示。

解释:

(1) 第 2 行,在程序中包含了字符串头文件 string.h,因为程序中调用的获取字符串长度的函数 strlen()被声明在该头部文件中。

(2) 第 21 行,将目标字符串 StrA 的长度值赋给变量 i,由于字符数组的下标从 0 开始计数,而 strlen()函数返回的字符串长度不包含字符串结束标记'\0',所以字符串中的字符实际存储空间下标为 0~(LenA-1),而将 LenA 赋值给变量 i,则字符串 StrA 的结束标记也随着插入点之后的所有字符向后移动,以便空出插入字符串 StrB 的空间。这样做的原因是

243

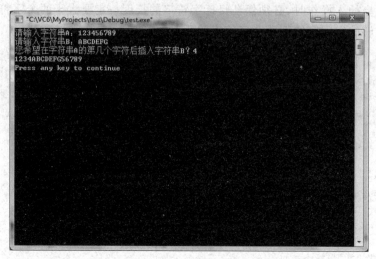

图 8-21　例 8-9 运行界面

字符数组 StrA 并未被初始化，而是直接通过字符串输入函数 gets()得到字符串值，这种操作方法会使字符数组 StrA 中未被字符串填满的空间仍然是未被赋值时的−52(0xCC)，如果不移动字符串结束标记将会导致插入字符串后新字符串无结束标记。

（3）第 22～26 行，从目标字符串的最后一个字符开始，依次向右移动 LenB 个距离，以便空出 LenB 个空间容纳字符串 StrB。循环结束条件 i>=InsertPoint 表示只移动插入点到字符串尾部的所有字符，而插入点之前的字符不需要移动。

（4）第 28～33 行，实现将字符串 StrB 复制到字符串 StrA 的插入点之后的操作。循环结束条件为字符串 StrB 全部字符复制完成，即计数器 i 等于 LenB 时。每次复制完一个字符后，变量 i 和 InsertPoint 都将向右同步移动一位，以便在下一轮循环时，分别从字符串 StrA 和 StrB 中取出下一个字符。

【技能训练题】

1. 利用数组实现一个家庭物品存放程序，将家庭重要物品存放地点存储在数组中。输入要查找的物品名称能够自动查找并显示出该物品的存放地点。

2. 输入任意十个整数，按从大到小的次序排列这些数后输出。（提示：可以使用选择排序法，即每一次循环使第一个元素与后九个元素进行比较，如果后面的数较小就将该元素值与第一个元素交换；否则不交换。第二次循环，使第二个元素与后八个元素进行比较，并进行交换。以此类推，直到排序完成。）

3. 输入若干个数据值到数组中，并将数组逆序输出。

4. 输入一个 3 * 3 矩阵，计算并输出对角线元素之和。

5. 有一个已经排好序的整型数组。要求将输入的整数按原来的排序规则插入到数组中。

【应试训练题】

一、选择题

1. 若要定义一个具有 5 个元素的整型数组,以下错误的定义语句是_____。【2010 年 9 月选择题第 28 题】

    A. int a[5]={0};   B. int b[]={0,0,0,0,0};

    C. int c[2+3];   D. int i=5,d[i];

2. 有以下程序:

```
#include <stdio.h>
main()
{ int a[5]={1,2,3,4,5},b[5]={0,2,1,3,0},i,s=0;
  for(i=0;i<5;i++)  s=s+a[b[i]];
  printf("%d\n",s);
}
```

程序运行后的输出结果是_____。【2010 年 3 月选择题第 29 题】

  A. 6   B. 10   C. 11   D. 15

3. 有以下程序:

```
#include <stdio.h>
main()
{ int a[]={2,3,5,4},i;
  for(i=0;i<4;i++)
  switch(i%2)
  { case 0: switch(a[i]%2)
           {case 0: a[i]++;break;
            case 1: a[i]--;
           }break;
    case 1: a[i]=0;
  }
  for(i=0;i<4;i++)  printf("%d",a[i]);printf("\n");
}
```

程序运行后的输出结果是_____。【2009 年 9 月选择题第 29 题】

  A. 3 3 4 4   B. 2 0 5 0   C. 3 0 4 0   D. 0 3 0 4

4. 以下定义数组的语句中错误的是_____。【2011 年 9 月选择题第 26 题】

    A. int num[]={1,2,3,4,5,6};

    B. int num[][3]={{1,2},3,4,5,6};

    C. int num[2][4]={{1,2},{3,4},{5,6}};

    D. int num[][4]={1,2,3,4,5,6};

5. 有以下程序:

```
#include <stdio.h>
```

```
main()
{  char a[30],b[30];
   scanf("%s",a);
   gets(b);
   printf("%s\n%s\n",a,b);
}
```

程序运行时若输入

how are you? I am fine <回车>

则输出结果是_____。【2011 年 3 月选择题第 31 题】

  A．how are you?   B．how

   I am fine.   are you? I am fine.

  C．how are you? I am fine. D．how are you?

6．有以下程序：

```
#include  <stdio.h>
main()
{  int b[3][3]={0,1,2,0,1,2,0,1,2},i,j,t=1;
   for(i=0;i<3;i++)
      for(j=1;j<=1;j++) t+=b[i][b[j][i]];
   printf("%d\n",t);
}
```

程序运行后的输出结果是_____。【2010 年 3 月选择题第 30 题】

  A．1   B．3   C．4   D．9

7．若有定义语句"char ＊s1＝"OK"，＊s2＝"ok"；"，以下选项中，能够输出 OK 的语句是_____。【2011 年 9 月选择题第 30 题】

  A．if(strcmp(s1,s2)＝＝0) puts(s1);

  B．if(strcmp(s1,s2)!＝0) puts(s2);

  C．if(strcmp(s1,s2)＝＝1) puts(s1);

  D．if(strcmp(s1,s2)!＝0) puts(s1);

8．有以下程序：

```
#include  <stdio.h>
#include  <string.h>
main()
{  char a[5][10]={"China","beijing","you","tiananmen","welcome"};
   int i,j;char t[10];
   for(i=0;i<4;i++)
   for(j=i+1;j<5;j++)
      if(strcmp(a[i],a[j])>0)
      { strcpy(t,a[i]);strcpy(a[i],a[j]);strcpy(a[j],t);}
   puts(a[3]);
}
```

程序运行后的输出结果是_____。【2011 年 9 月选择题第 32 题】

  A．beijing B．China C．welcome D．tiananmen

9. 有以下程序：

```
#include  <stdio.h>
main()
{ char ch[3][5]={"AAAA","BBB","CC");
  printf("%s\n",ch[1]);
}
```

程序运行后的输出结果是_____。【2011 年 9 月选择题第 34 题】

   A. AAAA　　　　B. CC　　　　　C. BBBCC　　　　D. BBB

10. 有以下程序段：

```
char name[20]; int num;
scanf("name=%s  num=%d",name,&num);
```

当执行上述程序段，并从键盘输入：name＝Lili num＝1001＜回车＞后，name 的值为_____。【2011 年 3 月选择题第 16 题】

   A. Lili　　　　　　　　　B. name＝Lili

   C. Lili num＝　　　　　　D. name＝Lili num＝1001

11. 有以下程序：

```
#include  <stdio.h>
main()
{ char s[]="012xy\08s34f4w2";
  int i,n=0;
  for(i=0;s[i]!=0;i++)
  if(s[i]>='0'&& s[i]<='9')n++;
  printf("%d\n",n);
}
```

程序运行后的输出结果是_____。【2011 年 3 月选择题第 21 题】

   A. 0　　　　　B. 3　　　　　C. 7　　　　　D. 8

12. 有以下程序：

```
#include  <stdio.h>
#include  <string.h>
main()
{ char x[]="STRING";
  x[0]=0;x[1]='\0';x[2]='0';
  printf("%d  %d\n",sizeof(x),strlen(x));
}
```

程序运行后的输出结果是_____。【2010 年 9 月选择题第 23 题】

   A. 6 1　　　　B. 7 0　　　　C. 6 3　　　　D. 7 1

13. 下列选项中，能够满足"若字符串 s1 等于字符串 s2，则执行 ST"要求的是_____。【2010 年 9 月选择题第 31 题】

   A. if(strcmp(s2,s1)＝＝0) ST;　　B. if(s1＝＝s2) ST;

   C. if(strcpy(s1,s2)＝＝1) ST;　　D. if(s1－s2＝＝0) ST;

14. 以下不能将 s 所指字符串正确复制到 t 所指存储空间的是_____。【2010 年 9 月选择题第 32 题】

    A. while(＊t＝＊s){t++;s++;}

    B. for(i=0;t[i]=s[i];i++);

    C. do{＊t++＝＊s++;}while(＊s);

    D. for(i=0,j=0;t[i++]=s[j++];););

15. 有以下程序(strcat 函数用以连接两个字符串):

```
#include <stdio.h>
#include <string.h>
main()
{  char a[20]="ABCD\0EFG\0",b[]="IJK";
   strcat(a,b);printf("%s\n",a);
}
```

程序运行后的输出结果是_____。【2010 年 9 月选择题第 33 题】

    A. ABCDE\0FG\0IJK   B. ABCDIJK

    C. IJK   D. EFGIJK

16. 有以下程序:

```
#include <stdio.h>
main()
{  char s[]={"012xy"};int i,n=0;
   for(i=0;s[i]!=0;i++)
     if (s[i]>='a'&&s[i]<='z') n++;
   printf("%d\n",n);
}
```

程序运行后的输出结果是_____。【2009 年 9 月选择题第 20 题】

    A. 0   B. 2   C. 3   D. 5

17. 有以下程序:

```
#include <stdio.h>
#include <string.h>
main()
{  char a[10]="abcd";
   printf("%d,%d\n",strlen(a),sizeof(a));
}
```

程序运行后的输出结果是_____。【2009 年 9 月选择题第 30 题】

    A. 7,4   B. 4,10   C. 8,8   D. 10,10

18. 下面是有关 C 语言字符数组的描述,其中错误的是_____。【2009 年 9 月选择题第 31 题】

    A. 不可以用赋值语句给字符数组名赋字符串

    B. 可以用输入语句把字符串整体输入给字符数组

    C. 字符数组中的内容不一定是字符串

    D. 字符数组只能存放字符串

19. 设有定义"char s[81];int i＝0;",以下不能将一行(不超过 80 个字符)带有空格的字符串正确读入的语句或语句组是_____。【2009 年 3 月选择题第 30 题】

    A. gets(s);

    B. while((s[i＋＋]＝getchar())!＝'\n');s[i]＝＝'\0'

    C. scanf("%s",s);

    D. do{scanf("%c",&s[i]);}while(s[i＋＋]!＝'\n');s[i]＝'\0';

二、填空题

1. 以下程序运行后的输出结果是_____。【2011 年 9 月填空题第 9 题】

```
#include  <stdio.h>
main()
{  int i,n[]={0,0,0,0,0};
   for(i=1;i<=2;i++)
   {  n[i]=n[i-1]*3+1;
      printf("%d",n[i]);
   }
   printf("\n");
}
```

2. 以下程序运行后的输出结果是_____。【2011 年 9 月填空题第 13 题】

```
#include  <stdio.h>
main()
{  int n[2],i,j;
   for(i=0;i<2;i++) n[i]=0;
   for(i=0;i<2;i++)
   for(j=0;j<2;j++) n[j]=n[i]+1;
   printf("%d\n",n[1]);
}
```

3. 已知 a 所指的数组中有 N 个元素。函数 fun 的功能是,将下标 k(k>0)开始的后续元素全部向前移动一个位置,请填空。【2011 年 3 月填空题第 11 题】

```
void fun(int a[N],int k)
{    int i;
     for(i=k;i<N;i++) a[____]=a[i];
}
```

4. 以下程序运行后的输出结果是_____。【2011 年 3 月填空题第 13 题】

```
#include  <stdio.h>
main()
{  int i,n[5]={0};
   for(i=1;i<=4;i++)
   {n[i]=n[i-1]*2+1;printf("%d",n[i]);}
   printf("\n");
}
```

5. 有以下程序:

```
#include  <stdio.h>
main()
{  int i,n[]={0,0,0,0,0};
   for(i=1;i<=4;i++)
   {n[i]=n[i-1]*3+1;printf("%d ",n[i]);}
}
```

程序运行后的输出结果是_____。【2010 年 9 月填空题第 9 题】

6．有以下程序：

```
#include  <stdio.h>
main()
{ int i,j,a[][3]={1,2,3,4,5,6,7,8,9};
  for(i=0;i<3;i++)
  for(j=i;j<3;j++) printf("%d",a[i][j]);
  printf("\n");
}
```

程序运行后的输出结果是_____。【2010 年 3 月填空题第 9 题】

7．有以下程序：

```
#include  <stdio.h>
main()
{  int a[3][3]={{1,2,3},{4,5,6},{7,8,9}};
   int b[3]={0},i;
   for(i=0;i<3;i++) b[i]=a[i][2]+a[2][i];
   for(i=0;i<3;i++) printf("%d",b[i]);
   printf("\n");
}
```

程序运行后的输出结果是_____。【2010 年 3 月填空题第 11 题】

8．有以下程序：

```
#include  <stdio.h>
#include  <string.h>
void fun(char  * str)
{  char temp;int n,i;
   n=strlen(str);
   temp=str[n-1];
   for(i=n-1;i>0;i--) str[i]=str[i-1];
   str[0]=temp;
}
main()
{  char s[50];
   scanf("%s",s);fun(s);printf("%s\n",s);}
```

程序运行后输入：abcdef＜回车＞，则输出结果是_____。【2010 年 3 月填空题第
12 题】

9．以下程序用于删除字符串中所有的空格，请填空。【2010 年 3 月填空题第 14 题】

```
#include  <stdio.h>
```

250

```
main()
{   char s[100]={"our teacher teach c language!"};int i,j;
    for(i=j=0;s[i]!='\0';i++)
    if(s[i]!=' '){s[j]=s[i];j++;}
    s[j]=_____;
    printf("%s\n",s);
}
```

10. 有以下程序：

```
#include <stdio.h>
main()
{   char a[20]="How are you?",b[20];
    scanf("%s",b);printf("%s %s\n",a,b);
}
```

程序运行时从键盘输入：

How are you? <回车>

则输出结果为_____。【2009 年 9 月填空题第 13 题】

三、编程题

1. 从键盘输入 10 个数存入一维数组中,先输出下标为奇数的元素,再输出下标为偶数的元素。

2. 从键盘输入 10 个数,求出其中的最大数及下标并输出。

3. 从键盘输入 10 个数存入一维数组中,将其中的值前后倒置后重新存入该数组中并输出。

4. 从键盘输入 10 个数存入一维数组中,并找出与平均值最接近的数。

5. 从键盘输入一批正数存入一维数组中(以 -1 为结束标记),求其和与平均值并输出。

6. 将一个整数 n 转换成字符串。例如,输入 483,应输出字符串"483"。n 的位数不确定,可以是任意位数的整数。

7. 输入一个十进制正数转换为二进制数。

8. 从键盘输入一组数据,按行优先次序存入数组 a[3][4]中,再按列优先次序输出。

9. 从键盘输入一组数据存入数组 a[3][3]中,再将主对角线及其下方元素值取倒数后重新存入该数组中,并输出所有元素。

10. 已知一个二维数组 a[2][3]={{1,2,3},{4,5,6}},将其转置后存入另一个二维数组 b[3][2]中。

11. 已知一个 3×4 的矩阵 a[3][4]={{1,2,3,4},{9,8,7,6},{-9,10,-5,2}},找出其中最大的元素值并输出。

12. 已知一个 3×4 的矩阵 a[3][4]={{1,2,3,4},{9,8,7,6},{-9,10,-5,2}},找出其中最大的元素值及其行、列号并输出。

13. 已知两个矩阵 a[3][2]={1,3,5,2,4,6},b[3][2]={9,8,7,3,2,1},求其和矩阵 c[3][2]并输出。

14. 已知两个矩阵 a[3][2]＝{1,3,5,2,4,6},b[2][4]＝{9,8,7,3,2,1,5,6},求其积矩阵 c[3][4]并输出。

15. 从键盘输入 6 个学生 5 门课程的成绩,求每个人的总分与平均分。

16. 输入一个二维数组,找出每行的最大值输出。

17. 从键盘输入一个字符串存入数组 a 中,再将数组 a 的内容复制到数组 b 中并输出(不能调用 strcpy 函数)。

18. 从键盘输入一行字符,统计其中单词的个数。假设单词之间以空格分隔。

19. 在一个字符数组中查找一个指定的字符,若数组中含有该字符,则输出该字符在数组中第一次出现的位置(下标值);否则输出－1。

20. 在一个字符数组中删去一个指定的字符(字符串里要删去的字符只有一个),然后输出。

第 9 章　指针与内存

尽管对于编写 C 语言程序而言,指针是一种非常方便、高效的工具,但是也希望读者们能够了解,指针使用不当很可能给程序甚至系统带来灾难性的后果(并非指硬件的损坏,而是指可能导致系统崩溃等软故障),而且涉及指针的错误比其他错误更加隐蔽、更难以调试,甚至指针还是编程界都知道的内存泄漏的重要原因。鉴于指针往往是导致代码不安全的根源,同时也会使程序变得非常复杂且难以理解,因此,越来越多的编程语言主张在使用指针时应该受到一些限制。例如:Java 语言便取消了指针,转而提供引用来实现指针的部分功能。在开始下面的内容之前,请读者切记:指针很危险,使用需谨慎!

9.1　指针是什么

9.1.1　Windows 的内存管理

要了解指针的概念并掌握指针的基本使用方法,就不能不先了解一下 Windows 操作系统的内存管理知识,因为指针与内存有着十分密切的联系。

计算机的内存从属性上可以分为物理内存和虚拟内存。所谓物理内存,是指真实存在的、看得见、摸得着的计算机组成部件。日常生活中常常被人们称为内存条的部件实际上就是计算机物理内存。虚拟内存则是计算机操作系统使用内存管理技术实现的一种逻辑内存,虚拟内存使得所有应用程序都认为自己拥有一片连续完整的内存空间。但是,实际上这些应用程序常常被分割保存在多个物理内存的碎片中,当物理内存空间不足时,甚至还有部分程序、数据暂时存储在外部磁盘空间中。

计算机中运行的所有程序都必须存放在内存中才能被 CPU 执行,在多任务操作系统中,无论计算机系统安装多大的物理内存,都有可能被同时运行的多个程序消耗殆尽。为解决物理内存远小于程序需求内存的问题,Windows 操作系统采用了虚拟内存技术,即用硬盘空间来扩展内存数量。当内存数量不足时,操作系统就会将内存中暂时用不到的数据或程序保存到硬盘的 PageFile.sys 文件中,以便腾出内存空间给正在运行的程序使用。当被转储到硬盘中的程序或数据需要被访问到时,再将其从硬盘中导入到物理内存中。由于硬盘的速度远低于内存,因此,虚拟内存技术会损失一部分的执行速度,特别是当内存、硬盘间数据切换频繁的时候尤为明显。但是,也正是由于虚拟内存技术的使用,使得 Windows 操作系统能够在有限的物理内存条件下实现多任务管理。

借助于虚拟内存技术，在 Windows 系统中运行的每一个程序都认为自己拥有一片完整的内存空间，可以按照自己的需求进行分配、管理和使用。当然，实际上程序所看到、管理和使用的内存并非物理内存，而是逻辑内存。

程序在运行过程中需要频繁地操作内存，例如：接收用户输入数据、运算过程中产生的临时数据、循环计数等都需要操作内存。早期程序设计语言，如汇编语言等，用户在编程时必须直接操作内存中的存储单元，这种方法不仅难以掌握，而且非常容易出错，一旦出错，难以发现并排除错误。为了解决用户对内存空间的访问问题，随后推出的各种高级语言中大都提供了变量访问方法，即按要存储的数据类型大小在内存中划分一片存储空间，并为该存储空间命名一个符合人类命名习惯的名称，以后对这块存储空间的访问只需要使用这个固定的名称即可，而不再需要直接使用地址操作内存。这种变量访问内存的方法一经推出后，立即受到了程序员们的欢迎，其对程序设计的普及功不可没。

随着程序开发的深入，人们慢慢又发现，变量访问法尽管方便了程序员对内存单元数据的访问和操作，但也带来了一些问题。例如：在函数调用中，如果程序员希望函数体内对变量的修改结果能够被带到主调函数中时，使用普通变量将无法完成。请看下面示例。

```
1   #include <stdio.h>
2
3   void Fun( int x, int y )
4   {
5       x-- ;
6       y++ ;
7   }
8
9   void main( void )
10  {
11      int a = 6, b = 7;
12      Fun( a, b );
13      printf(" a = %d , b = %d\n", a, b );
14  }
```

在上面的程序中，主函数调用自定义子函数 Fun() 后，变量 a 和 b 的值并未发生改变。出现这种情况的原因在于，变量代表的是内存单元中的数据值，函数调用发生时，实参向形参复制了其代表的数据值，这里，实参和形参在内存中并不位于同一个存储单元，一旦完成了数据值复制后，两个变量之间不存在任何交集。在函数体内，程序修改了形参刚刚获得的那个数据值，当函数调用完成后，由于到达形参作用域下限，形参将从内存中清除，随着形参的消失，所有对形参数据值所做的修改也将全部丢失。

怎样才能实现在函数中对数据值的修改也能保留到主调函数中呢？

如果实参与形参之间传递的不是数据值，而是用于存储数据的内存空间地址，那么，无论是在函数体内还是在主调函数中，都将对同一片内存空间进行访问操作，这样也就能够实现在函数体和主调函数之间进行数据的共享和传递。

在 C 语言程序设计中，实现对地址的访问和操作需要使用到一种特殊的数据类型——指针。

9.1.2　指针的定义

尽管从所存储的数据上来看,指针是一种有别于普通变量的特殊数据类型,但是,作为一种数据类型,它也必然需要遵守 C 语言的语法规则。例如,指针在使用前也必须先声明,其声明格式如下:

数据类型 ＊指针变量名;

从指针声明格式中可以发现,声明一个指针变量几乎与声明一个普通变量完全一样,唯一的区别在于,声明指针变量时需在变量名前添加一个星号(＊)。星号(＊)是指针区别于其他变量的重要特征标记,声明指针时都需要用到星号。

指针变量作为一个存储内存地址的空间,无论其指向的数据类型是哪一种,其自身空间大小均为 32 位,即 4 字节。这是因为,在 32 位 Windows 操作系统中,每一个存储单元的地址长度均为 32 位。因此,要保存一个地址信息,只需要 32 位空间即可。既然指针变量大小均为 32 位,用于存放一个地址值,那么,声明指针时为何还需要确定其指向的数据类型呢?

在此前的章节中曾经提到,C 语言的不同数据类型根据其能够存储的数据大小,所占用的存储单元数量并不一样。例如,在 32 位 Windows 操作系统中,VC6 编译器将为整型变量分配 4 字节,而字符型变量则分配 1 字节。指针作为一种直接操作内存存储单元的数据类型,在其声明中必须先确定它将指向哪一个基本数据类型,这将决定指针变量所指向的存储空间大小,即存储单元的个数。例如,一个指向字符类型的指针,其指向的存储空间大小为 1 字节;一个指向整型类型的指针,其指向的存储空间大小将为 4 字节。一个指向整型数据类型的指针,它所存储的地址即是这 4 个连续内存空间的首地址,当使用这个指针操作内存时,将 4 个存储空间当作一个整体来操作。

在内存中所有数据都是按顺序连续存放,如果不能明确指针所指向的存储空间大小,将会导致指针的访问越界,造成程序错误。程序员只需要在声明指针时确定其所指向的数据类型,具体的存储空间管理工作均由编译器自动完成,不需程序员干预。

下面的示例列举了一些常见的指针声明及初始化操作。

```
1    int ＊p;
2    char ＊str;
3    char b, ＊p =&b;
4    double＊ f;
5    char b[3] ={'a','b','\0'}, ＊p =b;
6    int a, ＊b =&a, ＊c =b;
7    char ＊ch =0;
```

第 1 行,定义了一个指向整型类型的指针 p。本例指针在读出时,一般读作:指向 x 类型的指针 y,其中,x 用具体的变量类型替代,y 用具体的变量名称替代。例如:"float ＊ x"读作"指向单精度类型的指针 x","char ＊ w"读作"指向字符类型的指针 w"。

第 2 行,定义了一个指向字符类型的指针 str。本例与第 1 行定义的指针仅在指向的数据类型上有所区别。

第 3 行，定义了一个普通变量 b 和指向 b 的指针 p。这种写法说明了普通变量和指针变量只要类型相同可以定义在一条语句中，变量名前有星号（＊）即为指针，没有星号（＊）即为普通变量。另外，为指针初始化时，需要向其赋值一个地址值，在学习输入函数 scanf()时，已经了解到取地址运算符（&）专门用于获取变量地址值。需要注意的是，本例中将变量 b 的地址作为指针 p 的初始值，那么一定要保证在指针 p 之前已经定义了变量 b。如果写成" char ＊p = &b, b; "，那么编译器将给出变量 b 未定义的错误提示。

第 4 行，定义了一个指向双精度类型的指针 f。

第 5 行，首先定义了一个字符数组 b，并对其进行了初始化；然后定义了一个指向字符类型的指针 p，并将数组 b 作为其初始值。本书第 8 章讲到，数组名表示这个数组的起始地址，因此，将一个数组名作为初始值赋给指针变量是完全可以的。请对比第 3 行和第 5 行语句，在第 3 行中，由于 b 是一个普通变量，要获取地址值必须在其前使用取地址运算符（&）；而第 5 行中，b 不是一个普通变量名，而是数组名，因此可以不必使用取地址运算符。这一点非常类似输入函数 scanf()中的规定，请对比下面的输入语句。

```
char ch, str[20];
scanf( "%c", &ch );
scanf( "%s", str );
```

第 6 行，一个指针可以作为另一个指针的初始值。按从左至右的顺序，先定义了一个整型变量 a；然后定义了一个指向整型的指针 b，并将 a 的地址作为其初始值；最后，定义指向整型的指针 c，并将指针 b 作为指针 c 的初始值。

第 7 行，初始化一个空指针。指针 ch 是一个指向字符类型的指针，但是其指向的地址值为 0，即不指向任何存储单元，这种不指向任何存储单元的指针被称为空指针。在 stdio.h 头文件中定义了一个常量 NULL，其值为 0，因此，在定义空指针时也可以写成" char ＊p = NULL; "，其效果相同。

C 语言中的指针是指一个用来存储内存地址的变量。与普通变量最大的区别是，指针变量中存放的是一个内存空间的地址值，而普通变量中存放的是存放在内存空间中的数据值。图 9-1 表示了指针和变量所存放数据的不同。

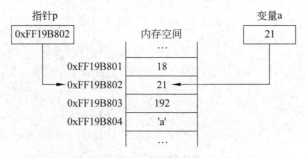

图 9-1　指针和普通变量对比图

从图 9-1 中可以十分明显地看出，指针和普通变量一样都是一个存储空间，所不同的是，二者空间中存放的内容却完全不同。普通变量中存放的是存储单元中的数据值，而指针中存放的是存储单元的地址。因此，在程序中，当出现普通变量名时，其代表的是存储在内存中的一个数据值;出现指针时,其代表的则是一个存储单元。因此,在操作指针时,并不是直接操作一个数据值,而是对一个指定位置的数据进行操作,这个特征对于函数非常有意义。

9.1.3   指针的使用

指针的使用常常离不开两个特殊的符号:∗和&。在声明一个指针变量时,已经使用过了星号(∗),它的作用是表明所定义的变量是一个指向某种数据类型的指针。在对指针初始化时,也使用过取地址运算符&,它表明获取某一个变量的地址值,并用其初始化指针。本节将更详细地介绍这两个特殊符号在指针中的使用方法。

1. 间接访问运算符(∗)

星号(∗)在 C 语言中的正式名称是:间接访问运算符。所谓间接访问,是指从指针变量中取出的数据并不直接使用,而是将这个数据当成要访问的存储空间地址,真正访问和操作的空间是指针变量中存储的数据所指向的存储空间。其使用方法为,将其添加到指针变量名前,即可访问或操作该指针所指向存储空间里的数据值,操作格式如下:

```
∗指针变量名;
```

例如:

```
int ∗p;
int c, b =21;
p =&b;
c =∗p;
```

上面的程序片段先定义了一个指向整型类型的指针 p,两个整型变量 c 和 b,并将 b 初始化为 21;第 3 行语句使指针 p 指向了变量 b,即将变量 b 的地址存放到指针变量 p 中;第 4 行,使用间接访问运算符将指针 p 所指向的空间(即变量 b 的存储空间)中存储的数据值(即变量 b 的值)赋值给变量 c。最终结果是变量 c 与变量 b 相等。

图 9-2 表示了间接访问运算符的工作原理。

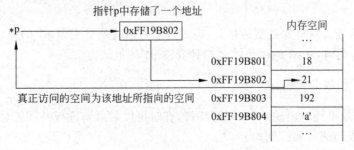

图 9-2   间接访问运算符原理图

非常容易使程序员发生混淆的是在指针定义中也会出现星号(∗),特别是在定义中对指针进行初始化时，很容易令人对指针和星号（*）产生一些误解。例如：

```
正确的使用
char ch, * str =&ch;

错误的使用
char ch, * str;
* str =&ch;
```

星号（*）在指针定义中表明定义的变量是一个指针，而非间接访问运算符。在 C 语言语句中，星号（*）的作用是间接访问运算符，它表示操作地址所指向的空间里的值。

2. 取地址运算符（&）

前面的章节中已经多次接触到过取地址运算符（&），它的作用是获取变量或数组元素的地址。指针操作中，常常需要使用该运算符为指针赋值，以便让指针指向某一个空间。请读者仔细体会下面这段文字的内容。

当一个指针变量被定义后，无论该指针指向何种类型的数据，编译器都将立即为这个指针变量分配一个 4 字节大小的存储空间，这个固定大小的存储空间是用来存放地址的。但是，此时的指针变量还不能使用，因为它还没有指向一个具体的存储空间。只有使用 & 运算符，将某一个空间的地址赋值给指针变量，这个指针变量才有了可以操作的目标。

下面的示例演示了 & 的使用方法。

```
int a =6, b[10];
int * p1, * p2, p3;

p1 =&a;
p2 =&b[3];
p3 =b;
```

一种比较特殊的用法。

```
int a, * p1, * p2;

p1 =&a;
p2 =&p1;
```

p1 和 p2 都是指向整数类型的指针，但是仍然可以将指针变量 p1 的地址作为数据赋值给指针变量 p2，此时，* p2 的结果将是指针变量 p1 的地址值。

3. * 和 & 的等量代换

在程序中，如果同时出现 * 和 & 运算符，有时可以对语句进行一些等量代换，以便更清楚地理解指针语句的目的。例如：

```
int a =5, * b, c;
```

```
b = &a;
c = * b;
```

在上面的程序片段中,指针变量 b 先被赋值为 &a,接着变量 c 又被赋值为 * b,那么变量 c 中的值到底是多少呢?" c = * b; "等量代换" c = * &a; "后,* 和 & 具有相同优先级,但结合方向均为从右至左,* & 写在一起可以理解为:取一个地址后,再间接访问该地址所指向的空间,这将等效于直接访问该空间的值,即" c = * &a; "等价于" c = a; "。再如:

```
char a[4] = {'a','b','c','d'};
char * p1, * p2, c;

p1 = a;
p2 = &p1[2];
c  = * p2;
```

在上面这个示例中,最后一条语句" c = * p2; "可以等量代换为" c = * &p1[2]; ",继续等量代换为" c = * &a[2]; ",抵消 * & 后,即等效为" c = a[2]; "。

使用这种等量代换的方法能够更快速、简单地理解程序中指针语句的真实目的,有助于程序员对代码的调试和排错。

9.1.4　指针的右左法则[①]

本书虽然不准备讨论那些难以理解的指针类型及其操作,但是,在指针学习的起始阶段就掌握右左法则,将十分有利于帮助读者掌握对复杂指针的理解和分析,为以后更深入地学习 C/C++ 编程知识提前做好一些准备。

C 语言所有复杂的指针声明都是由各种类型的声明嵌套构成的。为了能够顺利、准确地解析复杂的指针声明,常常使用一种被称为右左法则的方法。之所以称这种方法为右左法则,是因为这种方法以指针标识符为中心点,自右向左旋转解读指针的声明含义,也有人称其为右旋法则。不过,右左法则并非 C 语言标准中的规则,在 C 语言标准中只规定了应该如何声明一个指针,并没有规定人们可以或应该采用何种方法来理解已定义好的指针声明。右左法则是人们通过归纳 C 语言标准的指针声明而总结出来的一套有效的指针解读方法。右左法则的英文原文如下:

The right-left rule: Start reading the declaration from the innermost parentheses, go right, and then go left. When you encounter parentheses, the direction should be reversed. Once everything in the parentheses has been parsed, jump out of it. Continue till the whole declaration has been parsed.

英文的直译如下:

右左法则:首先从最里面的圆括号阅读,然后往右看,再往左看。每当遇到圆括号时,

---

① 本节内容可根据读者目标选择性学习。

就应该掉转阅读方向。一旦解析完圆括号里面所有的东西，就跳出圆括号。重复这个过程直到整个声明解析完毕。

直译这段英文并不能很好地理解右左法则到底是如何工作的，其关键问题在于如何理解"从最里面的圆括号阅读"。一些程序员为了追求语句的简洁、干练，常常喜欢省略圆括号的写书，这导致在一些复杂的指针声明中可能看不到圆括号，或只能看到一部分不能省略的圆括号，在这种情况下，右左法则就很难发挥其作用了。笔者认为，要按右左法则来解读复杂指针的声明，必须先将声明中省略的圆括号添加上才可以。例如，在声明一个双重指针变量时，常常采用下面的写法。

```
char * * p;
```

在这种省略了圆括号的写法中，如果按右左法则英文直译的方法根本无法解读，因为声明时没有"最里面的圆括号"。但是，如果将指针声明中省略的圆括号添加上，就完全可以按照右左法则的规定解读了。

```
char (* (* p));
```

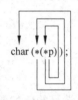

图 9-3　右左法则解读示意图

从"最里面的圆括号"即(* p)开始阅读，p 是一个指针；往右看，没有定义；再向左看，看到一个星号(*)，表明又是一个指针；继续先向右、再向左看，是字符类型 char，表明这是一个指向字符类型的指针。将两次解读的结果综合在一起就表明：p 是一个指针，它指向了一个指向字符类型变量的指针。解读过程如图 9-3 所示。

在实际程序中，还有一些情况无法通过添加圆括号的方法明确阅读的起点，这时应该是从未定义的标识符开始阅读，而不是从括号里读起，之所以是未定义的标识符，是因为一个声明里面可能有多个标识符，但未定义的标识符往往只有一个，这个未定义的标识符也正是需要解读的。例如：

```
char (* Fun)(char * p);
```

在这个定义中，可以添加的圆括号都未省略，但是，根据右左法则还是无法确定哪一个圆括号才是其所说的"最里面的圆括号"。但是，仔细观察这个定义，(char * p) 是一个已经明确定义为指向字符类型的指针，只有 Fun 的定义不明确。那么，分析语句时就应该以 Fun 为核心开始右左解读。Fun 的外面有一对圆括号，而且左边是一个 * 号，这说明 Fun 是一个指针，然后跳出这个圆括号，先看右边，也是一个圆括号，这说明(* Fun)是一个指向函数的指针，并且 Fun 指向的这个函数有一个形式参数 p，p 是指向字符类型的指针，函数将返回一个类型为 char 的值。

下面将通过几个实例来说明右左法则的使用方法。请读者注意，由于复杂的指针声明常常伴随着函数指针、多重指针等本书并未涉及的知识内容，因此，只需要掌握右左法则的基本使用方法，而不必深究这些概念的具体内容。

```
int ( * Fun[5])(int * p);
```

在定义中，标识符 Fun 定义不明确，从它开始向右解读。Fun 右边是一对方括号[]，说明 Fun 是一个长度为 5 的数组；从方括号[]向左转，有一个星号 * ，说明 Fun 这个数组存储的数据是指针，特别要注意，这里的 * 不是用来修饰 Fun，而是修饰 Fun[5]，因为[]运算符优先级比 * 高，Fun 先与[]结合；跳出包含 Fun 的括号，继续向右解读，又是一对圆括号，说明 Fun 数组的元素是一个指向函数的指针，并且它所指向的函数有一个形式参数 p，p 是指向整数类型的指针；再向左解读，函数返回值类型为整型。

9.2 指针的常用方法

C 语言程序设计中，没有哪个知识点会如指针一样令人对它爱恨交织，并被反复地提起、讨论。这不仅仅是因为它是很多错误产生的根源，更因为指针的使用令程序更加灵活，表达力、控制力更强大。真正要讲清楚指针的各种用法以及众多的注意事项，其所需篇幅不亚于本书的厚度，而且有很多指针知识需要直接涉及操作系统的核心，这不是一本 C 语言入门书籍应该讲授的内容。为了避免读者对指针可能产生的恐惧，本书将不介绍那些比较复杂的指针知识，只介绍指针在数组和函数中的简单运用，使读者对指针有一个简单、直观的认识。如果读者希望更深入地了解 C 语言指针知识，建议继续阅读罗彻斯特理工大学 Kenneth Reek 教授的大作 *Pointers on C*，书中对指针做出了更加详细的解释和说明。

9.2.1 指针在数组中的运用

1. 指向一维数组的指针

当定义一个数组时，系统将在内存中为这个数组分配一块空间用于存储数据，空间大小等于数组长度乘每个元素占用字节数。但是，当定义一个指针变量时，系统只为指针变量分配一块 4 字节大小的用于存放地址的存储空间，此时的指针变量不指向任何存储空间，当然也就无法通过这个指针对内存进行操作了。

如果要通过指针操作内存中的存储单元，必须先让指针指向一个数据类型相同的存储空间，例如下面的操作使指针 p1、p2、p3 都指向了同一片存储空间（一个整型数据占用 4 字节存储空间，指针指向第一个字节，编译器会根据指针所指向的数据类型确定该指针指向的空间大小），即变量 a 的存储空间。

```
int a =9, * p1 =&a;
int * p2, * p3;
p2 =&a;
p3 =p2;
```

指针可以指向数组中的一个元素，例如：

```
int a[4], * b;
b = &a[2];
```

指针还可以直接指向一个数组，例如：

```
int a[4], * b;
b = a;
```

指针之所以既能够指向数组中的一个元素，又能够直接指向一个数组，并非指针和数组之间有何特殊的规定，关键原因在于本书第 8 章曾经提到的，C 语言中数组名即代表整个数组空间的起始地址，所以 `a == &a[0]`，a[0] 为数组中的第一个元素。下面两条语句在效果上是等价的。

```
b = a;
b = &a[0];
```

尽管指针既能指向一个普通变量，又能指向一个数组，但是从根本上来讲，指针一次只能指向并操作一个存储空间。所不同的是，指针在指向一个数组时，由于数组由若干个数据类型相同的存储空间连成一片，当指针访问完一个数组元素后，还可以继续向前、向后访问其他的数组元素空间。

```
int a[4] = {1,2,3,4}, b, c;
int * p;

p = a;
p++;
b = * p;
p--;
c = * p;
printf("b = %d\tc = %d\n", b, c);
```

上面的程序片段运行后，将输出：`b = 2 c = 1`。指针操作原理如图 9-4 所示。

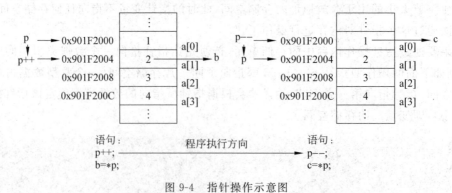

图 9-4　指针操作示意图

从图中可以看出，对指针的加减运算，其实质就是使指针指向的空间发生改变。需要注意的是,图 9-4 所示的指针 p 指向的是整型数据,所以每个空间的地址间隔是 4,如果指针指向一个字符型数据,那么每个空间的地址间隔就应该是 1。但是,无论指针指向何种数据类型,也不论该种类型的数据在内存中占用多少字节空间,指针指向下一个数据时,都使用"p++;"或"P=P+1;"或"p+=1;",指向上一个数据时,都使用"p--;"或"P=P-1;"或"p-=1;",而不用考虑实际的地址空间大小,因为这项工作由编译器自动完成。

指针指向数组后,就可以使用指针操作数组。下面的语句均是正确的数组操作命令。

```
int a[4] = {1,2,3,4}, b, c;
int * p;

p = a;
b = p[2];
c = * (p+3);
```

程序将输出"b = 3 c = 4"。从上面的程序片段可以看出,指针 p 指向数组 a 后,除可以使用间接访问运算符(*)访问 p 所指向的存储单元数据以外,还可以像数组一样访问数组元素,语句"b = p[2];"显示了数组与指针之间的等价关系。另外,语句"c = * (p+3);"演示了使用间接访问运算符时,如何访问数组中的其他元素。

例 9-1　使用指针计算并输出斐波那契前 10 项数据。

分析:请读者一定要意识到,指针可以用来操作数组,但是指针并不能替代数组,或者说,指针并不能等同于数组。因为定义指针时,系统只为其分配能够存放一个地址数据的空间,所以,指针在没有指向其他空间之前,它无法进行任何操作。本例中,尽管要求使用指针来计算并输出斐波那契数列,但还是必须先通过定义数组来获取存放数据的存储空间。

```
代码区 (例 9-1)
1   #include <stdio.h>
2
3   void main( void )
4   {
5       int Fib[10] = {1,1}, i;
6       int * p;
7
8       p = Fib;
9       for( i = 2; i < 10; i++)
10      {
11          * ( p + i ) = p[ i - 1 ] + * (p+i-2);
12      }
13
14      for( i = 0; i < 10; i++)
15      {
16          printf("%d\t", * ( p + i ) );
17      }
18
19  }
```

程序运行界面如图 9-5 所示。

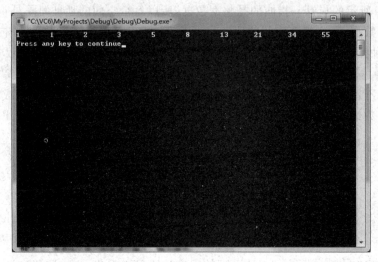

图 9-5　例 9-1 运行界面

解释：示例程序第 11 行使用了两种指针运算方法来指向需要操作的数组元素,一种是直接将指针当成一个数组来操作,使用下标来确定要访问的数组元素;另一种是先使用加、减法运算来确定要访问的数组元素位置,再使用间接访问运算符(*)来操作。

有几种较为复杂的指针运算需要提高注意。

```
1    x = * p++;
2    x = (* p)++;
3    x = * ++p;
4    x =++ * p;
```

第 1 行,* 和++拥有相同的运算优先级,但是其结合方向是从右向左,因此,在这条语句中将优先计算++,因此,语句等效为“`x = * (p++);`”。由于++在指针 p 的右侧,因此,表达式将 * p 的值赋给变量 x,再将指针 p 的值加 1。即“`x = * p; p++;`”。

第 2 行,圆括号的优先级最高,因此,先取指针 p 所指向存储单元的数据值赋给变量 x,再将该值加 1。其操作等效为:“`x = * p; * p = * p + 1;`”。

第 3 行,* 和++拥有相同的运算优先级,并且结合方向为从右向左,因此语句等效为:“`x= * (+ + p);`”。++在指针变量 p 的左侧,因此,先将指针变量 p 的值加 1,即指向下一个存储单元,再取该存储单元的数据值。其操作等效为“`p = p + 1; x = * p;`”。

第 4 行,这次将先执行 * p 操作,再执行++操作,语句等效为“`x = ++( * p);`”,先对指针变量 p 所指向存储单元中的数据值加 1 操作后,再取出赋值给变量 x。其操作等效为“`* p = * p + 1; x = * p;`”。

各类计算机等级考试中,经常会出现这类 * 、++、——混合的语句,正确解答的关键在于,一要熟悉各种运算符号的优先级和结合方向;二要了解指针与存储单元的指向关系。

2. 指向二维数组的指针

二维数组的结构不同于一维数组的线性结构,二维数组是由若干个行组成的平面结构。

当然,在本书第 8 章中讲过,限于实际内存空间的构造,二维数组在实际存储时,将按行转换成一维数组存储。尽管指针可以指向并访问任何连续的存储空间,但是,在指针指向二维数组时,还是需要先理解一些关于二维数组的规定。

(1) 二维数组的地址

二维数组的地址共有三类,分别如下:

数组的地址。

```
a;
```

行的地址。

```
a[0],a[1],a[2],...,a[m-1];
```

元素的地址。

```
&a[0][0],&a[0][1],...,&a[m-1][n-1];
```

a、&a[0]和 &a[0][0]三个地址值相同,都指向二维数组的第一个存储单元,但是,在意义上,它们是不同的,在实际使用中需要特别注意数组行的地址 a[m-1]。二维数组的行地址写法 a[m-1]与一维数组的元素引用相同,但其意义完全不同,在一维数组中,a[m-1]是元素的引用操作,是对数组元素值的直接访问;而在二维数组中,a[m-1]却是数组第 m-1 行的首地址,它的值等于: &a[m-1]和 &a[m-1][0]。

在涉及二维数组和指针的操作中,程序员一定要清楚语句操作的到底是存储空间的地址,还是存储在存储空间中的数据值。

(2) 指针如何指向二维数组

指针能够指向并访问任何一块内存空间,它在访问内存空间时,通过四则运算计算出访问的空间地址。二维数组对于指针来讲与其他的访问空间没有任何区别,下面的程序演示了指针对二维数组的操作。

```
1  #include <stdio.h>
2
3  void main( void )
4  {
5      int a[3][3] = {1,2,3,4,5,6,7,8,9}, i;
6      int * p;
7
8      p = &a[0][0];
9      for( i = 0; i < 3 * 3; i++)
10     {
11         printf("%d\t", * (p+i) );
12     }
13
14 }
```

程序运行后的输出为：

```
1 2 3 4 5 6 7 8 9
```

这个示例程序中，指针 p 将二维数组当成一片连续的整型数据存储空间，通过不断累加的循环变量 i 修改指针 p 的访问地址，这就实现了从 a[0][0] 到 a[2][2] 所有元素的访问操作。

程序第 8 行需要引起读者的高度关注，这一行的语句可以写成四种形式，程序都能正确运行，但是后两种写法将会引发编译器的警告提示："warning C4047: '=' : 'int *' differs in levels of indirection from 'int (*)[3] '"，提示表明指针和指针数组的间接访问级别不相同，赋值操作可能造成访问错误。

```
1    p =&a[0][0];
2    p =a[0];
3    p =a;
4    p =&a[0];
```

指针指向一个二维数组之后，可以使用下列公式快速将数组下标计算为指针偏移值。

$$偏移值＝i * 每行元素个数＋j$$

例如，有数组定义为"int a[3][3] = {1,2,3,4,5,6,7,8,9};"，使用指针访问数组元素 a[1][2] 的语句为：

```
c = * ( p +1 * 3 +2);
```

元素 a[1][2] 中，i＝1，j＝2，从数组定义可知每行有 3 个元素，代入公式中可计算出偏移值为 5，因此访问 a[1][2] 的等效指针语句为" * (p+5)；"。

有定义如下：

```
int a[3][3] ={1,2,3,4,5,6,7,8,9}, c;
int * p;
```

请比较下面两条语句的区别。

```
1    p =a[0];
2    c = * ( * (p+1)+2);

3    c = * ( * (a+1)+2);
```

语句 1 和语句 2 试图利用指针访问二维数组元素 a[1][2]，编译器将给出错误提示："error C2100: illegal indirection"，意即：非法的间接寻址。产生这个错误的原因是因为，语句 1 将 a[0] 赋值为指针变量 p，a[0] 是二维数组中一行的起始地址，相当于一个一维数组的起始地址。而在语句 2 中，使用了两个间接访问运算符(*)操作一维指针，因此造成错误。

语句 3 却是可以正常运行的命令，在这种写法里，将二维数组名 a 当成指针使用，* (a+1) 表示二维数组 a 第 1 行的起始地址，* (a+1)+2 表示第 1 行第 2 个元素的地址，* (* (a+1)+2) 则表示第 1 行第 2 列元素的值。

（3）指针数组

为了方便使用指针更直观地操作二维数组，C 语言中允许定义和使用一种特殊的数组形式——指针数组。指针数组是一种特殊的数组形式，其特殊之处在于，这种数组的每一个元素都是一个指针。如果将二维数组的每一行都看成是一个一维数组，那么，就可以使指针数组中的每一个元素指向二维数组中的一行。指针数组的定义格式如下：

```
数据类型 * 数组名[数组长度];
```

例如，要定义一个指向 4 * 3 数组的指针数组，其定义语句应为：

```
int a[4][3];
int * b[4];
```

使用前面提到的右左法则很容易判断出 b 首先是一个有 4 个元素的数组，数组元素是一个指向整型数据的指针。在向指针数组赋值时，特别要注意，不能直接将二维数组名赋值给变量 b，下面的语句是错误的。

```
int a[4][3];
int * b[4];

b = a;      //不正确
```

正确的做法是按行依次为指针数组的每一个元素赋值，如下所示。

```
int a[4][3];
int * b[4];

b[0] = a[0];
b[1] = a[1];
b[2] = a[2];
```

如果二维数组的行数比较多，也可以使用循环语句对指针数组自动赋值。赋值完成后，即可以使用多少方法利用指针数组访问和操作数组元素。下面的方法均为对数组元素 a[1][2] 的操作。

```
c = * ( * (b+1)+2);
c = b[1][2];
c = ( * (b+1))[2];
```

第三种写法特别要注意，最外层的圆括号不能省略，因为间接访问运算符(*)的优先级低于[]，如果不加外层圆括号语句所表达的意义是错误的。

例 9-2 使用指针数组按行输出二维数组 a 中的所有元素。

分析：正确编写本例程序的关键在于两点，其一是怎样使指针数组正确指向二维数组 a；其二是怎样利用指针数组访问所有元素。

代码区 (例 9-2)

```c
1   #include <stdio.h>
2
3   void main( void )
4   {
5       int a[3][3] ={1,2,3,4,5,6,7,8,9}, i, j;
6       int * p[3];
7
8       for( i =0; i <3; i++)
9       {
10          p[i] =a[i];
11      }
12
13      for( i =0; i <3; i++)
14      {
15          for( j =0; j <3; j++)
16          {
17              printf("%d\t", * ( * (p+i)+j));
18          }
19          printf("\n");
20      }
21  }
```

程序运行界面如图 9-6 所示。

图 9-6　例 9-2 运行界面

解释：示例程序使用了两个循环语句，第一个循环语句将二维数组的每一行赋值给一个指针数组元素；第二个循环语句是一个双重循环嵌套，通过分别控制行变量 i 和列变量 j 输出二维数组中的每一个元素。第 19 行语句输出了一个空行，它位于外层循环的最后，当内层循环输出完一行中的所有元素后，该语句输出一个空行，下一轮循环开始后，再输出的数据将从下一行开始。

有一种十分容易与指针数组混淆的指针定义形式,望读者注意区别。

```
int a[3][3];
int (* b)[3];

b = a;      //正确
```

前面曾经提到,不能将二维数组名直接赋值给一个指针数组。但是,上面定义的(* b)[4]却可以直接将二维数组名赋值给 b。这是因为语句"`int (* b)[3];`"定义的并不是一个指针数组,而是一个指向数组的指针,它表明 b 是一个指针,指向一个每行 3 列的整型数组。

3. 指向字符串的指针

指针可以指向任何数组,因此,下面的语句非常容易理解。

```
char a[6]={'1','2','3','4','5','6'};
char * p;
int i;

p = a;
for( i = 0; i < 6; i++)
{
    printf("%c\n", * ( p + i ) );
}
```

下面关于字符串操作的语句也不难理解。

```
char a[6]={"China"};
char * p;

p = a;
printf("%s\n", p );
```

但是,有一种指针与字符串的定义形式应该注意:

```
char * p = "I am a robot.";
```

通过前面知识的学习已经了解到,指针必须指向一个具体的空间才能够使用,而字符串是通过字符数组来保存的,指针只有指向字符数组才能实现操作字符串的目的。而在上面这条语句中,指针直接指向了一个没有存储在字符数组中的字符串,为什么程序仍然能够执行,甚至编译器也不会报告警告提示呢?

在 C 语言中,作为指针变量 p 初始值的字符串"I am a robot. "被当作常量存放在程序的内存静态区。p 作为一个字符型指针指向了内存静态区的字符串首地址,即字符串第一个字母'I'的地址。在其后的程序中,将字符串常量直接赋值给指针变量 p 都是被允许的,例如下面的操作是正确的。

```
char * p = "I am a robot.";
p = "123";
```

p 指向了内存静态区中另一个字符串"123"的首地址。

但是，指针变量 p 所指向的空间不允许程序直接操作，因此，下面的语句将造成程序运行错误。

```
char * p = "I am a robot.";
p = "123";
strcpy( p, "33333");
```

字符串复制函数 strcpy()试图将字符串"33333"直接复制给指针变量 p 所指向的内存空间，从语法的角度来看，上面三行语句都没有任何错误，因此，编译器无法检查出有何问题。但是，程序运行时就会因为复制字符串的目标地址无法正常访问而造成程序运行时错误。

9.2.2 指针在函数中的运用

函数作为模块化程序设计的重要部分，在分解程序任务、实现代码重用等方面有着重要的作用，本书第 7 章对函数的基本使用方法做出了较详细的介绍。但是，在第 7 章的讲解中只介绍了实参和形参之间的传值操作。所谓传值操作，是指实参将变量的数据值复制到函数的形参变量中。在传值操作中，由于形参是函数中定义的局部变量，一般函数调用完成，形参变量将被注销，其值也将不复存在，所以，当函数调用完成后，除了返回值能够被带到主调函数中外，函数体中对形参的任何改变都无法被主调函数获知。

尽管从软件工程的角度来看，过多地将函数内部数据带到函数之外并不是良好的设计风格，但是，在实际开发工作中，有时的确需要在函数间进行数据传递操作。

1. 指针形式的形参

函数的形式参数不仅仅可以是一个普通变量，还可以是一个指针。当把指针作为函数的形式参数时，函数对形参的操作会有明显的变化。请先对比图 9-7 和图 9-8。

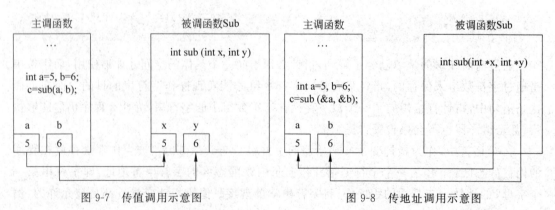

图 9-7 传值调用示意图　　　　图 9-8 传地址调用示意图

从图 9-7 可以看出,在传值调用中,主调函数和被调函数各自拥有自己的变量,当函数调用时,主调函数将自己的变量值复制一份到被调函数的形式参数变量中,当函数调用完成后,形参被注销,数据也将丢失。图 9-8 显示的是传地址调用方式,在这种方式中,被调用函数的形式参数并没有自己的存储空间,而是以指针的方式指向了主调函数中的实际参数 a 和 b 的存储空间,这样,在被调函数中进行的所有操作,其操作对象都将是主调函数中的实际参数 a 和 b,当被调函数运行结束退出后,其对主调函数中的变量 a 和 b 所做的修改都将继续保留。

例 9-3 编写交换函数 swap(),要求能够交换两个变量中的数据值。

分析:交换变量值是程序设计中经常会用到的功能,设计成函数能够使程序结构更简洁、清晰。如果交换函数使用传值方式将实参传给形参,当函数调用完成后,无法在主调函数中实现变量交换的效果。如果使用传地址方式调用交换函数,则在函数中直接操作主调函数中的实参变量,即使函数退出,这种操作结果仍然保留。

```
代码区 (例 9-3)
1   #include <stdio.h>
2
3   void swap( int *, int * );
4
5   void main( void )
6   {
7       int a = 6, b = 7;
8       printf("交换函数调用前: a = %d\tb = %d\n", a, b );
9       swap( &a, &b );
10      printf("交换函数调用后: a = %d\tb = %d\n", a, b );
11  }
12
13  void swap( int * x, int * y )
14  {
15      int c;
16
17      c = * x;
18      * x = * y;
19      * y = c;
20  }
```

程序运行界面如图 9-9 所示。

解释:本例程序将交换函数 swap() 的定义写在了主调函数之后,为此,必须在主调函数之前对交换函数 swap() 进行声明操作。在自定义函数的声明中,可以省略掉形式参数的具体名称,但不能省略形参的类型、个数,也不能改变形参的顺序。

由于交换函数 swap() 的形式参数为指向整型数据的指针,因此,在调用函数时,实际参数必须是变量的地址,所以,需要在变量名前增加取地址运算符(&)。

swap() 函数并没有返回值,但是,它利用形参与实参之间的地址传送成功地将函数中对变量的修改和操作带出到主调函数中。

数组和指针在很多操作上比较相似,如果将一个数组作为函数的参数进行传递,同样能

图 9-9　例 9-3 运行界面

够达到在被调函数和主调函数之间传递数组的目的。

例 9-4　编写一个斐波那契计算函数 Fib()，要求 Fib() 能够按用户输入的变量 n 来计算指定项数，并向主调函数返回计算出来的 n 项值。

分析：本例旨在演示如何利用数组在函数间传递批量数据，从算法上来讲，如何计算一个斐波那契数列已经不是难点。本题需要思考的一个关键问题是，题目要求计算 n 项斐波那契数列，那么在被调函数中应该如何确定作为形参的数组长度？如果将形参数组定义得太多，将会造成程序空间的浪费，但是，如果定义的空间不足，则可能造成数组访问下标越界。因此，如果自定义函数的形参是一个数组，为了避免无法正确预测实参数组的长度，可以在定义函数的形参时不指定数组的长度，即如"void Fib(int a[], int n);"，函数形参中定义了一个数组 a，但是并没有指定数组的长度，由于数组在函数间传递的是其首地址，因此，实际参数中的数组有多大，函数中形参的数组就有多大，这样就不会出现数组不匹配的问题。当然，还可以将函数的形参定义为一个指针，用指针直接指向实参数组空间，其操作方法如下所示。

代码区 (例 9-4)

```
1   #include <stdio.h>
2
3   void Fib( int * , int );
4
5   void main( void )
6   {
7       int x[10]={1,1}, i;
8
9       Fib( x, 10 );
10      for( i =0; i <10; i++)
11      {
12          printf("%d\t", x[i] );
13      }
```

```
14 }
15
16 void Fib( int * a, int n )
17 {
18     int i;
19
20     for( i =2; i <n; i++)
21     {
22         * ( a +i ) = * ( a +i -1 ) + * ( a +i -2 );
23     }
24 }
```

程序运行界面如图 9-10 所示。

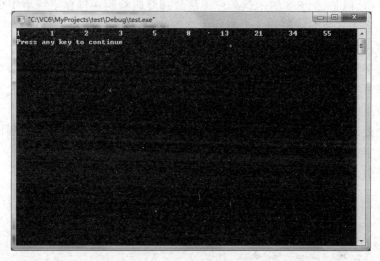

图 9-10　例 9-4 运行界面

解释：函数 Fib()将第一个参数定义为指针，当函数发生调用时，主调函数将数组名作为实际参数传递给指针，函数 Fib()中利用指针直接操作数组空间，完成斐波那契数列的计算和保存工作。

2. 返回一个指针

除了可以使用指针作为函数的参数外，函数也可以向主调函数返回一个指针。在很多字符串处理函数中，常常需要以指针的形式向主调函数返回对字符串的处理结果。其定义格式如下：

```
数据类型 * 函数名(形参表)
{
    函数体
}
```

其实，除了在函数返回值数据类型后面多添加了一个星号（ * ）外，与一般的函数定义并没有什么不同。与定义其他的指针一样，星号的位置一般紧邻写在数据类型的右侧，也可以在数据类型和星号(＊)之间添加 1 个或多个空格,还可以将星号(＊)写在紧邻函数名的左侧。

返回指针的函数在其定义形式上非常容易与函数指针产生混淆,所谓函数指针,是一个指向函数的指针,利用函数指针可以根据需要动态选择要执行的函数。返回指针的函数与函数指针的区别在于,在函数指针时,函数名和星号(＊)需要一对圆括号括起来,例如:

```
int ( * Fun)( int, int );
```

例 9-5 编写一个字符删除函数,能够在字符串中找到并删除指定的字符。

分析:从字符串中删除指定字符的基本原理是,找到要删除的字符后,从这个要删除的字符开始,将后面的字符依次覆盖到前一个字符上。例 8-8 已经演示过如何在一个字符串中删除指定字符,但是,例 8-8 的示例程序无法处理要删除的字符在字符串中相邻连续出现的情况,因为,当相邻两个字符都为要删除的字符时,找到第一个字符后,程序会自动用后一个字符覆盖前一个字符,而后一个字符本来也应该是需要删除的,这样,就会出现无法将字符串中指定的字符全部删除的情况。解决字符串中连续字符删除问题的主要思路是:每次删除一个字符后不应该从下一个字符开始扫描,而应该重新从已经被删除的字符处开始扫描。在字符数组中确定字符所在位置是通过下标实现的。

作为一个处理字符串的函数,既可以通过函数参数,也可以通过函数返回值向主调函数反馈函数体对字符串所做的各种操作,但是,无论是函数参数还是函数返回值,都必须定义成为指针或数组才可以做到。

```
代码区 (例 9-5)
1  #include <stdio.h>
2
3  char * StrDel( char * s, char ch );
4
5  void main( void )
6  {
7      char str[20], * p, c;
8
9      printf("请输入一个任意字符串: ");
10     gets(str);
11     printf("请在字符串中指定一个要删除的字符: ");
12     c =getchar();
13     p =StrDel( str, c );
14     puts(p);
15 }
16
17 char * StrDel( char * s, char ch )
18 {
19     int i, j;
20     for( i =0; s[i] !='\0'; i++)
21     {
22         if( s[i] ==ch )
23         {
```

```
24              j = i;
25              while( s[j] != '\0' )
26              {
27                  s[j] = s[j+1];
28                  j++;
29              }
30              i--;
31          }
32      }
33  return s;
34 }
```

程序运行界面如图 9-11 所示。

图 9-11　例 9-5 运行界面

解释：第 13 行，主调函数使用指针 p 来接收函数 StrDel() 的返回值。第 33 行，函数 StrDel() 使用 return 语句将字符指针 s 返回给主调函数，这句与第 13 行中主调函数使用指针 p 接收函数返回值相对应，而且 p 和 s 必须是相同的数据类型。

第 30 行，使扫描字符向后退一位。本句是解决程序删除连续字符的核心语句，其作用在于对被删除字符后面替补上来的字符进行重新扫描，如果发现还是要删除的字符，则可以再次删除。这条语句只能被放置在 if 语句中，而不能放置在 for 循环语句中，这是示例程序一个比较难以理解的地方，其逻辑意义在于：只有删除一个字符才需要回退一位，对后面替补上来的字符进行重新扫描。如果将"i--;"放置在 for 语句中，表示每扫描一个字符都后退一位，这将导致程序无法向后继续扫描其他的字符，造成程序死循环。读者可以在第 22 行设置断点，按 F5 键开始调试运行，输入字符串和要删除的字符后，Visual C++ 6.0 进行调试模式，再不断按 F10 键即可通过监视窗口看到字符串的删除过程。请读者在调试模式中对比源程序和将"i--;"语句放置在第 31、32 行之间时程序运行的区别。

例 9-6　编写一个字符串连接函数，将用户输入的两个字符串 s1、s2 拼接在一起。

分析：字符串连接函数一般将第 2 个参数所指向的字符串连接在第 1 个参数所指向的

字符串之后,要完成这一任务,首先要保证存储第一个字符串的字符数组有足够的空间存储两个字符串所有字符;另外,在拼接操作时,要特别注意对第一个字符串结束标记'\0'的处理,如果保留了这个标记,那么第二个字符串即使正确地连接在第一个字符串之后,也将无法被显示或操作,因此,大多数字符串函数都以'\0'作为字符串结束标记,位于字符串 1 和字符串 2 之间的这个结束标记会令这些函数对其后的字符串 2 视而不见。

```
代码区 (例 9-6)
1   #include <stdio.h>
2
3   char * StrCat( char * s1, char * s2 )
4   {
5       int i, j;
6
7       for( i = 0; s1[i] != '\0'; i++);
8       for( j = 0; s2[j] != '\0'; j++)
9       {
10          s1[i++] = s2[j];
11      }
12      s1[i] = '\0';
13      return s1;
14  }
15
16  void main( void )
17  {
18      char str1[40], str2[15], * p;
19
20      printf("请输入字符串 str1: ");
21      gets(str1);
22      printf("请输入字符串 str2: ");
23      gets(str2);
24      p = StrCat( str1, str2 );
25      puts(p);
26  }
```

程序运行界面如图 9-12 所示。

解释:本题示例代码有几处地方非常有意义,需要读者仔细体会。

第 7 行语句被特别地标记出来,本书在第 6 章谈到循环结构时一再强调,除了 do-while 语句以外,不能在循环语句的括号后面加上分号,这将使循环语句与后面的循环体发生断裂,循环体语句将成为不受循环语句控制的顺序语句,特别是如果将分号加在 while 语句的括号后面,还将因为无法修改循环变量导致程序死循环。而在本例中的第 7 行 for 循环语句中却加上了分号,这表达了何种操作呢? 这种在 for 语句的后面直接添加分号的循环被称为空循环。空循环因为没有循环体,所以不会进行任何操作,但是在本例中,for 语句的循环变量同时承担着字符数组下标的功能,当这个空循环开始运行时,i 不断增加,直到 s1[i] 的值等于字符串结束标记'\0'时为止。要将字符串 s2 拼接到字符串 s1 的后面,首先需要找到字符串 s1 的结束标记所在处,而这个空循环语句所做的正是找到字符串 s1 的字符串结束标记。

图 9-12　例 9-6 运行界面

第 10 行,第 2 个 for 循环语句控制的是字符串 s2 的扫描过程,但是,每次将 s2 中的字符复制到 s1 后,存储 s1 的字符数组下标也应该加 1,指向其空间中的后一个位置。使用 s1[i++]正是实现这一操作,这条语句在执行效果上等价于:

```
s1[i] = s2[j];
i = i + 1;
```

第 12 行,在字符串 s1 尾部增加字符串结束标记。第 2 个 for 语句在发现 s2 的字符串结束标记时循环停止,这将导致无法将 s2 的字符串结束标记也复制到串 s1 中,因此,需要在返回字符串 s1 时,在其后添加一个字符串结束标记。因为循环结束时,下标 i 已经指向了字符串 s1 的最后一个字符的下一个位置,因此,可以直接将结束标记加在 i 所指向的下标位置。

在本例程序的演示中,特别输入了汉字,以便向读者说明在 Windows 系统下运行的 C 语言程序不仅仅能够处理西方字符,也同样适合处理中文汉字,甚至其他国家文字。

3. main() 函数的参数

即使从 Windows 95 算起,Windows 图形化操作系统已经陪伴人们近 20 年了,但是,只要我们在运行对话框中输入"cmd"命令,打开 Windows 控制台界面,仍然能够找到很多控制台程序。例如,查看网络配置参数的工具"ipconfig /all";监听本机网络活动连接的工具"netstat -a"等。就连读者们现在正使用 Visual C++ 6.0 编写的 C 语言程序也都是控制台程序。控制台程序不同于图形化界面程序,能够使用鼠标、各类控制进行直观的程序操作控制。控制台程序只能通过用户写在程序名之后的命令参数来了解用户的操作意图,以便按照要求执行对应功能。上面提到的"ipconfig /all"中的"/all"、"netstat -a"中的"-a"都是命令参数,用来表示特别的操作命令。

　　要在编写的控制台程序中接收用户发出的命令参数，必须先了解一下 main() 函数的形式参数，在此前的讲解中，为了使读者的注意力能够更好地集中在函数体代码中，本书一直采用了最为简单的 main() 函数形式，即省略掉了 main() 函数的全部形式参数。真正完整的 main() 函数形式应该如下所示。

```
返回值类型 main(int argc, char * argv[]);
```

　　main() 函数共有两个参数：argc 和 argv，整型数据 argc 记录了程序执行时用户一共输入了多少个命令参数，这个参数的值包含了程序名；argv 是一个数组指针，指针指向字符类型，argv[0] 指向的字符串是包含路径信息的完整程序名，argv[1]～argv[argc] 指向的字符串即为用户输入的命令参数。例 9-7 演示了如何在程序中读出用户输入的命令参数。

　　例 9-7　编写一个能够从命令行接收用户命令参数的程序。

　　分析：在程序中读出用户输入的命令行参数，主要利用 argc 和 argv 两个参数来实现，由于用户可能输入多个命令参数，所以，需要使用循环语句。但是需要注意的是，argv[0] 并不是命令参数，而是程序名。读入命令参数后，一般使用 switch 语句或 if 语句对这些参数做判断，然后再调用对应的处理函数即可。本例只演示了命令参数的读入处理。

```
代码区 (例 9-7)
1   #include <stdio.h>
2
3   void main( int argc, char * argv[] )
4   {
5       int i;
6
7       printf("程序%s的命令参数分别为：\n", argv[0]);
8       for( i =1; i <argc; i++)
9       {
10          printf("参数%d是：%s\n", i, argv[i]);
11      }
12 }
```

　　程序运行界面如图 9-13 所示。

　　解释：第 8 行，for 循环语句从 1 开始，到 argc-1 为止。argc 的数值不仅仅包含了命令参数的个数，还包括了程序名，图 9-13 所示运行界面中，命令行由四个部分组成，即"test""/all""-a"和"-help"，因此，argc 的值为 4。而在 argv 数组指针中，argv[0] 指向"test"，argv[1] 指向"/all"，argv[2] 指向"-a"，argv[3] 指向"-help"。所以，当程序需要枚举所有的命令参数时，循环变量只需要从 1 开始，到 argc-1（上例中即为 4-1）即可。

　　指针是 C 语言程序设计中十分重要的内容，关于指针探讨的文件、博客、帖子随处可见，足见其重要性和复杂性。如果读者希望在程序设计方面更加精进，那么，指针是必须熟练掌握的知识点。

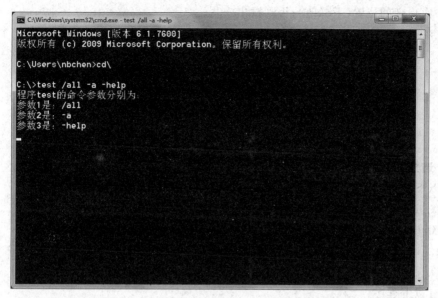

图 9-13　例 9-7 运行界面

【技能训练题】

请使用指针编写下列程序。

1. 从键盘输入一组数据按行优先次序存入数组 a[3][4]中，再按列优先次序输出。

2. 从键盘输入一组数据存入数组 a[3][3]中，再将主对角线及其下方元素值取倒数后重新存入该数组中，并输出所有元素。

3. 已知一个二维数组 a[2][3]＝{{1,2,3},{4,5,6}}，将其转置后存入另一个二维数组 b[3][2]中。

4. 已知一个 3×4 的矩阵 a[3][4]＝{{1,2,3,4},{9,8,7,6},{−9,10,−5,2}}，找出其中最大的元素值并输出。

5. 已知一个 3×4 的矩阵 a[3][4]＝{{1,2,3,4},{9,8,7,6},{−9,10,−5,2}}，找出其中最大的元素值及其行列号并输出。

6. 已知两个矩阵 a[3][2]＝{1,3,5,2,4,6}，b[3][2]＝{9,8,7,3,2,1}，求其和矩阵 c[3][2]并输出。

7. 已知两个矩阵 a[3][2]＝{1,3,5,2,4,6}，b[2][4]＝{9,8,7,3,2,1,5,6}，求其积矩阵 c[3][4]并输出。

8. 输入一个二维数组，找出每行的最大值输出。

9. 从键盘输入一个字符串存入数组 a 中，再将数组 a 的内容复制到数组 b 中并输出（不能调用 strcpy 函数）。

10. 从键盘输入一行字符，统计其中单词的个数。假设单词之间以空格分隔。

11. 在一个字符数组中查找一个指定的字符，若数组中含有该字符，则输出该字符在数组中第一次出现的位置（下标值）；否则输出－1。

12. 在一个字符数组中删去一个指定的字符（字符串里要删去的字符只有一个），然后输出。

【应试训练题】

一、选择题

1. 以下程序段完全正确的是_____。【2010 年 9 月选择题第 25 题】

    A. int * p; scanf("%d",&p);

    B. int * p; scanf("%d",p);

    C. int k, * p=&k; scanf("%d",p);

    D. int k, * p; * p=&k; scanf("%d",p);

2. 有以下程序：

```
#include  <stdio.h>
main()
{  int m=1,n=2, * p=&m, * q=&n, * r;
   r=p;p=q;q=r;
   printf("%d,%d,%d,%d\n",m,n, * p, * q);
}
```

程序运行后的输出结果是_____。【2009 年 9 月选择题第 26 题】

    A. 1,2,1,2   B. 1,2,2,1   C. 2,1,2,1   D. 2,1,1,2

3. 有以下程序：

```
#include  <stdio.h>
void f(int * p,int * q);
main()
{  int m=1,n=2, * r=&m;
   f(r,&n);printf("%d,%d",m,n);
}
void f(int * p,int * q)
{p=p+1; * q= * q+1;}
```

程序运行后的输出结果是_____。【2009 年 3 月选择题第 27 题】

    A. 1,3   B. 2,3   C. 1,4   D. 1,2

4. 若有定义语句"double a, * p=&a;"，以下叙述中错误的是_____。【2011 年 9 月选择题第 23 题】

    A. 定义语句中的 * 号是一个间址运算符

    B. 定义语句中的 * 号只是一个说明符

    C. 定义语句中的 p 只能存放 double 类型变量的地址

    D. 定义语句中, * p=&a 把变量 a 的地址作为初值赋给指针变量 p

5. 若有定义语句"double x,y, * px, * py;"，执行了"px=&x;py=&y;"之后，正确的

输入语句是_____。【2009 年 3 月选择题第 16 题】

  A. scanf("%f%f",x,y);   B. scanf("%f%f"&x,&y);

  C. scanf("%lf%le",px,py);   D. scanf("%lf%lf",x,y);

6. 有以下程序：

```
#include <stdio.h>
void fun(int * p)
{printf("%d\n",p[5]);}
main()
{    int a[10]={1,2,3,4,5,6,7,8,9,10};
     fun(&a[3]);
}
```

程序运行后的输出结果是_____。【2011 年 9 月选择题第 27 题】

  A. 5   B. 6   C. 8   D. 9

7. 有以下程序（说明：字母 A 的 ASCII 码值是 65）：

```
#include <stdio.h>
void fun(char * s)
{  while(* s)
  {  if(* s%2) printf("%c",* s);
     s++;
  }
}
main()
{  char a[]="BYTE";
   fun(a);printf("\n");
}
```

程序运行后的输出结果是_____。【2011 年 3 月选择题第 25 题】

  A. BY   B. BT   C. YT   D. YE

8. 若有定义语句"char s[3][10],(* k)[3], * p;"，则以下赋值语句正确的是_____。【2011 年 3 月选择题第 28 题】

  A. p=s;   B. p=k;   C. p=s[0];   D. k=s;

9. 设有定义"double x[10], * p=x;"，以下能给数组 x 下标为 6 的元素读入数据的正确语句是_____。【2011 年 3 月选择题第 24 题】

  A. scanf("%f",&x[6]);   B. scanf("%lf",* (x+6));

  C. scanf("%lf",p+6);   D. scanf("%lf",p[6]);

10. 有以下程序：

```
#include <stdio.h>
void f(int * p);
main()
{  int a[5]={1,2,3,4,5}, * r=a;
   f(r);printf("%d\n", * r);
}
void f(int * p)
{p=p+3; printf("%d,", * p);}
```

程序运行后的输出结果是_____。【2010 年 9 月选择题第 29 题】

    A. 1,4   B. 4,4   C. 3,1   D. 4,1

11. 设有定义"double a[10], * s＝a;"，以下能够代表数组元素 a[3]的是_____。
【2010 年 3 月选择题第 28 题】

    A. (＊s)[3]   B. *(s+3)   C. * s[3]   D. * s+3

12. 若有定义语句"int a[4][10], * p, * q[4];"且 0≤i<4,则错误的赋值是_____。
【2009 年 9 月选择题第 27 题】

    A. p＝a   B. q[i]＝a[i]

    C. p＝a[i]   D. p＝&a[2][1]

13. 若有以下定义：

```
int x[10], * pt=x;
```

则对 x 数组元素的正确引用是_____。【2009 年 3 月选择题第 29 题】

    A. * &x[10]   B. *(x+3)   C. *(pt+10)   D. pt+3

14. 有以下程序：

```
#include <stdio.h>
#include <string.h>
main()
{ char str[][20]={"One * World","one * Dream!"}, * p=str[1];
  printf("%d,",strlen(p));printf("%s\n",p);
}
```

程序运行后的输出结果是_____。【2009 年 9 月选择题第 28 题】

    A. 9,One * World   B. 9,One * Dream!

    C. 10,One * Dream!   D. 10,One * World

15. 有以下程序(注：字符 a 的 ASCII 码值为 97)：

```
#include <stdio.h>
main()
{ char * s={"abc"};
  do
  { printf("%d", * s%10);++s;}while( * s);
}
```

程序运行后的输出结果是_____。【2011 年 9 月选择题第 22 题】

    A. abc   B. 789   C. 7890   D. 979899

16. 有以下函数：

```
int fun(char * x,char * y)
{ int n=0;
  while(( * x== * y)&& * x!='\0'){x++;y++;n++;}
  return n;
}
```

函数的功能是_____。【2011 年 9 月选择题第 29 题】

A. 查找 x 和 y 所指字符串中是否有'\0'

B. 统计 x 和 y 所指字符串中最前面连续相同的字符个数

C. 将 y 所指字符串赋给 x 所指存储空间

D. 统计 x 和 y 所指字符串中相同的字符个数

17. 有以下程序：

```
#include <stdio.h>
#include <string.h>
void fun(char * w,int m)
{ char s,* p1,* p2;
  p1=w;p2=w+m-1;
  while(p1<p2){s=* p1;* p1=* p2;* p2=s;p1++;p2--;}
}
main()
{ char a[]="123456";
  fun(a,strlen(a));puts(a);
}
```

程序运行后的输出结果是_____。【2011 年 9 月选择题第 35 题】

　　A. 654321　　　　B. 116611　　　　C. 161616　　　　D. 123456

18. 有以下程序：

```
#include <stdio.h>
void fun(char * c)
{ while(* c)
  { if(* c>='a' && * c<='z') * c=* c-('a'-'A');
    c++;
  }
}
main()
{ char s[81];
  gets(s);fun(s);puts(s);
}
```

当执行程序时从键盘上输入 Hello Beijing＜回车＞,则程序的输出结果是_____。
【2011 年 3 月选择题第 29 题】

　　A. hello Beijing　　　　　　　　B. Hello Beijing

　　C. HELLO BEIJING　　　　　　　D. hELLO Beijing

19. 有以下程序：

```
#include <stdio.h>
main()
{ char s[]="rstuv";
  printf("%c\n",* s+2);
}
```

程序运行后的输出结果是_____。【2010 年 9 月选择题第 22 题】

　　A. tuv　　　　　　　　　　　　B. 字符 t 的 ASCII 码值

283

　　　　C. t　　　　　　　　　　　　　　　D. 出错

20. 下列语句组中,正确的是_____。【2010 年 3 月选择题第 23 题】

　　A. char * s;s="Olympic";　　　　　B. char s[7];s="Olympic";

　　C. char * s;s={"Olympic"};　　　　D. char s[7];s={"Olympic"};

21. 若有以下定义和语句:

```
char s1[10]="abcd!",* s2="\n123\\";
printf("%d  %d\n",strlen(s1),strlen(s2));
```

则输出结果是_____。【2010 年 3 月选择题第 31 题】

　　A. 55　　　　　　B. 105　　　　　　C. 107　　　　　　D. 58

22. 下列函数的功能是_____。【2009 年 9 月选择题第 32 题】

```
fun(char * a,char * b)
{while((* b=* a)!='\0')  {a++;b++;}}
```

　　A. 将 a 所指字符串赋给 b 所指空间

　　B. 使指针 b 指向 a 所指字符串

　　C. 将 a 所指字符串和 b 所指字符串进行比较

　　D. 检查 a 和 b 所指字符串中是否有'\0'

23. 设有定义"char * c;",以下选项中能够使字符型指针 c 正确指向一个字符串的是_____。【2009 年 9 月选择题第 37 题】

　　A. char str[]="string";c=str;

　　B. scanf("%s",c);

　　C. c=getchar();

　　D. * c="string";

24. 有以下程序:

```
#include  <stdio.h>
main()
{ char * s={"ABC"};
  do
  { printf("%d",* s%10);s++;
  }while(* s);
}
```

注意,字母 A 的 ASCII 码值为 65。程序运行后的输出结果是_____。【2009 年 3 月选择题第 21 题】

　　A. 5670　　　　　B. 656667　　　　C. 567　　　　　　D. ABC

25. 有以下程序:

```
#include  <stdio.h>
void fun(char * s)
{ while(* s)
  { if(* s%2==0) printf("%c",* s);
    s++;
  }
```

```
}
main()
{ char a[]={"good"};
  fun(a); printf("\n");
}
```

注意,字母 a 的 ASCII 码值为 97。程序运行后的输出结果是_____。【2009 年 3 月选择题第 25 题】

　　　A. d　　　　　　　B. go　　　　　　　C. god　　　　　　　D. good

26. 以下选项中正确的语句组是_____。【2009 年 3 月选择题第 32 题】

　　　A. char s[];s="BOOK!";　　　　　B. char * s;s={"BOOK!"};

　　　C. char s[10];s="BOOK!";　　　　D. char * s;s="BOOK!";

27. 有定义语句"int * p[4];",以下选项中与此语句等价的是_____。【2010 年 9 月选择题第 26 题】

　　　A. int p[4];　　　　　　　　　　B. int * * p;

　　　C. int *(p[4]);　　　　　　　　D. int (* p)[4];

28. 若有定义"int(* pt)[3];",则下列说法正确的是_____。【2010 年 3 月选择题第 27 题】

　　　A. 定义了基类型为 int 的三个指针变量

　　　B. 定义了基类型为 int 的具有三个元素的指针数组 pt

　　　C. 定义了一个名为 * pt、具有三个元素的整型数组

　　　D. 定义了一个名为 pt 的指针变量,它可以指向每行有三个整数元素的二维数组

29. 有以下程序:

```
#include <stdio.h>
main()
{ char * a[]={"abcd","ef","gh","ijk"};int i;
  for(i=0;i<4;i++) printf("%c", * a[i]);
}
```

程序运行后的输出结果是_____。【2009 年 3 月选择题第 31 题】

　　　A. aegi　　　　　　B. dfhk　　　　　　C. abcd　　　　　　D. abcdefghijk

二、填空题

1. 有以下程序:

```
#include <stdio.h>
int * f(int * p,int * q);
main()
{ int m=1,n=2, * r=&m;
  r=f(r,&n); printf("%d\n", * r);}
int * f(int * p,int * q)
{ return (* p> * q)?p: q;}
```

程序运行后的输出结果是_____。【2010 年 9 月填空题第 11 题】

2. 以下程序调用 fun()函数,把 x 中的值插入到 a 数组下标为 k 的数组元素中。主函数中,n 存放 a 数组中数据的个数,请填空。【2011 年 9 月填空题第 14 题】

```
#include <stdio.h>
void fun(int s[],int * n,int k,int x)
{  int i;
   for(i= * n-1;i>=k;i--) s[_____]=s[i];
   s[k]=x;
   * n= * n+_____;
}
main()
{  int a[20]={1,2,3,4,5,6,7,8,9,10,11},i,x=0,k=6,n=11;
   fun(a,&n,k,x);
   for(i=0;i<n;i++)  printf("%4d",a[i]); printf("\n");
}
```

3. 以下程序的功能是：借助指针变量找出数组元素中最大值所在的位置并输出该最大值。请在输出语句中填写代表最大值的输出项。【2010 年 9 月填空题第 14 题】

```
#include<stdio.h>
main()
{  int a[10], * p, * s;
   for(p=a;p-a<10;p++) scanf("%d",p);
   for(p=a,s=a;p-a<10;p++) if( * p> * s) s=p;
   printf("max=%d\n",_____);
}
```

4. 有以下程序：

```
#include <stdio.h>
#include <string.h>
void fun(char * str)
{  char temp;int n,i;
   n=strlen(str);
   temp=str[n-1];
   for(i=n-1;i>0;i--)  str[i]=str[i-1];
   str[0]=temp;
}
main()
{  char s[50];
   scanf("%s",s);fun(s);printf("%s\n",s);}
```

程序运行后输入：abcdef<回车>，则输出结果是_____。【2010 年 3 月填空题第 12 题】

5. 以下程序的功能是：借助指针变量找出数组元素中的最大值及其元素的下标值。请填空。【2010 年 3 月填空题第 15 题】

```
#include <stdio.h>
main()
{  int a[10], * p, * s;
   for(p=a;p-a<10;p++) scanf("%d",p);
   for(p=a,s=a;p-a<10;p++) if( * p> * s) s=_____;
   printf("index=%d\n",s-a);
}
```

6. 有以下程序：

```
#include  <stdio.h>
main()
{  int a[]={1,2,3,4,5,6},*k[3],i=0;
   while(i<3)
   { k[i]=&a[2*i];
     printf("%d",*k[i]);
     i++;
   }
}
```

程序运行后的输出结果是_____。【2010 年 3 月填空题第 10 题】

第 10 章　Windows 文件系统及操作

内存是计算机中一个十分重要的组成部件。内存一般分为只读存储器和随机存储器。计算机在工作时,必须将程序和数据存放在随机存储器中才能够被 CPU 执行和操作。但是,随机存储器的工作原理决定了任何程序和数据都必须在通电的条件下才能保存于其中,一旦计算机关闭或重启,随机存储器中的所有程序和数据都将消失。为了解决数据的长期存储问题,人们先后发明了纸带、磁盘、磁带、光盘、优盘等能够在不通电的情况下长时间保存程序和数据的存储器,这些存储器被分类为外部存储器或辅助存储器。高速缓冲存储器(Cache)、内存和外部存储器一起构成了计算机的三级存储体系结构。文件是外部存储器中存储程序或数据的基本单位。

本章将介绍文件的基本读写操作,学习和掌握文件的读写操作后,程序员就能够使用外部存储器长久地保存程序或数据。

10.1　Windows 文件系统

10.1.1　Windows 文件系统简介

文件是指存储于外部存储器中的一组相关数据的集合,为了便于对这组数据集合的操作,每个文件都必须命名一个名称,即文件名。在同一个文件夹中,文件名具有唯一性。特别要强调的是,在内存中没有文件的概念,所有数据以字节为单位存储在指定的存储单元中。

虽然文件是外部存储器中对数据组织和管理的基本单位,但是,计算机系统中文件在数据存储方面发挥着重要的作用,设计绝大多数的操作系统时都会高度重视文件系统,不同操作系统中文件的功能和操作方式都会存在一些区别,因此,在哪一种操作系统环境下开发软件,就必须清楚地了解和掌握该系统对文件的组织、管理和操作方式,以便正确地进行文件读写操作。

文件系统是操作系统中专门负责信息的组织、存储和访问,并对文件的构造、存取、使用、保护和实现方法等进行管理的子系统。鉴于文件系统是一个操作系统中实现文件管理的核心机制,在开始进行文件操作之前,有必要先对 Windows 文件系统进行简单的了解。

在现代操作系统中,文件系统为存储设备提供了流式的数据管理,允许应用程序共享卷的存储空间,同时又可以独享不同的数据流。在 Windows 中,文件系统提供了一个层次状的名字空间,并按树状方式对文件进行管理。文件对象既是设备对象的已打开实例的抽象,又代表了文件系统中一个已打开的数据流实例。Windows 的文件系统以卷设备对象为存储基础,所谓卷,是指 Windows 操作系统中的一个逻辑存储空间,即可以在同一个物理硬盘中划分若干个卷,一个卷也可以包含数块物理硬盘。显然,卷的使用可以使程序员不再需要考虑外部存储器的硬件结构和数据具体的存储位置。不同种类的文件系统定义了不同的存储格式。文件系统格式的描述能力也决定了它的数据管理能力,比如文件的访问权限管理、是否压缩、单个文件的最大尺寸,等等。

在 Windows 文件系统中,通常有两种类型的对象:目录(Directory)和文件(File)。文件代表了一个数据流,应用程序可以从文件中读写数据。目录则是文件系统中用于将多个文件有效组织起来的容器对象,其本身并不包含用户数据流。在磁盘上,最基本的管理数据单元是扇区,支持 Intel x86 系统的磁盘的扇区大小通常为 512 字节,而文件系统可以以更大的粒度来管理磁盘上的数据,此粒度称为簇(cluster),簇的大小通常是扇区的整数倍。因此,从文件系统的管理角度来看,一个文件是由一组簇构成的,这些簇形成了文件数据流的存储空间,目录也包含了一个或多个簇,这些簇中的数据描述了该目录中的文件,包括了它们的文件属性和所属簇的位置信息。

10.1.2　文件、文件夹和路径

1. 文件

Windows 操作系统中,所有存储在外部存储器,如磁盘、光盘、优盘、磁带等设备中的程序、图像、音乐、文字、视频等,都必须以文件为单位进行存储和操作。

虽然存储在外部存储器中的数据形式都是二进制,但是,用户对这些二进制数据的理解和所希望进行的操作是完全不一样的。例如,对于一个音乐文件,用户希望能够用音乐播放器播放它;对于一个照片文件,用户则希望用图片浏览器打开它。为了便于对文件的分类管理,Windows 对文件的命名做了一些具体的规定。在 Windows 操作系统中,每一个文件的名称由两部分组成:文件名和扩展名,在文件名和扩展名之间使用圆点(.)作为间隔。Windows 操作系统的文件命名规则如下。

- 文件或者文件夹名称的长度应不超过 255 个字符。
- 文件名除了开头之外任何地方都可以使用空格。
- 文件名中不能有下列符号(见双引号内):"?"、"\"、"*""""""""<"">""|"。
- Windows 文件名不区分大小写,但是文件名的大小写仍然会显示出来。
- 文件名中可以包含多个间隔符(.),如"重要文件.图片 001.jpg"。

Windows 操作系统通过文件的扩展名识别文件的类型。例如,扩展名 .jpg、.bmp、.png 等表示图片文件;扩展名 .avi、.mp4、.rmvb、.mov 等表示视频文件;.mp3、mid、.ASF、.WMA 等表示声音文件。如果用户双击一个 Windows 操作系统能够识别其类型的文件,Windows 将会自动使用操作这种文件的默认软件打开双击的文件,使用户立即进入操作界面。

2. 文件夹

文件夹是 Windows 操作系统中用来协助人们管理文件的重要对象,文件夹类似于一种容器,专门用于存储文件,用户可以为文件夹命名一个便于记忆和操作的名称,并通过这个名称实现对文件夹的各种管理和操作。文件夹的命名与文件的命名规则一样。Windows 对文件夹按树状进行组织和管理,所谓树状,是每一个磁盘下都有一个统一的树根,即根文件夹。在根文件夹中根据用户的需要可以创建若干个文件夹,每一个子文件夹中又能够创建若干个文件夹。这种层层叠叠的多层文件夹组织结构与自然界的树非常类似,所以,便被称为树状组织结构。如果将文件夹看成是树枝,那么,文件则如同树叶一样,可以被存储在任何一个文件夹中。

3. 路径

路径是 Windows 用于描述文件位置的一串字符。用户在磁盘上寻找文件时,所历经的文件夹线路就是路径。路径分为绝对路径和相对路径两种,绝对路径是指从根文件夹开始的路径,其特征是以"\"作为路径的首字符;相对路径是指从当前文件夹开始的路径。操作文件时,必须搞清楚文件所处的路径,否则将会造成文件读写失败。下面的字符串指示了 Windows 系统下控制台命令文件的位置。

```
c:\windows\system32\cmd.exe
```

从这串字符中可以看出,路径中位于最前面的是盘符标志"c:",其后第一个反斜杠"\"代表的是磁盘中的根文件夹,其后在"windows""system32"和"cmd.exe"之间的反斜杠则为间隔符。

10.1.3　C 语言中对路径的描述

C 语言在描述一个文件路径时与 Windows 系统对文件路径的描述并没有太大差别。但是,请读者一定要注意,斜杠('\')在 C 语言中有特殊的用途,即转义符的首字符。本书第 3 章曾经谈到,在 C 语言程序设计过程中,C 编译系统与程序员之间约定使用一些特殊的符号表达某种指定的意思,这种特殊的字符就是转义符。用户常常使用转义符向 C 语言表示需要执行一些操作命令。例如,'\n'表示回车键,当在输出函数 printf()中输出一个'\n'转义符时,C 编译系统会明白程序员这是希望输出一个回车符。

正因为 C 语言中对反斜杠(\)的特殊理解,因此,要在 C 语言中表示路径字符串必须首先解决好斜杠的问题。根据本书表 4-1 中的说明,C 语言中使用双反斜杠来表示单反斜杠,即"\\"表示"\",因此,如果要在 C 语言中表示路径字符串,必须将所有的单反斜杠转换成双反斜杠。上节中的路径字符串在 C 程序中应该表示为:

```
c:\\windows\\system32\\cmd.exe
```

这样的路径字符串才能够被 C 编译器正确理解。

10.1.4　字符文件与二进制文件

从 C 语言的角度来看,文件远没有 Windows 操作系统那么复杂。首先,C 语言对文件的类型就分为两种:文本文件和二进制文件。文本文件在很多地方也被称为字符文件。其实,无论是文本文件,还是二进制文件,从存储在外部存储器中的数据而言,都是连续的 0、1 二进制编码。区别就在于 C 语言对这些连续的二进制编码如何理解。

如果操作文本文件,那么,C 语言会从文件的开始处每次读入 8 位二进制数据,再查询 ASCII 码表,将这 8 位二进制数据转换成与其对应的字符。所以,用户打开文本文件可以看到里面的符号都是 ASCII 码表中的标准字符。使用任何一个文本工具都可以对文本文件的内容进行读出和写入。

如果操作二进制文件,那么,C 语言将根据操作对象的不同,可以读取任意长度的连续二进制位,然后在程序中对读入的二进制数据进行各种需要的操作。二进制文件真实地反映了数据在内存中的样式,C 语言也的确是将内存中的数据原样不变地写入文件中去。如果以记事本等文件操作软件打开一个二进制文件,只能看到一堆乱码。例如,将整数 1028 写入到二进制文件中,使用记事本打开这个二进制文件时,看到的将是"⅃⅃",与写入的 1028 相去甚远。不过,虽然保存在二进制文件中的数据不适合人们阅读,但是却适合计算机程序使用,与文本文件相比,二进制文件在计算机中使用更为广泛,是很多软件保存长期数据的主要文件类型。

从应用角度来讲,如果利用文件保存适合人类阅读的文字、符号等内容,一般使用文本文件。如果保存的是各种数据、音频、视频、图形图像等文件,则一般使用二进制文件。在 C 语言中,操作不同类型的文件将使用不同的函数,因此,在操作前必须先明确需要操作的文件类型。

10.1.5　文件操作的一般流程

在 C 语言编程中,尽管操作不同类型的文件所使用的方法和函数不尽相同,但是,其操作流程却基本上都是一样的。

C 语言是利用文件指针来操作文件的,因此,操作文件的第一步就是必须先为每一个文件定义一个文件指针。定义文件指针的方法如下:

```
FILE * 文件指针名;
```

FILE 是头文件 stdio.h 中定义的一个结构类型,用于存储与指定文件相关的基本信息。因此,只要在源程序中包含了头文件 stdio.h,就可以实现对文件的基本操作。

定义文件指针只是准备好了访问文件的基本工具,指针却没有指向任何一个具体的文件,当然也就无法对真实的文件进行操作了。因此,实现文件操作的第二步就是要通过调用文件打开函数,在内存中打开一个指定的文件,并使文件指针指向这个被打开的文件。在 C 语言中打开一个文件的基本方法是调用 fopen()函数,并将该函数返回的参数赋值给文件指针,以便其后对文件进行各种操作。其调用格式如下:

```
文件指针 = fopen("含路径文件名","打开方式");
```

fopen()函数有两个参数,参数两侧均有双引号,表明这两个参数都是字符串。第一个参数是包含路径信息的文件名,路径中包含的间隔符(\)都必须使用双斜框(\\)表示。第二个参数指定以何种方式打开文件,打开文件的方式不同,对文件能够进行的操作也不一样。C 语言允许 12 种不同的方法打开一个文件,表 10-1 列出了 C 语言允许的打开文件方法。

表 10-1　文件打开方式列表

标记	操作	解　释	指定文件不存在时
r	只读	打开文本文件,只允许读数据	出错
w	只写	打开或新建文本文件,只允许写数据	按指定文件名创建新文件
a	追加	打开或新建文本文件,允许在文件尾部写数据	按指定文件名创建新文件
r+	读写	打开文本文件,允许读和写操作	出错
w+	读写	打开或新建文本文件,允许读和写操作	按指定文件名创建新文件
a+	读写	打开或新建文本文件,允许读和在文件尾部写数据	按指定文件名创建新文件
rb	只读	打开二进制文件,只允许读数据	出错
wb	只写	打开或新建二进制文件,只允许写数据	按指定文件名创建新文件
ab	追加	打开或新建二进制文件,允许在文件尾写数据	按指定文件名创建新文件
rb+	读写	打开二进制文件,允许读和写操作;	出错
wb+	读写	打开或新建二进制文件,允许读和写操作	按指定文件名创建新文件
ab+	读写	打开或新建二进制文件,允许读或在文件尾部写数据	按指定文件名创建新文件

表 10-1 列出的文件打开方法多达 12 种,但是,如果仔细观察一下这些文件打开标记就会发现,基本标记字符只有 r、w、a 3 种,分别表示读(read)、写(write)和追加(append)。辅助标记字符有 b、+两种,b 表示二进制文件,+表示既允许读又允许写操作。12 种文件打开方式均是这 5 种标记的组合。除了带 r 的标记外,使用其他标记打开一个不存在的文件时,都会自动按指定文件名创建一个新文件,然后进行后续的操作。

在完成文件读写操作之后、程序退出之前,务必对每一个打开的文件进行关闭操作。关闭文件可以调用 fclose()函数。其调用格式如下:

```
fclose(文件指针名);
```

一个文件完整的操作过程类似图 10-1 所示。

文件操作流程中第 1、2、4 步都是不可缺少的步骤,第 3 步可视需要编写或一句,或多句文件操作语句。

文件作为计算机存储数据的主要空间,能够容纳的数据非常多,程序在处理文件时往往需要分步进行,即一次读写文件中的部分数据,处理完成后,再读写其他部分数据,直至所有数据被处理完成。在这个过程中,必须有一个能够记录文件当前操作位置的标志,程序对文件读写到哪里,这个标志就能够指向哪里,下次需要继续读写后面数据时,标志能够及时向程序告知当前处理位置。在 C 语言中,指示文件读写位置的标志就是文件指针,文件指针的操作并不需要程序员控制,当调用文件读写函数时,程序会自动在文件指针中记录当前操

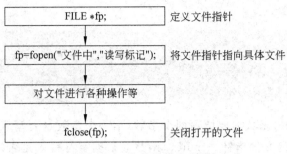

图 10-1　文件操作流程图

作位置,当再次调用文件操作函数时,就会自动从文件指针中记录的文件当前操作位置继续向后读写。

10.2　文本文件的基本操作

本节将介绍针对文本文件的基本操作方法。在 C 语言中,对文件的操作是通过调用各式各样的文件函数来实现的。绝大多数文件函数均有一个统一的特征,即函数名的首字母均为"f",即 file(文件)之意。无论是文本文件操作函数还是二进制文件操作函数,均具有这一特征。

10.2.1　文本文件读写函数

1. 文件字符输入/输出函数

(1) 字符输入函数

函数名:fgetc()

功能:从指定文件中读入一个字符。

函数声明:int fgetc(FILE ＊);

调用示例:

```
char ch;
FILE ＊ fp;
fp =fopen( "readme.txt" , "r" );
ch =fgetc( fp );
```

解释:调用 fgetc()函数时,仅需要填写一个参数,即需要读入数据的文件指针。函数调用成功时,将向主调函数返回被读入的字符。

(2) 字符输出函数

函数名:fputc()

功能:向指定文件中输出一个字符。

函数声明:int fputc(int, FILE ＊);

调用示例：

```
char ch = 'c';
FILE * fp;
fp = fopen( "readme.txt", "w" );
fputc( ch, fp );
```

解释：调用 fputc()函数需要填写两个参数，第一个参数是要写入文件中的字符，第二个参数是指定要写入的文件指针。fputc()函数会根据字符写入是否成功向主调函数返回一个数据，当调用成功时，返回值为被写入的这个字符；如果调用失败则返回−1。在写入重要数据时，可以通过检测返回值判断数据是否正确写入。

2. 文件字符串输入/输出函数

（1）字符串输入函数

函数名：fgets()

功能：从指定文件中读入一个字符串。

函数声明：char * fgets(char *, int, FILE *);

调用示例：

```
FILE * fp;
char c[10];

fp = fopen( "readme.txt", "r" );
fgets( c, 10, fp );
fclose( fp );
```

解释：fgets()函数将从指定文件中输入一个字符串。调用 fgets()时，需要填写三个参数，从左到右依次是：接收字符串的空间起始地址，一般填写字符数组名；读入的字符串长度；读入字符串的文件指针。调用 fgets()函数时，有几个需要注意的问题：其一，fgets()函数的第二个参数 n 指明要读入的字符串长度，但是，由于字符串总是要有一个结束标记'\0'，因此，实际读入的字符串个数将为 n−1 个，当文件中字符串的长度大于 n−1 时，实际只会读入 n−1 个字符。其二，fgets()函数在读取文件字符串时是按行读入的，如果文件由多行字符串组成，即使第一行字符串的长度未超过 n−1，fgets()函数仍然只读入第一行的字符串，当第二次调用时，读入第二行字符串，要读入多少行字符串，就需要调用多少次 fgets()函数。其三，文件中每一行字符串末尾的回车符('\n')也会被当成一个字符读入。其四，如果文件中一行字符串的长度超过了 fgets()指定的读入字符数，这一行字符串的前 n−1 个字符将会被读入，当再次调用 fgets()函数时，将从这一行字符串的第 n 个字符开始读入。理解并实践这四点说明，将使读者更好地掌握 fgets()函数的使用。

（2）字符串输出函数

函数名：fputs()

功能：向指定文件中输出一个字符串。

函数声明：int fputs(const char *, FILE *);

调用示例：

```
FILE * fp;
char s[10] ={ "123456789" };

fp =fopen( "readme.txt" , "w" );
fputs( s, fp );
fclose( fp );
```

解释：fputs()函数用于向指定文件中写入一个字符串。调用 fputs()函数时，需要填写两个参数，第一个参数指定要写入的字符串，通常填写字符数组的数组名；第二个参数填写要写入的文件指针。函数执行成功，将指定字符串正确写入文件时，函数将返回一个非负值（0 或正整数）；调用失败时，将返回一个 EOF 标记（−1）。

3. 文件格式化输入/输出函数

(1) 格式化输入函数

函数名：fscanf()

功能：从指定文件中按格式输入指定类型数据。

函数声明：int fscanf(FILE * , const char * , ...);

调用示例：

```
FILE * fp;
int dat;

fp =fopen( "fun.dat" , "r" );
fscanf( fp, "%d", &dat );
fclose( fp );
```

解释：如果函数名不是以字母 f 开头，第一个参数不是指向要操作文件的指针，其实就是标准输入函数 scanf()。fscanf()函数除了参数比 scanf()函数多一个指向文件的文件指针外，它们保持了高度的相似性。关于 scanf()的知识均可用于 fscanf()函数中。

(2) 格式化输出函数

函数名：fprintf()

功能：按格式向指定文件中输出指定类型数据。

函数声明：int fprintf(FILE * , const char * , ...);

调用示例：

```
FILE * fp;
char s[10] ={ "123456789" };

fp =fopen( "readme.txt","w" );
fprintf( fp, "%s", s );
fclose( fp );
```

解释：fprintf()函数与 printf()函数也高度相似，fprintf()的第一个参数是一个指向要输出文件的文件指针。

10.2.2 文本文件读写示例

例 10-1 编写一个文本文件复制小程序，能够将源文本文件 SourceFile. txt 的全部内容复制到目标文本文件 TargetFile. txt 中去。

分析：文本文件的内容由各种字符组成，复制文件时可以先使用 fgetc( )函数从源文件 SourceFile. txt 中读出一个字符，然后写入目标文件 TargetFile. txt 中。由于程序需要同时操作两个文件，因此需要设置两个文件指针，分别控制 SourceFile. txt 和 TargetFile. txt。复制文件时需要判断源文件 SourceFile. txt 的内容是否全部完成，只有文件内容全部读出完成后，才能结束复制操作。判断文件是否读、写完成，可以通过判断文件结束标记来实现，每一个文件的结尾处都有一个文件结束标记，如同字符串有一个字符串结束标记一样。文件的结束标记有统一的定义符号，即 EOF(End of File)，在程序中只要判断读出的字符是否为 EOF 即可获知文件是否读完。

```
代码区 (例 10-1)
1   #include <stdio.h>
2
3   void main( void )
4   {
5
6       FILE * in, * out;
7       char ch;
8
9       in = fopen("SourceFile.txt","r");
10      out = fopen("TargetFile.txt","w+");
11
12      do
13      {
14          ch = fgetc( in );
15          fputc( ch, out );
16      }while( ch !=EOF );
17
18      fclose( in );
19      fclose( out);
20  }
```

程序执行条件：运行本程序前需要做些准备工作，这一点与之前的大多数程序不同。由于程序必须先读取 SourceFile. txt 文件中的内容后，才可以进行复制操作，因此，在程序运行前必须保证 SourceFile. txt 文件已经存在。另外，由于在程序中没有指定文件的绝对路径，因此，SourceFile. txt 文件必须放置在与源程序文件相同的文件夹下才可以被访问到。

解释：示例程序中定义了两个文件指针 in 和 out 分别指向 SourceFile. txt 和 TargetFile. txt，由于对这两个文件的操作方法完全不同，因此，在打开文件时所使用的方式也是不同的。对 SourceFile. txt 文件只需要读出其内容，因此，打开方式为"r"，而

TargetFile. txt 文件需要写入操作，因此，打开方式为"w"。另外，考虑到 TargetFile. txt 文件可能不存在，需要程序创建该文件，因此，在打开方式中增加了辅助标记"＋"。

　　程序要判断是否操作到 SourceFile. txt 文件的结尾处，必须先读出字符后才能判断，因此，示例程序采用了 do-while 循环结构，实现先读后判断的操作顺序。循环体中仅两条语句，读出字符，写入字符。最后，不能忘记在程序中每一个打开的文件，必须使用 fclose() 函数将其关闭。

　　本题扩展：示例程序在执行时，只能从固定的文件中读取内容，再把数据复制到固定的文件中去，这样的程序非常缺乏灵活性，很难有实有价值。用户当然会希望自己能够在程序中指定需要复制的文件，并指定复制到哪个文件中去。要实现这样的功能，只需要使用本书第 9 章中介绍的 main() 函数参数接收用户指定文件名即可。下面的代码演示了这种做法。

```
代码区 (例 10-1)
1   #include <stdio.h>
2
3   void main( int argc, char * argv[] )
4   {
5
6       FILE * in, * out;
7       char ch;
8
9         if( argc <=1 )
10      {
11          printf("使用方法: copyfile 源文件名 目标文件\n");
12      }
13      else if( argc <=2 )
14      {
15          printf("缺少目标文件名\n");
16      }
17      else
18      {
19          in =fopen(argv[1],"r");
20          out =fopen(argv[2],"w+");
21
22          do
23          {
24            ch =fgetc( in );
25            fputc( ch, out );
26          }while( ch !=EOF );
27
28          fclose( in );
29           fclose( out);
30      }
31 }
```

　　改进的程序使用 main() 函数的参数 argv[1] 作为源文件名，argv[2] 作为目标文件名，其他的操作并未发生修改。程序只稍稍做了一点改进，却大大地提高了实用性。

　　例 10-2　编写程序按行方式显示出指定文件中的所有内容。

分析：按行从文件中读出文本可以使用函数 fgets()，使用该函数时需要注意两个问题，其一，参数一为保存读入字符串的字符数组，如果无法确定文件中一行的最大长度，那么，数组的长度应该尽量大一些，以便尽可能存入一行数据。其二，该函数的第二个参数用于指定读入行的长度，但是，很难预测文件中一行的实际长度是多少，因此，这个参数也需要设置得比一行可能的长度更大些。如果文件中实际行的长度小于参数二，仍然将按一行的实际长度读取，当遇到行结束符'\n'时 fgets()就会停止。

```
代码区 (例 10-2)
1   #include <stdio.h>
2
3   void main( void )
4   {
5
6       FILE * fp;
7       char str[255], filename[255];
8
9       printf( "请输入要处理的文件名:" );
10      scanf( "%s", filename );
11      fp  = fopen(filename,"r");
12
13      do
14      {
15          fgets(str, 100, fp );
16          puts(str);
17      }while( !feof( fp ) );
18
19      fclose( fp );
20  }
```

程序运行界面如图 10-2 所示。

图 10-2　例 10-2 运行界面

　　解释：示例代码的第 17 行调用了一个新文件函数 feof()，该函数用于检查文件指针 fp 是否已经到达文件的尾部。feof() 函数在涉及文件操作的程序中常常需要被用到，后面将对该函数作更详细的介绍。本例题中，只需要了解 feof() 函数用于判断是否已经到达文件结尾的功能即可。

　　例 10-3　计算机学院期末考试完毕后，学生的初始成绩存放在文件 score.dat 中，存放格式如下：

姓名 C语言成绩,高等数学成绩,大学物理成绩

请编写一个自动处理程序，能够根据三科成绩评定学生的成绩等级。评定原则如下：

三科成绩均超 85(含 85)分——优秀。

三科成绩均超 60(含 60)分——合格。

任何一科成绩 60 分以下——不合格。

成绩评定结果写入 grade.txt 文件中保存，写入格式如下：

姓名　等级

　　分析：如果要从文件中读出排列规则、类型多样的数据，那么 fscanf() 函数是一个很好的选择。如同 scanf() 函数一样可以输入多种不同类型的数据，区别在于 fscanf() 函数是从文件中读入数据，而 scanf() 是从键盘中读入数据。从题目中说明的数据存放格式可以知道，每一行的第一个数据是学生姓名，这是一个典型的字符串，应该定义一个字符数组存放；第二至四个数据是各科成绩，从示例文本可以看出，分数全部为整数，因此可以定义三个整型变量用于接收读入的三科成绩。fscanf() 函数在读入字符串时，如果遇到空格将停止读入，但整型数据之间需要使用间隔符进行间隔，本例中的示例文本在每个整数之间使用了逗号进行分隔，请读者不要忘记了在学习 scanf() 函数时讲到的，如果输入的数据之间有何种间隔符，那么在格式控制字符串中也需要使用同样的间隔符，以便匹配。

　　示例程序的主要处理流程很简单：从文件中读入数据→处理数据→输出到文件中。输出数据时使用了格式化输出函数 fprintf()。

代码区 (例 10-3)

```
1    #include <stdio.h>
2    #include <string.h>
3
4    void main( void )
5    {
6        FILE * in, * out;
7            char name[10], grade[10];
8        int    CScore, MScore, PScore;
9
10       in = fopen( "score.dat", "r" );
11           out = fopen( "grade.txt", "w+" );
12
13       while( !feof( in ))
```

```
14      {
15          fscanf( in, "%s %d,%d,%d", name, &CScore, &MScore, &PScore );
16
17          if( CScore>=85 && MScore>=85 && PScore>=85 )
18          {
19              strcpy( grade, "优秀" );
20          }
21          else if( CScore>=60 && MScore>=60 && PScore>=60 )
22          {
23              strcpy( grade, "合格" );
24          }
25          else if( CScore<60 || MScore<60 || PScore<60 )
26          {
27              strcpy( grade, "不合格" );
28          }
29          fprintf( out, "%s\t%s\n", name, grade );
30      }
31      printf("数据处理完毕,请核对!\n");
32      fcloseall();
33  }
```

程序运行界面如图 10-3 所示。

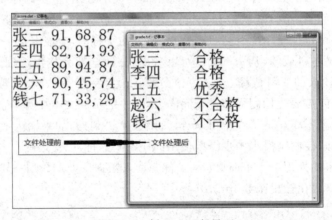

图 10-3　例 10-3 运行界面

　　解释：从本题示例程序中可以看出,格式化输入/输出函数 fscanf() 和 fprintf() 在使用上的确与 scanf() 和 printf() 函数非常相似,只是多了一个参数用于指向要操作的文件指针。填写在 fscanf() 函数中的文件指针可以指向一个可读的文件,而 fprintf() 函数中的文件指针必须指向一个可写的文件,文件能够进行何种操作需要在其被打开时先行设定。

　　示例程序第 19、23、27 行通过调用 strcpy() 函数实现了对字符数组 grade 的赋值操作。读者可能会感到疑惑,字符串不是可以直接赋值给字符数组的吗? 下面的语句不是更简单吗?

```
grade = "优秀";
```

　　C 语言规定,在定义字符数组时可以使用字符串常量对其进行初始化操作,但是,在程序代码区,即执行语句中,不可以直接将字符串常量赋值给一个字符数组名。因此,上面的语句在编译时会被提示赋值错误。在语句中将字符串赋值给字符数组的最常用方法就是调用字符串处理函数,strcpy()函数是完成字符串复制的常用函数,它将第二个参数指向的字符串复制到第一个参数指向的存储空间。

　　第 32 行,fcloseall()是一个既简单又实用的文件操作函数,它的功能是将程序中打开的所有文件一次性全部关闭。程序可能会根据操作的需要同时打开多个文件,当程序运行结束时必须将这些打开的文件一一关闭,这样操作既麻烦,又十分容易发生遗漏。fcloseall()函数有效地解决了这一问题,调用它不需要提供任何参数,能够十分方便地关闭所有被打开的文件。

10.3　二进制文件的基本操作

　　二进制文件是文件处理程序操作更为广泛的一种文件类型,例如,各种音频、视频、图形图像文件均为二进制文件,本节将介绍二进制文件的操作方法和相关函数。

10.3.1　二进制文件读写函数

　　学习二进制文件操作之前,必须先了解一个重要的概念,即什么是块。二进制文件不同于文本文件(字符文件),每个字符长度均为 8 位,有固定的大小。二进制文件中数据是由若干个连续的 0、1 数据位组成,这些位表示什么数据是由程序自己决定的。为了管理文件中连续的部分数据,就需要用到一个被称为块的概念。块是一个用于存储数据的区域,块有大小,在 C 语言中一般使用数据来表示块,即在读写二进制文件时,常常会使用数组来代表要操作的一个数据块。块在有些 C 语言书籍中也被称作组。

1. 数据块输入/输出函数

(1) 数据块输入函数

函数名:fread()

功能:从 fp 指向的文件中读入 count 块,每块大小为 size 的字节数据,并将数据保存到 buf 指向的存储空间中。函数调用成功时,将返回实际读入的字节数,如果文件中数据量大于等于实际读入的字节数,那么函数返回的数值将等于 count×size;如果小于实际读入的字节数,则返回实际读入的数据字节数。使用 fread()函数时,需要特别注意文件指针的位置,由于文件中含有的数据较多,fread()函数不可能一次性读入所有的数据,文件刚被打开时,其文件指针指向文件头,fread()函数调用后,文件指针将移动到被读入数据块的下一个字节处,以便下次从该处开始继续输入数据。例如,语句“`fread(buf,2,5,fp);`”执行完成后,文件指针将从 1 移动到 11,因为前 10 字节已经被读入,下一次将从第 11 字节开始读。由于二进制文件没有结构,所有连续的二进制位必须由程序自己管理,因此,掌握并随时了解文件指针的位置对正确处理文件非常重要。

函数声明:UINT fread(void ∗ buf, UINT size, UINT count, FILE ∗ fp);

调用示例：

```
FILE * fp;
int dat[5];

fp = fopen( "c:\\dataset\\mon1.dat", "r" );
fread( dat, 4, 5, fp );
```

解释：从 fread()函数声明可以看出，第一个参数 buf 的数据类型为 void，即空类型。fread()函数本身不解释从文件中读出的数据是何类型、是何数据，它只将数据从文件中读出，如何解释、如果理解是程序的事。程序将一个整型指针或整型数组作为第一个参数，那么读入的数据就会被转换成整型；如果是单精度型，那么读入的数据就会被转换成单精度型。因此，当用户想从文件中读出 5 个整型数据到数组 dat 中时，就要考虑每一个整型数据有多少个字节，一共要从文件中读入多少个整型数据，示例代码从 fp 文件中读取了一块 20 个字节大小的数据块，并将数据保存到 dat 数组中。其实，只要读入的字节个数相同，并不一定非要据实写成 5×4，写成 1×20、10×2 都可以的。

（2）数据块输出函数

函数名：fwrite()

功能：将 buf 所指向存储空间的数据写入到 fp 文件中，写入大小为 count×size 字节。

函数声明：UINT fwrite(const void * buf, UINT size, UINT count, FILE * fp)；

调用示例：

```
FILE * fp;
int dat[5], i;

fp = fopen( "c:\\dataset\\mon1.dat", "w" );
for( i=0; i<5; i++ )
{
  printf( "请输入第%d个数：", i );
  scanf( "%d", &dat[i] );
}
fwrite( dat, 4, 5, fp );
```

解释：fwrite()函数用于向指定文件中写入数据。本例从键盘中输入了 5 个整型数据，再将整型数组 buf 一次性写入 fp 指向的文件中，写入大小为 5×4 即 20 字节。

2. 文件定位函数

（1）文件位置函数

函数名：fseek()

功能：设置文件指针的位置。文件读/写函数都会造成文件指针的移动，从而改变当前文件读/写的位置。如果希望控制文件的读/写位置，可以通过调用 fseek()函数予以指定。需要说明的是，将 fseek()函数的讲解放置在二进制文件操作小节中并非表示该函数只能用于二进制文件操作，fseek()同样适合文本文件操作，即读/写文本文件时，如果希望设置文件指针位置也可以调用 fseek()函数实现。fseek()函数共有三个参数，第一个参数指定要操作的文件；第二个参数指定要移动的字节距离；第三个参数指定从何处开始移动，0 表示从文件开头处、1 表示从当前位置、2 表示从文件尾部。

函数声明：int fseek(FILE ＊, long, int);

调用示例：

```
(1) fseek( fp, 100L, 0 );
(2) fseek( fp, -20L, 1 );
(3) fseek( fp, -36L, 2 );
```

解释：第 1 句，将文件指针从文件头部起，向右移动 100 字节。由于 fseek()函数第二个参数为长整型，为了与该参数类型相匹配，在整型常数后面加上大写的字母 L，表示是一个长整型常数。第 2 句，将文件指针从当前位置向前移动 20 字节，fseek()函数第二个参数为正数时，指针朝文件尾部移动，为负数时则朝文件头部移动。第 3 句，将文件指针从文件尾部向文件头部移动 36 字节。请注意，当文件指针在文件头部时，指针不能向头部移动；指针在文件尾部时，不能再向尾部移动。

（2）重返文件头函数

函数名：rewind()

功能：将文件指针移动到文件开始处。

函数声明：void rewind(FILE ＊);

调用示例：

```
rewind( fp );
```

解释：该函数是少数几个不以 f 开头的文件类函数，调用 rewind()函数十分简单，只需提供要操作的文件即可。

3. 文件状态函数

（1）文件结束标志检测函数

函数名：feof()

功能：feof()函数是文件操作中非常重要的一个函数，在前面的示例程序中已经初步了解过它的功能。该函数用于判断当前文件指针是否已经到达了文件末尾，如果已经到达了文件末尾，则函数返回一个非 0 值；否则，返回 0 值。如果程序希望当文件未处理完成时继续循环操作，常常使用表达式 `!feof( fp )` 作为循环表达式，这是因为如果文件未达到末尾，函数返回 0 值，逻辑取反后则为非 0 值，表达式成立，可以继续循环。如果已经到达文件末尾，函数返回非 0 值，逻辑取反后则为 0 值，表达式不成立，退出循环。

函数声明：int feof(FILE ＊);

调用示例：

```
…
while( !feof( fp ) )
{
    …
```

```
    }
    ...
```

解释：当文件指针到达文件末尾则退出循环,否则继续循环。

(2) 文件操作错误查询函数

函数名：ferror()

功能：每一次文件操作函数调用完毕后,均可以通过调用 ferror()函数检测操作是否正确完成。如果文件操作正确,调用 ferror()函数时将返回 0;如果文件操作不正确,调用 ferror()函数时将返回一个非 0 值。

函数声明：int ferror(FILE ＊);

调用示例：

```
fp = fopen( "c:\\score.dat", "r" );
if( !ferror( fp ) )
{
    printf("文件打开成功");
}
else
{
    printf("文件打开失败");
}
```

解释：ferror()检查了 fopen()函数打开文件操作的执行情况,并根据执行情况在屏幕中显示出相应的提示信息。在实际操作中,调用 ferror()函数的方法使用并不多,更多的是直接检查文件操作函数的返回指针,在 C++ 等语言中则更多是通过异常来发现和处理文件中的错误。下面的代码演示了另一种检测文件打开是否成功的方法。

```
FILE ＊ fp = NULL;
if( !( fp = fopen( "c:\\score.dat", "r" ) ) )
{
    printf("文件打开失败");
}
```

10.3.2　二进制文件读写示例

例 10-4　请编写一个任何文件复制工具 copyfile。

分析：对图形图像、音频、视频等数据文件进行复制操作时,也可以使用 fread()函数读出源文件数据,再使用 fwrite()函数将数据写入到目标文件中。在使用 fread()函数和 fwrite()函数时需要注意几个问题。

(1) 如果使用 fread()函数和 fwrite()函数对数据文件进行操作时,数据文件一定要以二进制文件方式打开,即调用 fopen()函数时,打开方式字符中一定要含有字母"b"。如果以文本文件方式打开,fread()函数和 fwrite()函数也能够对文件进行读/写操作,但是,文件中所有数据将被当成字符看待,如果刚好在文件数据中出现了文件结束标记,那么,无论文件指针后面还有多少数据,fread()函数都将结束读操作,这将导致复制的数据不完整。

(2) fread()函数和 fwrite()函数在操作文件时,都需要在内存中有一个临时数据存储空间,一般以数组充当这个存储空间。而数组在定义时必须指定类型,为了不影响数据的正确性,数组的类型一般会定义成为无符号类型。同时,为了便于计算,可以将数组类型定义成为 1 字节大小的字符型。这种数组的定义方法只是为了得到若干个 1 字节大小、无符号的单元空间,并不代表文件中的数据就是无符号字符类型。

(3) 在 fread()函数和 fwrite()函数的第二个参数需要填写一个数据块的大小,当然可以直接填写整常数,但是,考虑到程序的可移植性,最好使用 sizeof()宏自动计算当前操作系统下指定数据类型所占据的空间大小。

了解了 fread()函数和 fwrite()函数的使用注意事项后,完成数据文件的复制工作就非常容易了。先使用 scanf()函数由用户确定源文件名和目标文件名;以二进制方式打开文件后,就可以使用 fread()函数和 fwrite()函数进行文件读/写操作了。为判断文件是否复制完成,需要在 while()循环语句的表达式中调用 feof()函数实现。

```
代码区 (例 10-4)
1   #include <stdio.h>
2
3   void main( void )
4   {
5       FILE  * in, * out;
6       char SFile[255], TFile[255];
7       unsigned char Data[1024];
8
9       printf( "请输入源文件名:" );
10      scanf( "%s", SFile);
11      printf( "请输入目标文件名:" );
12      scanf( "%s", TFile);
13
14      in =fopen( SFile, "rb");
15      out =fopen( TFile, "ab+" );
16
17      while( !feof( in ) )
18      {
19          fread( Data, sizeof(unsigned char), 1024, in );
20          fwrite(Data, sizeof(unsigned char), 1024, out);
21      }
22
23      printf("数据处理完毕,请核对!\n");
24      fcloseall();
25  }
```

程序运行界面如图 10-4 所示。

解释:程序在运行时,通过 scanf()函数输入的文件路径和文件名之间的间隔符与直接在源程序中定义的路径间隔符不同,不需要使用双斜杠(\\),这一点请读者注意。

图 10-4　例 10-4 运行界面

示例程序第 6 行定义了两个字符数组用于存储用户输入的源文件名和目标文件名。数组长度被定义为 255,远远超过了一般文件名和扩展名的长度总和,这样设计的原因在于用户复制的文件可能不在当前文件夹下,指定文件名的同时需要指定文件所在的路径,这样就需要更多的空间来存放包含路径信息的文件名。

目标文件在打开时,应该使用追加方式(ab+)打开,因为源文件可能会分几次读出,这样就需要不断地在目标文件的尾部追加新读出的数据。

例 10-5　C 语言提供的文件类库函数中没有能够直接获取指定文件大小的函数,请编写程序,能够向用户报告指定文件的大小。

分析:尽管 C 语言库函数没有提供直接获取文件长度的函数,但是利用现有函数一样可以间接地获知指定文件的大小。采取的方法是,先使用 fseek()函数将指定文件的文件指针移动到文件的末尾。再利用 ftell()函数会向调用者返回从当前位置移动到文件头部时所经过距离的特点,就可以获知一个文件的大小。

代码区 (例 10-5)

```
1   #include <stdio.h>
2
3   void main( void )
4   {
5       FILE * fp;
6       char FileName[255];
7       long FileLen;
8
9       printf( "请输入文件名: " );
10      scanf( "%s", FileName );
11
12      fp = fopen( FileName, "rb" );
13
14      fseek( fp, 0, 2 );
```

```
15      FileLen = ftell( fp );
16
17      printf("%s 大小为：%ld\t%.1fK\n",FileName,FileLen,FileLen/1024.0);
18      fcloseall();
19  }
```

程序运行界面如图 10-5 所示。

图 10-5　例 10-5 运行界面

解释：第 14 句，将文件指针 fp 从文件末尾起移动 0 字节，即将文件指针移动到文件末尾。

第 15 句，调用 ftell() 函数，获得从文件尾部到文件头部共有多少字节。

第 17 句，依次显示了文件名，文件长度的字节数值和文件长度的 K 字节数值。在计算文件长度的 K 字节数值时，因为 ftell() 函数返回的是一个长整型数据（long），所以通过除 1024.0 将长整型数据转换成单精度数据，以获得 1 位小数。

例 10-6　请编写一个加/解密程序，用于实现对二进制数据文件的加密和解密操作。

分析：文件的加密和解密操作是两个实用性非常强的功能，早在公元前的古罗马时代就出现了针对重要文件的加、解密技术恺撒密码。本例采用了成熟而简单的加、解密算法——异或运算，它基于的原理是，明文 N 与密码 P 进行异或运算后生成密文 K（加密过程），当 K 与密码 P 再次进行异或运算时，就会得到明文 N（解密过程）。要实现异或运算，需要用到 C 语言的一个特殊运算符"^"，即异或运算符。很多人误以为"^"表示幂，其实它是异或运算符。当两个相同的数进行异或操作时，得到的结果为 0，两个不同的数进行异或操作时，得到的结果为 1。图 10-6 演示了 21 与 93 的异或结果。

```
0010101    21
1011101    93
----------------
1001000    72
```

图 10-6　异或运算示例

当明文 21 与密码 93 进行异或操作时，就得到了密文 72（加密过程）；72 与密码 93 再次进行异或操作时，就得到了明文 21（解密过程）。

在程序执行加/解密过程中，由于无法预知被操作的文件具体有多大，因此只能进行分步操作，即每次读入一个固定大小的数据块，再使用循环语句对数据块中数据按字节与密码进行异或操作。循环结束时,即表明这一个数据块已经完成了加密操作,立即将加密好的数据块写入到密文文件中。再读入下一个数据块……直到明义文件全部读出,处理完成后结束。

```
代码区 (例 10-6)
1   #include <stdio.h>
2
3   void main( void )
4   {
5       FILE * SF, * TF;
6       char SFile[255], TFile[255];
7       unsigned char pw, data[1024];
8       int i, length;
9
10      printf("操作说明:\n本程序既可进行加密操作,也可以进行解密操作。\n");
11      printf("指定明文文件和密码则进行加密操作,");
12      printf("指定密文文件和密码则进行解密操作\n\n\n");
13      printf("请输入要加密的文件名:");
14      scanf("%s", SFile);
15      printf("请输入加密后的文件名:");
16      scanf("%s", TFile);
17      getch();
18      printf("请输入您的密码:");
19      scanf("%c", &pw);
20
21      SF = fopen( SFile, "rb");
22      TF = fopen( TFile, "wb+");
23
24      while( !feof( SF ) )
25      {
26          length = fread(data, sizeof(unsigned char), 1024, SF);
27          for( i = 0; i < length; i++)
28          {
29              data[i] = data[i] ^ pw;
30          }
31          fwrite(data, sizeof(unsigned char), length, TF);
32      }
33      printf("加密完成!\n");
34      fcloseall();
35  }
```

程序运行界面如图 10-7 所示。

解释:第 17 句看起来有些莫名其妙,是一条未被赋值的 getch() 函数调用语句。其实,关于 getch() 函数的这种用法已经在本书的 4.2.1 小节中有过详细介绍,只是这个细节不太容易记起。第 16 句" scanf("% s",TFile); "执行后会等待用户输入字符串,用户在输入完字符串后将通过按下回车键通知 scanf() 函数,字符串已经输入完毕,可以接收。scanf() 函数将字符串保存到 TFile 数组中后,回车键作为非字符串字符被遗留在了键盘缓冲区中。这时,如果下一条输入函数刚好要输入一个字符,那么遗留在键盘缓冲区中的回车符将被作

图 10-7　例 10-6 运行界面

为输入字符错误地接到。为了避免这种情况的发生，可以在第 19 条语句之前添加一条 getch() 函数，清除掉遗留在键盘缓冲区中的回车符，为后面的输入做好准备。

第 19 句，作为演示，本例程序并未考虑接收和处理更复杂的密码，不过，本句使用输入格式控制字符"%c"并不是说用户只能输入 ASCII 码表中的可见字符，由于字符变量 pw 被定义为无符号字符型，因此，pw 的取值范围为 0～255 之间（8 位二进制 00000000～11111111），用户输入字符或 0～255 之间的整数均可以作为密码。

第 29 句，本句是程序的核心语句，在例题的分析部分已经讲到过，异或运算的特点是明文与密码异或得到密文；密文与密码再异或将得到明文。因此，无论是实现加密还是解密，程序均只做异或运算。

文件操作是 C 语言程序设计中十分重要的一个内容，因为应用程序大都需要借助文件来保存各式各样的数据，以便下次可以读取继续操作。本章介绍了文本文件和二进制文件的基本读/写操作方法，以及一些常用的文件操作函数，这些函数和方法已经能够胜任读者对文件操作的大多数需要。请读者在操作文件之前先确定需要操作的文件类型，然后再选择合适的方法和函数。

【技能训练题】

1. 请为自己家里编写一个收入支出管理程序，每条收入或支出数据为一行保存到文件"家庭收支明细.txt"中。（提示：使用追加方式打开文件。）

2. 编写一个简单的通信录管理程序，要求能够读出、显示通信录中的所有信息，并能向通信录中增加新的信息。

3. 编写一个文件加/解密程序，能够对任意文件进行加/解密操作。

4. 编写一个文件内容查看小程序，要求能够以字符形式显示出用户指定的任意文件内容。

5. 编写一个文件比较器，要求能够对用户输入的两个文件进行对比，如果两个文件相同，则显示"文件相同"；否则，显示"文件不同"。

【应试训练题】

一、选择题

1. 下列关于 C 语言文件的叙述中正确的是_____。【2009 年 9 月选择题第 40 题】

    A. 文件由一系列数据依次排列组成，只能构成二进制文件

    B. 文件由结构序列组成，可以构成二进制文件或文本文件

    C. 文件由数据序列组成，可以构成二进制文件或文本文件

    D. 文件由字符序列组成，其类型只能是文本文件

2. 设 fp 已定义，执行语句 fp＝fopen("file","w");后，以下针对文本文件 file 操作叙述的选项中正确的是_____。【2011 年 3 月选择题第 40 题】

    A. 写操作结束后可以从头开始读   B. 只能写不能读

    C. 可以在原有内容后追加写   D. 可以随意读和写

3. 有以下程序：

```c
#include <stdio.h>
main()
{ FILE * fp;
    int k,n,i,a[6]={1,2,3,4,5,6};
    fp=fopen("d2.dat","w");
    for(i=0;i<6;i++) fprintf(fp,"%d\n",a[i]);
    fclose(fp);
    fp=fopen("d2.dat","r");
    for(i=0;i<3;i++) fscanf(fp,"%d%d",&k,&n);
    fclose(fp);
    printf("%d,%d\n",k,n);
}
```

程序运行后的输出结果是_____。【2011 年 9 月选择题第 40 题】

    A. 1,2   B. 3,4   C. 5,6   D. 123,456

4. 有以下程序：

```c
#include <stdio.h>
main()
{ FILE * f;
 f=fopen("filea.txt","w");
 fprintf(f,"abc");
 fclose(f);
}
```

若文本文件 filea.txt 中原有内容为：hello，则运行以上程序后，文件 filea.txt 中的内容为_____。【2009 年 3 月选择题第 40 题】

A. helloabc　　　　B. abclo　　　　C. abc　　　　D. abchello

5. 有以下程序：

```
#include <stdio.h>
main()
{   FILE * fp;char str[10];
    fp=fopen("myfile.dat","w");
    fputs("abc",fp);fclose(fp);
    fp=fopen("myfile.dat","a+");
    fprintf(fp,"%d",28);
    rewind(fp);
    fscanf(fp,"%s",str);puts(str);
    fclose(fp);
}
```

程序运行后的输出结果是_____。【2010 年 3 月选择题第 40 题】

　　A. abc　　　　　　　　　　　　B. 28c

　　C. abc28　　　　　　　　　　　D. 因类型不一致而出错

二、填空题

1. 以下程序打开新文件 f. txt,并调用字符输出函数将 a 数组中的字符写入其中,请填空。【2010 年 9 月填空题第 15 题】

```
#include <stdio.h>
main()
{   _____ * fp;
    char a[5]={'1','2','3','4','5'},i;
    fp=fopen("f.txt","w");
    for(i=0;i<5;i++) fputc(a[i],fp);
    fclose(fp);
}
```

2. 以下程序用来判断指定文件是否能正常打开,请填空。【2009 年 3 月填空题第 13 题】

```
#include <stdio.h>
main()
{ FILE * fp;
  if(((fp=fopen("test.txt","r"))==_____))
    printf("未能打开文件!\n");
  else
    printf("文件打开成功!\n");
}
```

3. 以下程序运行后的输出结果是_____。【2011 年 3 月填空题第 15 题】

```
#include <stdio.h>
main()
{   FILE * fp;int x[6]={1,2,3,4,5,6},i;
    fp=fopen("test.dat","wb");
    fwrite(x,sizeof(int),3,fp);
```

```
    rewind(fp);
    fread(x,sizeof(int),3,fp);
    for(i=0;i<6;i++) printf("%d",x[i]);
    printf("\n");
    fclose(fp);
}
```

三、编程题

1. 统计用户指定的文本文件中大小写字母、数字、其他符号各有多少个。

2. 将 1000 以内的所有素数输出到二进制数据文件"素数.dat"中。

3. 编写文件处理程序,要求能够将用户指定的文本文件中所有小写字母转换成大写字母,其余符号不变。

4. 编写一个文件复制程序,要求能够将用户指定的文件复制到指定文件夹中,文件名不变。

5. 用键盘输入一组整数,并将其中的奇数写入到文件"奇数.dat"中,输入－1 时输入结束。然后再从键盘中输入一个奇数,并查找文件"奇数.dat"中是否存在该数,如果存在则显示"找到"。

6. 文件 number.dat 中存放了一组整数,编程统计这些数据中正整数、零和负整数各有多少个。

第11章 自定义数据类型

本章知识内容已经超出了非计算机专业对程序设计的基本要求,编排本章内容仅为使同学们了解 C 语言在数据处理方面的扩展能力。作为世界上使用最广泛的通用性编程语言,C 语言的成功有着众多的原因,但是,灵活、简便的自定义数据类型是其中一个重要因素。在我们生活的这个世界,计算机应用技术经过多年发展,已经形成了众多不同标准、不同功能、不同原理的信息产品,仅就目前流行于微型计算机中的操作系统就有 Windows 系列、苹果的 Mac OS 系列、Linux 系列、UNIX 系列等,这些不同的操作系统处理数据的方法、位数皆有不同,而 C 语言借助其强大的、灵活的自定义数据类型,能够使其开发的程序十分方便地在不同操作系统中移植。

11.1 结　构　体

在此前 10 章内容中,所有的例题在编写时都只使用了 C 语言提供的为数不多的几种基本数据类型。虽然这些数据类型都是现实世界中使用最广泛、最频繁的类型,但是当程序员在编写程序时需要表示一些更为复杂的数据时,这些基本数据类型将无能为力。例如,当我们需要表示一位学生的基本信息时,可能会涉及姓名、年龄、年级、性别、各科成绩等一组数据。我们可以使用字符数组来存放学生的姓名、性别,使用整型变量存放年龄和年级,使用单精度类型变量存放各科成绩,但是,怎样才能让这些分散的数据整合在一起表示一个人的基本数据呢? 显然,现有的基本数据类型肯定无能为力。那就试试结构体数据类型吧。

11.1.1 结构体数据类型简介

结构体数据类型是 C 语言中允许程序员自己定义的一种数据类型,它能够将多个基本数据类型、数组、指针,甚至是另一个结构体数据类型组合在一起,形成一个新的、用于表示复杂数据的新类型。

定义一个结构体数据类型是使用结构体的第一步。在本节之前,对于如何在程序中定义变量、常量的方法,想必读者应该已经十分熟悉了。那么定义一个结构体数据类型的方法同定义变量、常量一样吗?

在定义结构体数据类型之前,首先必须明确一点,结构体数据类型的定义与变量的定义是两个完全不同的概念。数据类型是指一组数值的集合,以及定义在这个值集上的一组操作。变量是内存中一块用来存储特定数值的存储空间，为了确定空间性质和大小，每个变量在定义之时必须声明它所属的数据类型。例如，语句" int a; "定义了一个类型为整型的变量，int 是数据类型，a 是变量。

自定义的结构体数据类型等价于 C 语言提供的基本数据类型，比如：整型、单精度类型、字符型等。当用户定义好了自己的结构体数据类型以后，并不能直接使用，就像不能直接使用 int 一样，还必须定义该结构体的变量、数组或指向该结构体的指针。只有定义了某个结构体类型的变量、数组以后，内存中才会开辟一片真实空间用于存放这个结构体类型数据。

总之，结构体数据类型的使用一般分为两步：首先，定义自己需要的结构体类型；其次，以该结构体为类型，定义变量、数组或指针。

11.1.2 结构体定义与引用

1. 结构体类型的定义

自定义结构体最显著的特征就是拥有多个数据成员，其定义格式一般如下：

```
struct 结构体类型名
{
    数据类型   成员 1;
    数据类型   成员 2;
    ⋮
    数据类型   成员 n;
}
```

"struct"是 C 语言的 32 个保留字之一，专门用来定义结构体数据类型。其后的结构体类型名可以是除 32 个保留字之外的任意合法标识符。花括号内的数据类型可以是 C 语言中的任意一个基本数据类型，其后的成员也是任意合法的标识符名。定义结构体数据成员的方法其实就是定义普通变量、数组、指针的方法，它们本就是构成结构体的核心。最后需要注意的地方就是结构体定义结束时，必须以分号结尾。

下面定义了一个学生成绩信息的结构体数据类型。

```
struct StudentInfo
{
    char    Name[10];
    char    Sex[3];
    int     Grade;
    float   Math;
    float   Computer;
    float   Physics;
};
```

2. 结构体变量的定义

学生成绩信息结构体类型定义好之后,要使用它还需要定义该类型的变量。

```
struct StudentInfo stu1, stu2;
```

这样就定义了两个 StudentInfo 类型的变量 stu1 和 stu2。为了使结构体变量定义更加简洁,下面的几种定义方法也是可以的。

定义结构体的同时定义变量
```
struct StudentInfo
{
    char      Name[10];
    char      Sex[3];
    int       Grade;
    float     Math;
    float     Computer;
    float     Physics;
} stu1, stu2;
```

不指定结构体类型名直接定义变量
```
struct
{
    char      Name[10];
    char      Sex[3];
    int       Grade;
    float     Math;
    float     Computer;
    float     Physics;
} stu1, stu2;
```

每次使用自定义结构体数据 StudentInfo 定义结构体变量时,一定要在 StudentInfo 之前添加保留字 struct,以明确表示 StudentInfo 是一个自定义的结构体数据类型。如果程序中定义了多个结构体数据类型,这种变量定义方法就显得比较笨拙,为此 C 语言提供了一种结构体类型的别名表示方法,即使用保留字 typedef 为自定义结构体数据类型定义一个使用更方便的别名。

```
typedef struct 结构体类型名
{
    数据类型    成员 1;
    数据类型    成员 2;
     ⋮
    数据类型    成员 n;
} 结构体类型别名;
```

以后定义结构体变量时,就可以直接使用结构体别名来定义。

结构体别名 变量 1,变量 2,...,变量 n;

为了再简单一些,既然已经准备使用结构体类型别名,那么,干脆连结构体类型名也一块省略掉吧。

```
typedef struct
{
    数据类型   成员 1;
    数据类型   成员 2;
    ⋮
    数据类型   成员 n;
}结构体类型别名;
```

仍然以学生成绩信息的结构体为例,这种简化的定义方法可以写成:

```
typedef struct
    {
        char     Name[10];
        char     Sex[3];
        int      Grade;
        float    Math;
        float    Computer;
        float    Physics;
    }StudentInfo;

    StudentInfo stu1;
```

3. 结构体变量的初始化

如同变量、数组在定义时可以初始化一样,结构体变量在定义时也可以对其进行初始化。对结构体变量进行初始化时,一定要按其数据成员的定义顺序一一进行初始化操作。下面的示例对结构体变量 stu1 进行了初始化操作。

```
StudentInfo stu1={"张三","男",2,89,75.5,81};
```

通过初始化操作,结构体变量 stu1 的内存空间被填入了具体的数据值,在后面的程序中就可以对其进行操作了。还需要注意的一点是,在定义性别成员 Sex 时,其数组长度被定义为了 3,这是因为一个汉字"男"或"女"要占用内存中的 2 字节空间,再加上字符串结束标记'\0'也占用 1 字节空间,因此需要 3 个字符型空间。

4. 结构体变量的引用

在程序中对结构体变量进行操作时,通常是对其分量进行逐一操作,即每次操作结构体变量中的一个数据成员,其引用格式如下:

结构体变量名.分量名

如果要对学生成绩信息结构体变量的数据成员进行引用操作,可以采用以下方法。

```
strcpy( stu1.Name, "张三" );
strcpy( stu1.Sex, "男");
stu1.Grade =2;
stu1.Math =93.5;
stu1.Computer =78;
stu1.Physics =89;

printf("%s同学,性别%s,大学%d年级\n",stu1.Name, stu1.Sex, stu1.Grade);
printf("数学成绩%.1f\n",stu1.Math);
printf("计算机成绩%.1f\n", stu1.Computer);
printf("物理成绩%.1f\n", stu1.Physics);
```

除了可以对结构体变量中的数据成员进行独立操作外,也可以对结构体变量整体操作。例如,结构体变量之间的赋值。

```
struct StudentInfo stu1={"张三","男",2,89,75.5,81}, stu2;
stu2 =stu1;
```

甚至可以将结构体变量整个写入到文件中或从文件中读出。例 11-1 演示了如何录入结构体数据,并将其保存到磁盘文件中去的过程。

11.1.3　结构体应用示例

例 11-1　请按表 11-1 录入建筑 136 班同学的成绩信息,并将数据保存在文件"建筑 136 班成绩 .dat"中。

表 11-1　学生成绩表

姓　名	性别	班级	数学成绩	计算机成绩	物理成绩
陈禹臻	男	136	99	97	96
周开阳	男	136	87	91	65
毛欣月	女	136	96	79	78

分析:题目的要求是将表 11-1 中的数据录入并保存到文件中。分析表格可以知道,这些数据呈现出很强的结构特性,使用计算机处理这类结构性数据最通常的做法是使用数据库,但如果使用 C 这种编程语言来处理,结构体类型是十分适合的方法。结构体类型的成员包括姓名、性别、班级,以及各科成绩。考虑到有多行数据,可以定义结构体数组,以数组的方式来存储整个表格中的数据。

数据录入完成后,有两种方法可以将数据写入文件中。一种方法是分别将每一个结构体成员写入到文件中,可以使用文件格式化输出函数 fprintf() 实现。另一种方法是将整个结构体变量一次性写入文件中,可以使用二进制文件写入函数 fwrite() 实现。第一种方法易于理解,操作简便,但操作步骤相对比较多;第二种方法只需要调用一次 fwrite() 函数即可完成整个结构体变量的写入操作,但是,由于 fwrite() 函数是将整个内存块中的数据直接写入到文件中,因此,需要读者注意的是,如果直接使用记事本之类的文本编辑软件打开 fwrite()函数写成的文件,看到的将是一堆乱码,而不像 fprintf()函数写成的文件可以直接使用文本编辑软件阅读。

```c
代码区 (例 11-1)
1   #include <stdio.h>
2
3   void main( void )
4   {
5
6       FILE * fp;
7       typedef struct
8       {
9           char    Name[10];
10          char    Sex[3];
11          int     Grade;
12          float   Math;
13          float   Computer;
14          float   Physics;
15      }StudentInfo;
16      StudentInfo stu[10];
17      int i, n;
18
19      printf("请输入要录入的学生人数(不超过 10 人): ");
20      scanf( "%d", &n);
21      fp = fopen( "建筑 136 班成绩.dat","ab+");
22
23      for( i = 0; i < n; i++ )
24      {
25          printf( "请输入第%d个学生的基本信息\n", i+1 );
26          printf( "姓名: " );
27          scanf( "%s", stu[i].Name );
28          printf( "性别: " );
29          scanf( "%s", stu[i].Sex );
30          printf( "班级: " );
31          scanf( "%d", &stu[i].Grade );
32          printf( "数学成绩: " );
33          scanf( "%f", &stu[i].Math );
34          printf( "计算机成绩: " );
35          scanf( "%f", &stu[i].Computer );
36          printf( "物理成绩: " );
37          scanf( "%f", &stu[i].Physics );
38          fwrite( &stu[i], sizeof( StudentInfo ), 1, fp );
39      }
40      printf("成绩数据写入完成,请核对\n");
41      fclose( fp );
42  }
```

程序运行界面如图 11-1 所示。

图 11-1　例 11-1 运行界面

解释：本题示例代码是一个最基本的循环结构程序，所进行的操作也仅仅是针对结构体成员的输入。需要解释的语句是第 38 行，"`fwrite( &stu[i], sizeof( StudentInfo ), 1, fp );`"这条语句将结构体数组的第 i 个元素整体写入到文件 fp 中。"`&stu[i]`"指定了要写入的数据块在内存中的起始地址，也即是结构体数组第 i 个元素的地址；"`sizeof(StudentInfo)`"自动计算了结构体数据类型 StudentInfo 的空间大小；1 指定了只写入一个数据块"`;fp`"指定了要写入的文件。

结构体类型为程序员提供了一种能够自由定制属于自己的复杂数据类型，方便了在程序中处理格式化数据。结构体类型广泛地被运用于各种程序设计中，是程序员处理大批量格式化数据的有力助手。

11.2　共　用　体

共用体是 C 语言程序设计中使用较少的一种自定义数据类型，一些早期的 C 语言书籍中也将其称为联合体。

11.2.1　共用体类型简介

共用体是指允许多种不同类型的数据共用一块存储空间的一种自定义数据类型。从定义格式上来看，共用体与结构体十分相似，当然，它们也存在着不同，其中共用存储空间是共用体与结构体最为明显的区别。结构体类型的每一个成员在内存中都独立地占用一块空间，所有成员占据的空间在内存中连成一块，这块总的存储空间就是结构体变量的空间。而共用体却是所有成员共享一块存储空间，在定义共用体变量时，系统会以占用存储空间最多的成员为标准分配一块内存，同一个共用体变量中的所有成员均共享这一块内存空间。图 11-2 表示了共用体类型与结构体类型在内存空间分配上的区别。

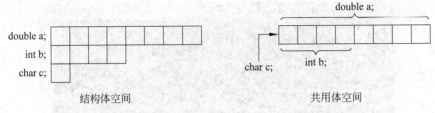

图 11-2　结构体与共用体存储空间对比图

图 11-2 所示的空间分配图说明了共用体类型所有成员共用存储空间的方法，即所有成员都存放在同一个空间中。正确使用共用体类型，必须首先对这种空间共享的存储方式有所了解。下面是关于共用体的一些重要说明。

（1）共用体所有成员共用同一片存储空间，这将导致对一个成员值进行了修改，其他的成员值也会发生变化。因此，程序员不得不高度注意成员值的任何改动。

（2）与结构体数据类型一样，共用体类型不仅仅可以定义变量，还可以定义为数组、指针。共用体不仅可以成为结构体的成员，反之，结构体也可以成为共用体的成员。

（3）共用体所有成员共用一片存储空间，因此，共用体的成员地址（数组的首地址）也将是一样的。例如，图 11-2 所示的共用体空间中，&a＝&b＝&c，即变量 a、b 和 c 的地址都是相同的。

关于共用体的用途，相当多的 C 语言编程书籍和网络资料都认为是为了节省存储空间，原因是共用体的成员可以共用空间。其实，这种说法是不正确的，至少是相当片面的。共用体的最核心用途是为了解决可编程接口芯片的编程问题，例如，英特尔公司出产的并行控制芯片 8255A，有三个 8 位端口 PA、PB、PC，其中 PC 口又可分为两个 4 位端口，分别同端口 A 和端口 B 配合使用，用作控制信号输出等。在对 8255A 端口进行编程时，有时需要同时操作 PA、PB 两个端口，有时又需要对其单独进行操作；有时需要操作 PC 端口，有时又需要对其两个 4 位端口进行分别操作。这时，就可以同时使用共用体与结构体类型进行位域操作。考虑到本书读者中部分电信、机械等专业的学生在后续的专业课程中可能会接触到硬件底层的编程知识，故在此稍稍提及共用体的用途，但其具体使用方法已超出本书范围甚远，因此不再说明。

11.2.2　共用体定义与引用

共用体结构类型的定义除了标识其身份的保留字外，与结构体类型几乎完全一样。下面是共用体类型定义的一般格式。

```
union 共用体类型名
{
    数据类型 成员 1；
    数据类型 成员 2；
    ⋮
    数据类型 成员 n；
}变量名列表；
```

这种定义格式在定义共用体类型的同时,也定义了该类型的变量,其后就可以直接对变量进行操作。引用共用体变量中成员的方法也与结构体一样,使用 变量名 . 成员名 即可,例如:

```
union ch
{
      int    i;
      char c[4];
}data;
data.i = 0x31323334;
```

在定义共用体类型时,省略掉共用体类型名直接定义该类型的变量也是可以的,例如:

```
union
{
      int    i;
      char c[4];
}data;
```

以上在定义的结构体变量 data 中包含一个整型成员 i 和一个字符数组成员 c,当给成员 i 赋值为十六进制数据 0x31323334 时,由于 i 和字符数组 c 共用存储空间,所以,c[0] = 0x34 即字符'4', c[1] = 0x33 即字符'3', c[2] = 0x32 即字符'2', c[3] = 0x31 即字符'1'。对字符数组 c 任何一个元素的修改也都会引起成员 i 的改变。读者可以执行下面的小程序进行验证。

```
#include "stdio.h"
void main()
{
  union ch
      {
            int    i;
            char c[4];
      }data;
  data.i = 0x31323334;
  printf("%c%c%c%c\n", data.c[0], data.c[1], data.c[2], data.c[3]);
}
```

11.2.3　共用体应用示例

例 11-2　设 Counter 是一个 16 位的无符号整型计数器,最大计数值为十六进制 0xFFFF。为提高计数器使用效率,Counter 允许分拆成两个各 8 位的 C1 和 C2 计数器独立工作,编写程序将计数值 0xE27B 写入到 Counter 计数器中,并读出 C1 和 C2 计数器中的计数值显示在屏幕上。

分析:本例是典型的共用体应用案例,在硬件接口编程中常常需要用到。使用共用体和位域上解决本题比较好的一种办法。首先定义一个共用体结构体位域,再利用对不同成员的操作，实现 16 位或 8 位读写操作。由于共用体是多个成员共享同一块内存空间，并且所有成员起始地址均相同，因此，如果单独使用共用体定义 Counter 计数器，将会出现 C1 和 C2 两个成员指向的空间相同，除非将 C1 定义为数组，通过 C1[0] 和 C1[1] 来访问不同的地址空间，但这违背了题目要求使用 C1 和 C2 名称的规定。计数器 Counter 的定义可以写成：

```
union
{
    unsigned int Counter;
    struct
    {
        unsigned char C1:8;
        unsigned char C2:8;
    }s;
}k;
```

union 定义了一个共用体类型，包含两个成员：Counter 和结构体变量 s。Counter 和 s 将共用同一片空间，在结构体变量 s 中，又定义了两个无符号字符型变量 C1 和 C2，非常特别的是，在 C1 和 C2 的后面均有一个冒号间隔的数字 8。这种写法就是位域定义，它表示 C1 占用 8 位空间，C2 也占用 8 位空间。由于 C1 和 C2 一起共用 Counter 的空间，因此，C1 将占用 Counter 的高 8 位，C2 占用 Counter 的低 8 位。这样就实现了既可以单独操作 16 位的 Counter 计数器，又可以单独操作 8 位的 C1 和 C2 计数器。

C 语言的共用体结构体位域定义，可以实现对寄存器位域的访问操作，被访问的位域在内存中的具体位置则由编译器安排，对程序员而言是透明的。

```
代码区 (例 11-2)
1   #include <stdio.h>
2
3   void main( void )
4   {
5
6       union
7       {
8           unsigned int Counter;
9           struct
10          {
11              unsigned char C1:8;
12              unsigned char C2:8;
13          }s;
14      }k;
15
16      k.Counter = 0x2c8f;
17
18  printf("计数器 Counter =%x\n", k.Counter );
19      printf( "k.C1 =%x\n", k.s.C1 );
20          printf( "k.C2 =%x\n", k.s.C2 );
21 }
```

程序运行界面如图 11-3 所示。

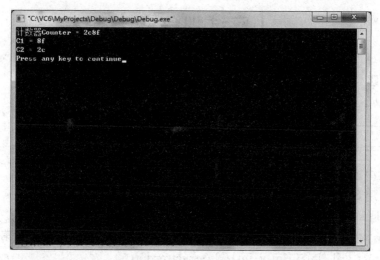

图 11-3　例 11-2 运行界面

解释：第 6～14 行定义了计数器 Counter 的类型，是示例程序的重点，特别是第 11、12 行定义位域的方法需要仔细理解。

在使用共用体结构体位域操作时需要注意，位域定义在共用体中的结构体中，结构体在定义时也有自己的变量名，因此，在访问时就需要既指定共用体名，又需要指定结构体名，最后才是位域名。第 19、20 行输出语句中，访问 C1 和 C2 计数器的方法是同时指定共用体名、结构体名，中间同样使用圆点间隔。

自定义数据类型是 C 语言处理复杂数据问题的有效方法，尤其是共用体数据类型对部分可能涉及硬件编程的非计算机专业学生十分有价值。本章并非学习 C 语言必须掌握的内容，仅供有需要的读者阅读。

【技能训练题】

（本处题目为实际应用题目或理工科各专业应用题。）

在家里寻找某样不常用的物品是件十分耗费精力且无聊的事情。陈老师设计了一个物品基本信息表，请你编写一个程序。首先将这些物品基本信息保存到文本文件"物品基本信息.txt"中，每一行存放一个物品的基本信息。然后，用户可以输入一个物品名称，程序能够自动将物品存放地点和数量显示在屏幕中，见表 11-2。

表 11-2　物品基本信息表

编号	名　称	存放地点	数量	编号	名　称	存放地点	数量
1	慢跑鞋	鞋柜 3-1	1	3	太阳能充电器	电器柜 4-6	2
2	蓝牙耳机	电器柜 4-8	1	4	围巾	衣柜 2-9	4

【应试训练题】

一、选择题

1. 若有以下语句：

```
typedef struct S
{int g;char h;}T;
```

以下叙述中正确的是＿＿＿＿＿。【2010 年 9 月选择题第 39 题】

    A. 可用 S 定义结构体变量　　　　　　B. 可用 T 定义结构体变量

    C. S 是 struct 类型的变量　　　　　　D. T 是 struct S 类型的变量

2. 下面结构体的定义语句中，错误的是＿＿＿＿＿。【2009 年 9 月选择题第 36 题】

    A. struct ord {int x;int y;int z;};struct ord a;

    B. struct ord {int x;int y;int z;}struct ord a;

    C. struct ord {int x;int y;int z;}a;

    D. struct {int x;int y;int z;}a;

3. 设有定义"struct{char mark[12];int num1;double num2;}t1,t2;"，若变量均已正确赋初值，则以下语句中错误的是＿＿＿＿＿。【2011 年 3 月选择题第 36 题】

    A. t1＝t2;　　　　　　　　　　　　B. t2. num1＝t1. num1;

    C. t2. mark＝t1. mark;　　　　　　D. t2. num2＝t1. num2;

4. 设有定义：

```
struct complex
{int real,unreal;}  data1={1,8},data2;
```

则以下赋值语句中错误的是＿＿＿＿＿。【2010 年 3 月选择题第 36 题】

    A. data2＝data1;　　　　　　　　　B. data2＝(2,6);

    C. data2. real＝data1. real;　　　　D. data2. real＝data1. unreal;

5. 有以下程序：

```
#include <stdio.h>
struct S
{ int a, b; } data[2]={10,100,20,200};
main()
{ struct S p=data[1];
  printf("%d\n",++(p.a));
}
```

程序运行后的输出结果是＿＿＿＿＿。【2011 年 3 月选择题第 38 题】

    A. 10　　　　　　B. 11　　　　　　C. 20　　　　　　D. 21

6. 有以下程序：

```
#include <stdio.h>
```

```
#include <siring.h>
typedef struct { char name[9];char sex;int score[2];}  STU;
STU f(STU a)
{  STU b={"Zhao",'m',85,90};
   int i;
   strcpy(a.name,b.name);
   a. sex=b.sex;
   for(i=0;i<2;i++)  a.score[i]=b.score[i];
   return  a;
}
main()
{  STU c={"Qian",'f',95,92},d;
   d=f(c);
   printf("%s,%c,%d,%d,",d.name,d.sex,d.score[0],d.score[1]);
   printf("%s,%c,%d,%d\n",c.name,c.sex,c.score[0],c.score[1]);
}
```

程序运行后的输出结果是_____。【2011 年 9 月选择题第 36 题】

    A. Zhao,m,85,90,Qian,f,95,92　　　　B. Zhao,m,85,90,Zhao,m,85,90

    C. Qian,f,95,92,Qian,f,95,92　　　　D. Qian,f,95,92,Zhao,m,85,90

7. 有以下程序：

```
#include <stdio.h>
struct ord
{ int x,y;}dt[2]={1,2,3,4};
main()
{
   struct ord*p=dt;
   printf("%d,",++(p->x));printf("%d\n",++(p->y));
}
```

程序运行后的输出结果是_____。【2011 年 3 月选择题第 37 题】

    A. 1,2　　　　　　B. 4,1　　　　　　C. 3,4　　　　　　D. 2,3

8. 有以下程序：

```
#include <stdio.h>
#include <string.h>
struct A
{int a;char b[10];double c;};
void f(struct A t);
main()
{  struct A a={1001,"ZhangDa",1098.0};
   f(a);printf("%d,%s,%6.1f\n",a.a,a.b,a.c);}
void f(struct A t)
{t.a=1002;strcpy(t.b,"ChangRong");t.c=1202.0;}
```

程序运行后的输出结果是_____。【2010 年 3 月选择题第 37 题】

    A. 1001,ZhangDa,1098. 0　　　　　B. 1002,ChangRong,1202. 0

    C. 1001,ChangRong,1098. 0　　　　D. 1002,ZhangDa,1202. 0

9. 有以下定义和语句：

```
struct workers
{ int num;char name[20];char c;
struct
{ int day;int month;int year;}s;
};
struct workers w, * pw;
pw=&w;
```

能给 w 中 year 成员赋 1980 的语句是_____。【2010 年 3 月选择题第 38 题】

A. * pw. year＝1980;　　　　B. w. year＝1980;

C. pw->year＝1980;　　　　D. w. s. year＝1980;

10. 有以下程序：

```
#include <stdio.h>
#include <string.h>
struct A
{ int a;char b[10];double c;};
   struct A f(struct A t);
main()
{ struct A a={1001,"ZhangDa",1098.0};
  a=f(a); printf("%d,%s,%6.1f\n",a.a,a.b,a.c);
}
struct A f(struct A t)
{ t.a=1002;strcpy(t.b,"changRong");t.c=1202.0;return t;}
```

程序运行后的输出结果是_____。【2009 年 9 月选择题第 38 题】

A. 1001,ZhangDa,1098.0　　　B. 1002,ZhangDa,1202.0

C. 1001,ChangRong,1098.0　　D. 1002,ChangRong,1202.0

11. 有以下程序：

```
#include <stdio.h>
struct  ord
{ int x,y;} dt[2]={1,2,3,4};
main()
{ struct ord * p=dt;
  printf("%d,",++p->x);printf("%d\n",++p->y);
}
```

程序的运行结果是_____。【2009 年 3 月选择题第 37 题】

A. 1,2　　　B. 2,3　　　C. 3,4　　　D. 4,1

12. 有以下程序：

```
#include <stdio.h>
main()
{ struct node{ int n;struct nodc * next;} * p;
  struct node x[3]={{2,x+1},{4,x+2},{6,NULL}};
  p=x;
  printf("%d,",p->n);
  printf("%d\n",p->next->n);
}
```

程序运行后的输出结果是_____。【2011 年 9 月选择题第 37 题】

A. 2,3　　　　　B. 2,4　　　　　C. 3,4　　　　　D. 4,6

二、填空题

1. 设有定义：

```
struct person
{int ID;char name[12];}p;
```

请将 scanf("%d",_____);语句补充完整,使其能够为结构体变量 p 的成员 ID 正确读入数据。【2009 年 9 月填空题第 12 题】

2. 有以下程序：

```
#include <stdio.h>
typedef struct
{ int num;double s;}REC;
  void fun1(REC x) {x.num=23;x.s=88.5;}
main()
{  REC a={16,90.0};
   fun1(a);
   printf("%d\n",a.num);
}
```

程序运行后的输出结果是_____。【2009 年 9 月填空题第 14 题】

3. 下列程序的运行结果为_____。【2009 年 3 月填空题第 14 题】

```
#include <stdio.h>
#include <string.h>
struct  A
{ int a;char b[10]; double c;};
void f(struct A * t);
main()
{ struct A a={1001,"ZhangDa",1098.0};
  f(&a);printf("%d,%s,%6.1f\n",a.a,a.b,a.c);
}
void f(struct A * t)
{ strcpy(t->b,"ChangRong");}
```

4. 以下程序把三个 NODETYPE 型的变量链接成一个简单的链表,并在 while 循环中输出链表节点数据域中的数据。请填空。【2009 年 3 月填空题第 15 题】

```
#include <stdio.h>
struct node
{ int data;struct node * next;};
typedef struct node NODETYPE;
main()
{ NODETYPE a,b,c, * h, * P;
  a.data=10;b.data=20;c.data=30;h=&a;
  a.next=&b;b.next=&c;c.next='\0';
  p=h;
  while(p){printf("%d,",p->data);_____;}
  printf("\n");
}
```

327

参 考 文 献

[1] 蔡启先.计算机程序设计基础(C 语言版)[M].北京:清华大学出版社,2012.

[2] Eric S. Roberts. C 语言的科学和艺术[M].北京:机械工业出版社,2011.

[3] Frank L. Friedman,Elliot B. Koffman. 问题求解与程序设计(C++ 语言版) [M].6 版. 张长富,金名, 等,译. 北京:清华大学出版社,2011.

[4] 刘彬彬,等.C 语言编程之道[M].北京:人民邮电出版社,2011.

[5] 何钦铭.C 语言程序设计[M].杭州:浙江科学技术出版社,2004.

附录 A ASCII 码表

表 A-1 ASCII 码表

十进制值	字符	十进制值	字符	十进制值	字符	十进制值	字符
0	NUT	32	（space)	64	@	96	、
1	SOH	33	!	65	A	97	a
2	STX	34	"	66	B	98	b
3	ETX	35	#	67	C	99	c
4	EOT	36	$	68	D	100	d
5	ENQ	37	%	69	E	101	e
6	ACK	38	&	70	F	102	f
7	BEL	39	,	71	G	103	g
8	BS	40	(	72	H	104	h
9	HT	41	)	73	I	105	i
10	LF	42	*	74	J	106	j
11	VT	43	+	75	K	107	k
12	FF	44	,	76	L	108	l
13	CR	45	—	77	M	109	m
14	SO	46	.	78	N	110	n
15	SI	47	/	79	O	111	o
16	DLE	48	0	80	P	112	p
17	DCI	49	1	81	Q	113	q
18	DC2	50	2	82	R	114	r
19	DC3	51	3	83	X	115	s
20	DC4	52	4	84	T	116	t
21	NAK	53	5	85	U	117	u
22	SYN	54	6	86	V	118	v
23	TB	55	7	87	W	119	w
24	CAN	56	8	88	X	120	x
25	EM	57	9	89	Y	121	y
26	SUB	58	:	90	Z	122	z
27	ESC	59	;	91	[	123	{
28	FS	60	<	92	/	124	|
29	GS	61	=	93	]	125	}
30	RS	62	>	94	^	126	~
31	US	63	?	95	_	127	DEL

表 A-2 ASCII 中控制字符含义表

控制字符	含 义	控制字符	含 义	控制字符	含 义
NUL	空	VT	垂直制表	SYN	空转同步
SOH	标题开始	FF	走纸控制	ETB	块传送结束
STX	正文开始	CR	回车	CAN	作废
ETX	正文结束	SO	移位输出	EM	纸尽
EOY	传输结束	SI	移位输入	SUB	换置
ENQ	询问字符	DLE	空格	ESC	换码
ACK	回应	DC1	设备控制 1	FS	文字分隔符
BEL	报警	DC2	设备控制 2	GS	组分隔符
BS	退一格	DC3	设备控制 3	RS	记录分隔符
HT	横向列表	DC4	设备控制 4	US	单元分隔符
LF	换行	NAK	否定	DEL	删除

附录 B　VC 常见错误提示

1. 错误信息

(1) fatal error C1004：unexpected end of file found

致命错误：未找到文件末尾(一般是缺少括号造成的问题)。

(2) fatal error C1021：invalid preprocessor command include

致命错误：无效的编译预处理命令'include'。

(3) fatal error C1083：Cannot open include file：'stdi. h'：No such file or directory

致命错误：不能打开头文件 stdi. h：文件或文件夹不存在。

(4) error C2101：'&' on constant

不能计算常量的地址。

(5) error C2059：syntax error：'while'

在'while'附近存在语法错误。

(6) error C2061：syntax error：identifier 'x'

标识符 x 的附近存在语法错误。

(7) error C2065：'i'：undeclared identifier

变量 i 未定义。

(8) error C2078：too many initializers

数组/结构等变量初始化时的数据太多。

(9) error C2087：'<Unknown>'：missing subscript

丢失数组下标。

(10) error C2106：'='：left operand must be l-value

'=' 的左侧应当是左值，即不能是常量。

(11) error C2115：'='：incompatible types '='

两侧的类型不兼容。

(12) error C2133：'a'：unknown size a

a 的大小未知(可能是数组名)。

(13) error C2137：empty character constant

空的字符常量。

(14) error C2143：syntax error：missing ';' before '...'

在"..."之前缺少";"。

(15) error C2146：syntax error：missing ')' before identifier 'printf'

在标识符"…"之前缺少")"。

(16) error C2181：illegal else without matching if

else 缺少匹配的 if。

(17) error C2198：'printf'：too few actual parameters 'printf'

函数的参数太少。

(18) error C2223：left of '—＞x' must point to struct/union

'—＞x'的左侧应是结构类型变量或联合类型变量。

(19) error C2224：left of '. x' must have struct/union type

'. x'的左侧应是结构类型变量或联合类型变量。

(20) error C2371：'printf'：redefinition；different basic types

函数 printf 被重复定义；参数类型或返回值类型不一致。

(21) error C2018：unknown character '0xa3'

不认识的字符 0xa3（绝大多数原因是在代码中使用了中文标点、符号）。

(22) error C2057：expected constant expression

希望是常量表达式（一般出现在 switch 语句的 case 分支中）。

(23) error C2065：'x'：undeclared identifier "x"

未声明过的标识符 x。

(24) error C2082：redefinition of formal parameter 'x'

函数参数"x"在函数体中重复定义。

(25) error C2143：syntax error：missing ';' before '{'

语法错误："{"前缺少";"。

(26) error C2146：syntax error：missing ';' before identifier 'dc'

语法错误：在"dc"前丢了";"。

(27) error C2196：case value '69' already used

case 值 69 已经用过（一般出现在 switch 语句的 case 分支中）。

(28) error C2660：'fun'：function does not take 3 parameters

fun 函数不传递 3 个参数。

2. 警告信息

(1) warning C4101：'x'：unreferenced local variable 'x'

这是一个从未被使用的局部变量。

(2) warning C4013：'x' undefined；assuming extern returning int

函数 x 未定义，假设其是外部函数，返回值类型是 int。

(3) warning C4020：'fun'：too many actual parameters

调用 fun()函数时有太多的实参。

(4) warning C4033：'fun' must return a value

函数 fun()应当有返回值语句。

(5) warning C4047：'='：'int ＊' differs in levels of indirection from 'int'

赋值运算中的类型转换：从 int 转换到"int ＊"可能存在问题。

(6) warning C4098：'fun'：'void' function returning a value

函数 fun()是无返回值的函数,竟然有返回值语句。

(7) warning C4133：'function'：incompatible types-from '...' to '...'

不兼容的类型转换(从"..."类型向"..."类型)。

(8) warning C4244：'initializing'：conversion from 'const double' to 'int', possible loss of data

在初始化数据时,类型转换可能导致数据丢失。

(9) warning C4305：'initializing'：truncation from 'const int' to 'char'

初始化时,数据被截断。

(10) warning C4700：local variable 'x' used without having been initialized

局部变量'x'在被使用之前未初始化。

(11) warning C4035：'fun'：no return value

fun()函数的 return 语句没有返回值。

(12) warning C4553：'=='：operator has no effect；did you intend '='?

没有效果的运算符'==',是否改为'='?

3. 连接错误

(1) error LNK2001：unresolved external symbol _fun

外部模块 fun 未定义。

(2) fatal error LNK1168：cannot open Debug/P1.exe for writing

连接错误:不能打开 P1.exe 文件来改写内容(一般情况下是 P1.Exe 还在运行)。

(3) error LNK2001：unresolved external symbol "int fun(int,float)"

连接时发现没有实现的外部符号(变量、函数等)。

附录 C 常用库函数索引表

1. 数学函数（头文件：math.h）

函 数 声 明	功 能
double acos(double);	反余弦函数（取反余弦函数值）
double asin(double);	反正弦函数（取反正弦函数值）
double atan(double);	反正切函数（取反正切函数值）
double atan2(double, double);	反正切函数（取反正切函数值）
double ceil(double);	取整函数（取不小于参数的最小整型数）
double cos(double);	余弦函数（取余弦函数值）
double cosh(double);	余弦函数（取双曲线余弦函数值）
double exp(double);	指数函数
double fabs(double);	求绝对值函数（适合实数求绝对值）
double frexp(double, int *);	将浮点型数分为底数与指数
double ldexp(double, int);	次方函数（计算 2 的若干次方的值）
double log(double);	对数函数（求以 e 为底的对数值）
double log10(double);	对数函数（求以 10 为底的对数值）
double pow(double, double);	求次方函数（求一个数的若干次方）
double sin(double);	正弦函数
double sinh(double);	正弦函数（取双曲线正弦函数值）
double sqrt(double);	开方函数（取平方根值）
double tan(double);	正切函数
double tanh(double);	正切函数（取双曲线正切函数值）

2. 字符函数（头文件：ctype.h）

函 数 声 明	功 能
int isalnum(int);	测试字符是否为英文或数字
int isalpha(int);	测试字符是否为英文字母
int isascii(int);	测试字符是否为 ASCII 码字符
int iscntrl(int);	测试字符是否为 ASCII 码的控制字符
int isdigit(int);	测试字符是否为阿拉伯数字
int isgraph(int);	测试字符是否为可打印字符

续表

函 数 声 明	功 能
int islower(int _C);	测试字符是否为小写字母
int isprint(int _C);	测试字符是否为可打印字符
int ispunct(int _C);	测试字符是否为标点符号或特殊符号
int isspace(int);	测试字符是否为空格字符
int isupper(int);	测试字符是否为大写英文字母
int isdigit(int);	测试字符是否为十六进制数字

3. 数据转换函数（头文件：stdlib. h）

函 数 声 明	功 能
double atof(const char *);	将字符串转换成浮点型数
int atoi(const char *);	将字符串转换成整型数
long atol(const char *);	将字符串转换成长整型数
char * gcvt(double, int, char *);	将浮点型数转换为字符串（四舍五入）

4. 字符串函数（头文件：string. h）

函 数 声 明	功 能
char * strcat(char *, const char *);	连接字符串
char * strchr(const char *, int);	字符串查找函数（返回首次出现字符的位置）
int strcmp(const char *, const char *);	字符串比较函数（比较字符串）
int strcoll(const char *, const char *);	字符串比较函数（按字符排列次序）
char * strcpy(char *, const char *);	复制字符串
size_t strcspn(const char *, const char *);	查找字符串
char * strdup(const char *);	复制字符串
size_t strlen(const char *);	字符串长度计算函数
char * strpbrk(const char *, const char *);	定位字符串中第一个出现的指定字符
char * strrchr(const char *, int);	定位字符串中最后出现的指定字符
char * strstr(const char *, const char *);	查找字符串函数
char * strtok(char *, const char *);	分隔字符串函数

5. 文件函数（头文件：stdio. h）

函 数 声 明	功 能
void clearerr(FILE *);	清除文件流的错误文件标志
int fclose(FILE *);	关闭打开的文件
int _fcloseall(void);	关闭程序打开的所有文件
int feof(FILE *);	检查文件流是否读到了文件尾

续表

函 数 声 明	功　　能
int fgetc(FILE *);	读文件函数（由文件中读取一个字符）
char * fgets(char *, int, FILE *);	读取文件字符串
FILE * fopen(const char *, const char *);	文件打开函数（结果为文件句柄）
int fputc(int, FILE *);	写文件函数（将一指定字符写入文件流中）
int fputs(const char *, FILE *);	写文件函数（将一指定的字符串写入文件内）
size_t fread(void *, size_t, size_t, FILE *);	读文件函数（从文件流读取数据）
int fseek(FILE *, long, int);	移动文件流的读写位置
long ftell(FILE *);	取得文件流的读取位置
size_t fwrite(const void *, size_t, size_t, FILE *);	写文件函数（将数据流写入文件中）